微 软 办 公 软 件 国 际 认 证

办公软件完全
实战案例
——
400+

MOS

Office 2019 七合一

高分必看

答得喵微软 MOS 认证授权考试中心/编著

张鹏/策划出品

U0244893

中国青年出版社

前言

讲真，这是一本涵盖了Office主要套件大多数常用功能的**习题集**。

在为网上数万学员进行Office办公软件教学的过程中，我们发现了一个问题：虽然现在不缺乏学习资料，但是大家依然很难把自己所学的内容与实践相结合。有些同学甚至在学完之后，由于短期内没有任何实践机会，就逐渐把学到的知识都荒废掉了。这也导致了一部分人花时间学习≠能力提升的怪现象。

因此，答得喵在2014年，引入了微软办公软件国际认证（简称：MOS认证），成为微软MOS认证的战略合作伙伴。自此，就有了被微软官方认可的，检测学习成果和Office软件应用水平的手段。同时也有了为学员和考生提供证明自己Office软件能力的佐证。

MOS认证是实战派最欣赏的，**不考理论知识，只看实操结果的国际认证**。

在2017年，答得喵推出了针对MOS 2016的《MOS Office 2016七合一高分必看》（以下简称《MOS 2016》），一经发售便受到广泛好评，成为多家高校、组织、机构的Office教学指导用书，同时数次加印，常驻各大平台MOS教材榜首位。

几年过去，Office更新了Office 2019版本，MOS认证随即推出了MOS 2019，答得喵也撰写了这本《MOS Office 2019七合一高分必看》。

本书继承《MOS 2016》的创新写法。

这不是一本单纯传递作者知识的书，而是一本需要读者高度参与，确保每个真正参与的读者都可以收获技能的书。本书涵盖Office常用的Excel、PPT、Word、Access、Outlook五种软件，其知识点囊括这五款软件绝大多数的常用功能。只要遵照本书进行练习，就可以习得Excel、PPT、Word、Access、Outlook心法，领会提升效率，告别加班，升职加薪之关键。

同时，本书总结《MOS 2016》的读者反馈，在其基础上，做了进一步的创新和调整。

其一，增设了"第一章 本书使用方法！必读！！！"，将读者不容易留意到的内容和常见的疑惑集中在一起进行解答。为了更好地备考、学习，请一定要仔细阅读本章内容。

其二，调整了各软件的章节顺序。将最适合初学者首考的PPT放在了首位，之后是虽然功能多又较难但一旦学会正确率很高的Excel，再之后是对操作细节要求非常高、不容易拿到高分的Word，最后是使用人群相对较少但推荐白领尝试的邮件客户端Outlook，以及通常只有专业人士才会接触的数据库软件Access。

其三，在每个项目最开始增设了任务总览小节。便于读者先按照任务描述来答题，再查看解法检查正误。

其四，在每个任务最后增设了设置结果的截图，便于读者更好地判断自己答题方法的正误（部分设置结果无法通过截图直观展示的除外）。

讲真，这是一本<u>"够真实"的MOS认证教材。</u>

每年，中国都有数十万计的考生，要考MOS认证，但市面上没有一本能给考生最真实考试体验的书，答得喵的《MOS 2016》填补了这一空白，本书也将继续保持"给考生最真实考试体验"的风格，帮助更多的人。如果你考了MOS认证，你就会知道，真实的MOS 2019的考试，与本书的设计有多么相似。

但是，如果你认为把书上的内容看完就可以应对MOS认证，那你就把MOS想得太简单了。

"看"是完全不够的。如果你喜欢看游戏直播或者电竞比赛，就会知道，"看"别人操作，和自己"操作"完全是两回事。游戏是这样，Office软件也是这样。所以，要想真正学好Office软件，并通过MOS认证，"练"才是王道。具体方法请仔细阅读本书第1章的内容，这里不作赘述。

此外，你还可以通过关注微信公众号"答得喵考试中心"、微博@答得喵，或者添加官方客服QQ：4000131135，多种渠道与我们取得联系，我们会根据你的需求，为你推荐合适的产品和服务，并在这些渠道不定期发布报考福利等活动通知，快来关注吧！

一点肺腑之言：

本书的习题，涵盖了非常多的知识点，难免会有人觉得，部分知识点过于简单了。但要知道，无论"看"起来多么简单的知识点，都有其存在的意义，可能是"操作"时需要注意很多细节才能确保不失误；或许是日常工作中经常用到的功能；也可能是比较冷门但确实会为特殊人群带来极大便利的功能。既然微软将这些考点纳入了MOS认证的大纲中，我们就会如实将其纳入答得喵MOS模拟题的体系，不会进行任何删减。

无论我们如何强调"动手操作"的重要性，总有些人，会觉得动手完全是没有必要的，他们会说："看你的操作，我就会了呢！没啥难的。"可是到了真正考试的时候呢？根据答得喵5年来的监考经验，这么说的人，基本都铩羽而归了。

本书能够帮助读者，切实地提升实战能力。如果你最后选择了本书，希望你能一题一题地踏实练习下去，那么某一天，量变产生质变，你会忽然发现自己对Office软件豁然开朗。而如果你中途放弃了，就失去了达到这样境界的机会。

就像苹果创始人乔布斯说的那样："你不能预先把点点滴滴串在一起，唯有你在未来回顾时，你才是会明白那些点点滴滴是如何串在一起的。"

本书适合如下读者:

1. MOS 考生

这本书可以帮你了解MOS 2019各个科目的考试、题型与解法,带你领略真实MOS 2019考试的风采,勤加练习,必当过儿。

2. 高校老师

如果在教学过程中,你需要教材,或是想要考察学生水平,需要作业或者考题的话,本书是你的不二选择。

3. 高校学生

如果想在毕业的时候,在简历上写熟练应用办公软件,那么赶紧拿着本书好好练习一下,到了工作场合,你就知道答得喵用心良苦了。另外,万一你老师出的作业/考试题目就在这本书上呢?你懂的。

4. 职场白领

无论你是否觉得自己的Office水平足以应对工作,你都很有必要拿着本书练习一下。因为,在大多数情况下,学完本书,你会发现自己已经习以为常的做法,并非是最准确最高效的。因为,尽管可能你用Office已经有些年头,但是有些功能,你之前还真未必知道,没准又能提升你的效率了,快来愉快地学好技能告别加班、升职加薪吧!

5. 培训师

已经有数以百计的Office培训师,在答得喵完成了MOS大师认证,作为吃这碗饭的你,拥有一张大师级认证很有必要。退一步说,答得喵已经帮你整理了一套习题集,供你在教学过程中使用,何乐而不为?

6. 其他人

如果你觉得自己不属于上述读者,但对本书感兴趣,欢迎加入讨论,我们热烈欢迎新鲜血液的加入。

MOS是Microsoft Office Specialist的缩写，MOS认证的中文全称为微软办公软件国际认证。

MOS认证是微软和第三方国际认证机构思递波（Certiport，全球三大IT测验与教学研究中心）于1997年向全球推出的，也是微软唯一认可的，全球化的Office软件认证。

作为一个全球化的认证，MOS认证在求职、留学、移民、展示自己等方面有着广泛用途。

答得喵是Certiport在中国大陆地区的战略合作伙伴，主要负责MOS/MTA/MCP在中国大陆地区的推广与运营。

一、MOS认证的考试形式

MOS认证考试为上机实操考试。

考试内容全部为对软件的实际操作，没有选择题、填空题等类型的题目。

MOS认证单科考试时间为**50分钟**。点击开始MOS认证考试后，考试系统自动开始50分钟倒计时。倒计时归零时，考试系统自动提交考卷。若提前完成所有操作，也可点击完成按钮，提前交卷。

MOS认证单科考试**满分1000分，700分以上为通过考试**。

MOS认证考试系统会根据**是否完成任务要求**以及**操作准确程度**两个方面进行评分。因此，即使操作结果完全正确，但操作过程中的错误和修改过多，也可能无法通过考试。

二、MOS认证的考试版本

Microsoft Office软件分为Office 2013、Office 2016、Office 2019等版本。相应地，MOS认证考试也分为MOS 2013、MOS 2016、MOS 2019等版本。MOS认证考试版本和Office软件版本是一一对应的。

随着Office软件的迭代，MOS认证考试也在迭代。新版本的软件开始接受考试认证，旧版本的软件则不再接受新的考试认证（之前通过考试并拿到的证书仍是有效的）。

目前MOS认证考试可进行的最新认证版本是MOS2019。也是本书面向的认证版本。

三、MOS2019的科目与证书设置

MOS2019包含五大软件，七个科目。

考试编号	考试科目
Exam MO-100	MOS: Microsoft Office Word 2019 Associate
Exam MO-101	MOS: Microsoft Office Word 2019 Expert
Exam MO-200	MOS: Microsoft Office Excel 2019 Associate
Exam MO-201	MOS: Microsoft Office Excel 2019 Expert
Exam MO-300	MOS: Microsoft Office PowerPoint 2019 Associate
Exam MO-400	MOS: Microsoft Office Outlook 2019 Associate
Exam MO-500	MOS: Microsoft Office Access 2019 Expert

MOS2019包括两种证书：

其一，单科实力证书。

七个科目可独立报名考试，且无先后顺序要求。每通过一科考试，可以获得相应科目的证书，如图 **A** 所示。

MOS 2019的七个科目可以分为两个级别。

Associate 级别，包括MO-100、MO-200、MO-300、MO-400四个科目，难度较低。

Expert 级别，包括MO-101、MO-201、MO-500三个科目，难度较高。

我们注意到，Excel、Word两款软件各自设有一个Associate 级别的科目、一个Expert 级别的科目。这是因为这两款软件的功能非常多，且学习难度的跨度大，因此将难度较低的功能放在Associate 级别的科目考察，难度较高的功能放在Expert 级别的科目考察（具体区别，参见本书Excel、Word两章各自的章首部分）。

PowerPoint、Outlook两款软件功能相对没有那么多，学习难度不大，因此只设有Associate 级别的科目。

Access这款软件，作为数据库软件，虽然功能相对没有那么多，但对于不具有数据库思维的普通上班族来说，学习难度非常大，因此只设有Expert级别的科目。

其二，综合实力证书。

当通过指定几个科目的最后一科时，可额外获得一张证明综合实力的证书。

MOS 2019设有两个级别的综合实力证书。

MO-100、MO-200、MO-300、MO-400四个科目中通过任意三个科目，可额外获得Microsoft Office Specialist-Associate证书，如图 **B** 所示。

MO-100、MO-200、MO-300、MO-400四个科目中通过任意三个科目，并且MO-101、MO-201、MO-500三个科目中通过任意两个科目，除

Microsoft Office Specialist-Associate证书之外，还可额外获得Microsoft Office Specialist-Expert证书。这也是MOS2019设立的最高级别的证书，如图 C 所示。

由于篇幅所限，对于MOS认证的其他问题，也欢迎访问链接：https://dademiao.cn/mos/mos_qa，或者直接用手机扫描二维码，可以看到更多MOS认证考生所关心的问题的专业答案。

如果希望报名考试，可以访问：https://dademiao.cn/mos/mos_entry或者直接用手机扫描二维码，可以自助报名预约考试。

四、MOS2019的考试界面

MOS 2019（除 Outlook）的考试界面如下图（根据 MOS 2019 考试界面模拟，以实际上机考试见到的界面为准），如图 D 所示。

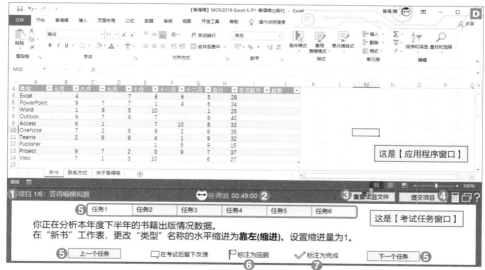

界面分为两个部分，【应用程序窗口】【考试任务窗口】：

【应用程序窗口】：根据考试科目的不同，会启动不同的应用程序，所以在整个过程中，无须使用新建、打开以及分享。本例来说，启动的是Excel，并且打开了第一个项目文件。

【考试任务窗口】：列出了具体任务描述，你需要按照任务描述进行操作。考试任务窗口上有很多标签/按钮，需要特别提醒的标签/按钮的功能如下：

❶【项目1/6：答得喵模拟题】"项目1/6"代表当前的考试总共包含6个项目，当前我们在操作的是第1个项目，主要用途是帮我们控制自己答题的进度，"答得喵模拟题"是项目名称。

❷【00:49:00】是考试的倒计时，给考生一个时间上的提醒。考试是从00:49:59开始，到00:00:00结束，如果到了考试结束的时间点，考生仍未交卷，系统会自动交卷。

❸【重置项目文件】给你一个全新的未操作过的项目文件，所有你做过的内容将被清空，但倒计时依旧会持续，不会因为重置项目而变化。请谨慎使用！

❹【提交项目】当前项目所有任务完成时，提交后开始下一个项目的操作。

❺【任务1—任务n】【上一个任务】【下一个任务】点击之后，可以在当前项目的不同任务间切换。

❻【标注为回顾】有些任务如果并不是那么确信，可以标注为回顾，在完成考试之前，如果还有时间，可以再返回重做。标注为回顾仅起到提示考生自己的作用，无论是否标记都不影响分数。

❼【标注为完成】对于确信完成的任务进行标注，有助于了解自己的完成进度。标注为完成仅起到提示考生自己的作用，无论是否标记都不影响分数。

MOS 2019（Outlook）的【考试任务窗口】与其他科目略有不同，如图 E 所示。

答题进度、倒计时、重置项目文件与其他科目一致，不再赘述。

❶【跳过】在当前任务不会作答时，可点击。点击后直接跳转到下一个任务，当完成所有任务后，如果还有时间，考试系统自动跳转到之前跳过的题目，供您研究、作答。

❷【下一个任务】完成当前任务操作之后，可点击。记录对当前任务的操作并跳转到下一个任务。之后，您将再也不能回到此任务，更不能对其做任何修改。

五、MOS2019的任务描述语言特点

由于MOS认证考试是全球化的Office软件认证，在全球范围内使用统一的题库。

在中国大陆地区，考试系统、考试任务的描述和项目文件，均采取简体中文。但由于是英文翻译而来，语言往往存在晦涩、生硬的问题，甚至不太符合中国人的语言逻辑。

因此，为了使您可以更好理解考题中任务的含义，更便于将相应的技能应用到工作和学习中，同时不会在正式的MOS认证考试中感到陌生，答得喵在撰写本书时，根据中国人的语言逻辑，对考试任务描述进行了一定程度上（而不是彻底）的优化。

相信当您跟随本书了解了MOS认证的考点、掌握了MOS认证的解题方法之后，即使在正式考试中看到难以理解的任务描述，你也可以快速地分析出考点，正确理解任务要求，完美完成操作任务。

当然，如果您本身很擅长英文，也可以在答得喵考试中心，选择英文作为您的考试语言。

目录

01 Chapter

本书使用方法！必读！！！

02 Chapter

MOS PPT 2019

MOS Excel 2019

04
Chapter

MOS Word 2019

05
Chapter

MOS Outlook 2019

06

Chapter

MOS Access 2019

01
Chapter

本书使用方法！
必读！！！

这不是一本单纯传递作者知识的书，而是一本需要读者高度参与，确保每位真正参与的读者都可以收获技能的书。

本章集中解答了读者不容易留意到的内容和常见的疑惑，为了更好地备考、学习，请一定要仔细阅读本章内容。

1.1 备考MOS——本书使用方法与购书福利

软件是练会的，不是看会的。

　　就像学习画画一定要对着模特临摹，学习乐器一定要对着乐谱演奏一样，学习软件也一定要实际上手去操作。而本书之于Office软件，就如同模特之于画画、乐谱之于演奏，是参照、模仿的样本。

　　投入一些时间学习本书，在可以熟练、准确地完成书中所有任务之后，你一定可以自信地告诉别人"我全面地掌握了办公软件"。同时，如果你有需要，可以在答得喵考试中心参加MOS认证考试，通过后将获得微软官方的认证，以作为自己实力的佐证。

　　本书需要读者高度参与，使用方法与常规以"阅读"为主的书籍不同，为了达到最好的学习效果，您必须仔细阅读并了解本章内容。

01 软件准备

　　学习软件，当然需要有软件。

　　Office软件有很多版本，MOS 2019，是针对Office 2019这个版本软件的认证。本着练习用的软件应与考试时实际使用的软件尽量一致的原则，强调如下几点。

- 你的**最佳选择**是：安装在**Windows操作系统**上的**Office 2019**，或者至少升级到1809版本的**Office 365**。使用这两个版本，你可获得最好的备考体验。

- 如果你没有这两个版本，**退而求其次**，安装在Windows操作系统上的Office 2016、Office 2013，安装在Mac电脑上的Office 365、Office 2019、Office 2016也可以。这些版本的软件界面与Windows操作系统上的Office 2019基本一致，但会缺少一些功能，导致部分任务无法操作。还会存在部分功能位置不同、功能名称或屏幕提示翻译不同等问题，导致部分任务无法达到一致的效果。使用这些版本，你也可以备考，但只是"凑合着用"的程度。

- 其他版本或者其他软件是**不能用于备考**的，比如Windows操作系统上的Office 2010、Office 2007、Office 2003，Mac电脑上的Office 2011，各种版本的WPS（金山公司出品的办公软件，外观和Office有一定相似，注意识别WPS字样）和iWork（Numbers + Pages + Keynote）等都不可以。

 温馨提示

Office不同版本间有什么区别？如何知道自己使用的是哪个版本呢？

如果不了解这些的话，可以参见答得喵制作的视频《**看了这个视频，我不信你还搞不清Office软件的区别**》。

视频观看链接：https://dademiao.cn/s/officeversion

扫码观看视频

02 使用本书备考

MOS认证考试为上机实操考试。

MOS认证考试以【项目】为单位，每个项目对应一个【项目文件】，它包含若干个【任务】并给出相应的【任务描述】。

考试时，系统自动进入第一个【项目】，考生需根据【任务描述】的要求，在【项目文件】上进行相应操作，完成后"提交项目"，系统自动进入第二个【项目】。以此类推，直到完成所有的项目所有的任务，"提交考卷"，或者时间耗尽，系统自动提交考卷。系统自动评分给出考试结果。

为了让你身临其境，本书采取和正式考试一样的方式。以项目为单位安排任务，讲解题型。

每个项目由【项目文件】【任务描述】【解题方法】三者构成。

● 【项目文件】和【任务描述】供您进行答题。

● 【解题方法】供您核对自己的作答是否正确。

此外，由于书籍篇幅限制且MOS 2019具有一定的更新性，本书将采用"互联网+"的方式来为你带来更多内容。你可以扫描本书封底涂层下二维码，根据提示，领取本书的独家秘料，从而获得针对本书内容的答疑、增补内容（更多项目=项目文件+任务描述+解题方法）等。

本书和增补内容中，每个项目的【项目文件】【任务描述】【解题方法】安排情况如下：

【项目文件】	【任务描述】	【解题方法】
本书		
扫描本书封底涂层下二维码领取	位于本书每个项目的【任务总览】小节	位于本书每个项目的【任务1】—【任务N】几个小节
增补内容（扫描本书封底涂层下二维码领取）		
位于增补内容学习页面的【下载资料】区	位于增补内容学习页面每个项目的【任务总览】节	位于增补内容学习页面每个项目的【解题方法】节

本书学习方法如下：

Step 01 刮开本书封底涂层，扫描二维码，根据提示领取答得喵独家秘料（包括本书【项目文件】、本书"答疑专用"课程、"增补内容"课程等）。

Step 02 下载【项目文件】。

Step 03 根据项目处注明的对应项目文件的名字，打开对应【项目文件】。

Step 04 依照【任务总览】小节列出的任务描述，操作项目文件，完成任务。

Step 05 参考【任务1】等各小节内容，核对自己的解题方法是否正确。

Step 06 如有疑问，可在本书"答疑专用"课程处提问。

Step 07 继续学习增补内容中的更多模拟题（增补内容中包含的模拟题和书上的不同，两者同等重要，都需要学习）。

Step 08 在"增补内容"课程学习页面的【下载资料】区，下载项目文件。

Step 09 根据【任务总览】节中项目文件的名字，打开对应的项目文件。

Step 10 依照【任务总览】节中列出的任务描述，操作项目文件，完成任务。

Step 11 参考【解题方法】节内容，核对自己的解题方法是否正确。

Step 12 如有疑问，直接在相应【解题方法】节进行提问。

03 项目文件&增补内容领取方法

刮开本书封底涂层（图层上有文字：刮一刮 扫一扫），刮开后，扫描二维码，根据提示领取答得喵独家秘料。

如操作中遇到困难，可访问https://dademiao.cn/doc/30，或者手机扫描**此二维码**查看独家秘料领取图文引导、本书【项目文件】下载位置、本书"答疑专用"课程进入方法、"增补内容"课程进入方法等。

04 其他备考方式

使用本书，你可以用最小的金钱成本来完成MOS备考。

但如果你有更高的需求，可以考虑另行购买答得喵的其他MOS备考产品。

1. MOS认证考试考前强化视频

本书与MOS认证考试考前强化视频（以下简称考前强化视频）的不同点是：

● 本书以图文的形式讲解【解题方法】。考前强化视频以视频的形式讲解【解题方式】。

● 本书包含MOS 2019考试的全部7个科目。考前强化视频7个科目分开，每个科目独立授权，你可根据自己要考的科目选择购买其中1科或多科的考前强化视频。

2. MOS认证考试模拟考试系统

本书与MOS认证考试模拟考试系统（以下简称模拟考试系统）的不同点是：

● 本书需要自行找到并打开【项目文件】，比对每个项目的任务总览小节的【任务描述】进行操作。模拟考试系统采取和正式考试一样的形式，只需安装并运行模拟考试系统，就可以直接进行练习。

● 本书需要你参考位于本书每个项目的任务1—任务N几个小节的【解题方法】，自行核对自己的操作是否正确，还需自己计时判断解题速度是否合格。模拟考试系统提供"**练习模式**"和"**模考模式**"两种模式。练习模式时，【解题方法】就位于项目文件旁边，你可以自行选择将其显示或隐藏，便于操作和核对操作是否正确。模考模式时，则完全模拟正式考试的情况，自动抽取正式考试同样的题量，开启倒计时功能，并在提交考卷后会给出参考得分，便于了解自己的程度。

● 本书包含MOS 2019考试的全部7个科目。模拟考试系统目前仅包含Excel、Word、PowerPoint的5个科目，且每个科目是独立授权的，你可根据自己要考的科目选择购买授权。

以上是答得喵MOS备考产品的情况。

如果你的Office基础知识比较薄弱，只通过以上方式不能满足学习需要，还可以考虑购买**答得喵MOS零基础直达系列课程**。

答得喵MOS零基础直达系列课程，其内容和MOS备考产品完全不同。

MOS备考产品适合有软件基础，但对MOS认证考试不了解的人和时间紧急需要尽快通过考试的人。属于考前突击型的产品。

MOS零基础直达系列课程适合希望深入学习、掌握办公软件技能的人。课程内容围绕MOS认证考试知识点，系统地详细讲解知识点及其应用案例，并配有答疑服务，属于扎实学习型的产品。

MOS零基础直达系列课程同样每个科目单独授权，你可根据自己要考的科目或者自己的工作对各软件掌握程度的要求，选择购买授权。

05 购书福利

目前，购买本书的读者可免费使用答得喵MOS模拟考试系统具有评分功能的模考模式10次（**价值300元**）。

模拟考试系统与使用权限获取方法：

`Step 01` 刮开本书封底涂层，扫描二维码，根据提示领取答得喵独家秘料。MOS模拟考试系统使用权限会随独家秘料一起发送至你的账户。

`Step 02` 访问https://dademiao.cn/doc/32，或者手机扫描**二维码**查看答得喵MOS模拟考试系统下载和使用指南。

06 关于解题方法的常见问题说明

1. 我的软件显示的功能和截图不一致？

这样情况是有可能的。常见的不一致有以下几种。

● 对象工具选项卡的名称变化

在Office软件中，当选中图片、形状、图表、表格、SmartArt等对象时，会出现相应的选项卡。比如，选中图表会出现【图表工具-设计】和【图表工具-格式】选项卡，如下图所示。

最近，微软对这些选项卡的名称进行了一次更新。比如，图表的工具选项卡名称变为了【图表设计】和【格式】选项卡，如下图所示。

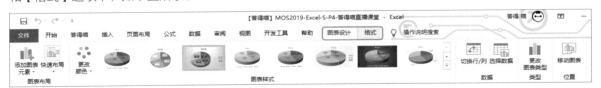

根据答得喵实测，目前这个变化还没有稳定，意味着当你打开Office软件，有时可能会看到情况1，有时可能会看到情况2。

答得喵整理了两种情况下这些对象工具选项卡的名称，规律很明显，你可以了解一下，避免在练习和考试时找不到相应的选项卡。

选中的对象	选项卡名称（情况1）	选项卡名称（情况2）
形状	绘图工具-格式	形状格式
图片	图片工具-格式	图片格式
表格	表格工具-设计、布局	表设计、布局
图表	图表工具-设计、格式	图表设计、格式
SmartArt	SmartArt工具-设计、格式	SmartArt设计、格式
图标	图形工具-格式	图形格式
3D模型	3D模型工具-格式	3D模型
音频	音频工具-格式、播放	音频格式、播放
视频	视频工具-格式、播放	视频格式、播放

● **后台视图显示不同**

微软对Office软件的后台视图外观进行了一次更新，但只是对各页面顺序进行了一些调整。答得喵绘出了两种后台视图各页面的对应关系，以防你找不到相应的页面。

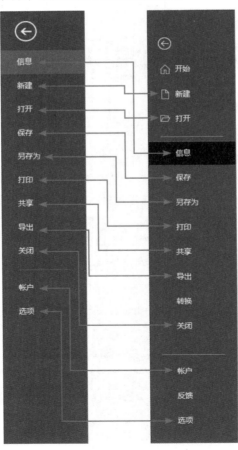

● 缺少开发工具选项卡

开发工具选项卡是默认不显示的选项卡，需要手动调出。调出的方法是：点击【文件】→【选项】→【自定义功能区】，勾选【开发工具】前的复选框，点击【确定】。

事实上，调出开发工具选项卡也是MOS考试的考点之一。

● 缺少绘图选项卡

绘图选项卡也是默认不显示的选项卡，需要手动调出。调出的方法是：点击【文件】→【选项】→【自定义功能区】，勾选【绘图】前的复选框，点击【确定】。

事实上，调出绘图选项卡也是MOS考试的考点之一。

● 软件功能名称或屏幕提示不一致

最常见的例子是设置颜色时，有的电脑上显示的屏幕提示是"绿色，个性色3"，有的电脑上则显示"酸橙色，着色3"等。这是由于软件版本不同造成的翻译不同。"绿色"和"酸橙色"是对同一颜色的不同称呼，较少发生。个性色=着色=主题颜色，当作是同一个东西就可以了。

另外还有PPT压缩媒体时对各个视频质量的描述，有的电脑上显示为"互联网质量"，有的电脑上显示"高清（720P）"等。这同样是由于软件版本不同造成的翻译不同。

在练习时，无须过于纠结于这些不同，也不要怀疑自己选错了功能，由于Office软件在不断更新，这些不同都是正常的，根据功能的位置和图标你可以知道自己的操作是正确的。

而在正式考试时，由于你实际上使用的Office软件是答得喵考试机上的软件，而不是你电脑中的软件，所以考题的描述和软件的版本一定是一致的，这点无须担心。

2. 文档文件夹中找不到待插入的文件？

在正式MOS认证考试中，部分任务要求插入"文档文件夹"或其他文件夹中的某文件，此时，你只要进行正确的操作，在相应文件夹中一定可以找到文件。

在答得喵MOS模拟考试中，如果你使用答得喵MOS模拟系统进行练习，你也可以在指定文件夹中找到文件。但如果你使用自行下载模拟文件的方式进行练习，文件无法自动加载到相应文件夹中，你可以事先根据任务描述要求，自行将文件复制到相应文件夹中，以便练习时可以在相应文件夹中找到文件，或者不事先复制，在练习时直接使用模拟项目文件夹中的文件进行插入操作。

3. 书上采取了点击相应功能的方式答题，我使用快捷键可以吗？

可以。但由于每个人电脑中安装的软件不同，使用快捷键可能由于快捷键冲突等各种各样的原因造成快捷键并未使用成功，从而影响考试分数，因此答得喵建议尽量使用点击相应功能的方式答题。

4. 书上用了A解法，我使用B解法可以吗？

需要说明的是，答得喵在本书中提供的并不是"全部"的解法，而只是"确认可行"的解法。

所以如果你有同样可以达到任务描述要求的解法，理论上这种解法当然是可以的。

不过考虑到MOS考试由机器自动判分，而机器判分的细则从未公布过，答得喵无法判断你的解法是否属于"正确解法"中的一种。

因此，答得喵更建议你尽量在考试时使用答得喵提供的解法。

07 如何确定自己达到可以通过考试的水平

正式考试时的时间限制是50分钟，考虑到考试和练习时的环境与考生心理状态的不同，答得喵建议考生在练习时应达到流畅、正确地完成1个科目的时间为30分钟以内的程度。

在每章的章首介绍部分，会介绍相应科目包含几个项目。你可以此为参考，测试自己的学习成果是否合格。或者，用一种更简单的判断方式：

使用自带考试倒计时、题量与正式考试一致、考后给出参考评分的**答得喵MOS认证考试模拟考试系统**模考模式进行练习。

1.2 报考MOS——MOS认证考试报名缴费指引

MOS认证考试报名缴费主要分为：注册账号→选择考试→报名缴费→查看订单→预约考试五个步骤。

备注：下文所附链接，均为既可用电脑浏览器（推荐Chrome浏览器），也可以通过手机自带浏览器进行浏览操作的链接（推荐用电脑浏览器进行浏览）。

01 注册账号

Chapter
01
Chapter
02
Chapter
03
Chapter
04
Chapter
05
Chapter
06

首先，你需要在答得喵考试中心（https://dademiao.cn/auth/register）注册一个账号。

用户注册

用户名

> 必须以小写字母开头，5-20位，可以包含小写字母、数字

邮箱（推荐使用QQ邮箱）

> 推荐使用【QQ邮箱】，请注意查收激活邮箱的邮件

密码

> 请输入密码，8-20位，必须以字母开头，必须同时包含大小写字母和数字

确认密码

> 请再次输入密码，并在容易找到的地方记下密码

☐ 我已阅读并同意本页下方所连接的服务条款和隐私政策

[注册]

登录 | 服务条款 | 隐私政策

注册成功后，自动跳转到个人中心页面。同时，系统会发一封验证邮件到您填写的邮箱，强烈建议进行邮箱验证，便于收取重要通知，比如：监考安排等。

02 选择考试

访问链接（https://dademiao.cn/s/mos2019）查看MOS 2019的所有考试（图片只显示了部分考试，通过顶部查询栏，可以查询更多的考试及其他产品）。

图 1　微软MOS认证2019版示意图

03 报名缴费

选择要报名的考试，此处以Excel Associate 为例，点击对应商品卡片下部的【查看详情】。

在商品详情页点击【加入购物车】，系统会跳转到【个人中心】→【我的购物车】。

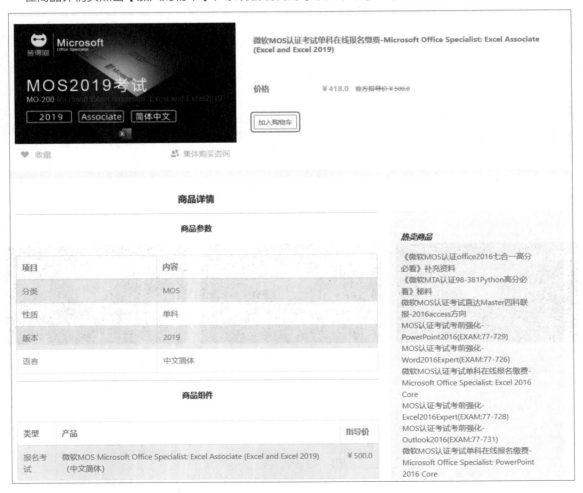

微软MOS认证考试单科在线报名缴费-Microsoft Office Specialist: Excel Associate (Excel and Excel 2019)

价格　　　　￥418.0　官方指导价￥500.0

收藏　　　　　　集体购买咨询

商品详情

商品参数

项目	内容
分类	MOS
性质	单科
版本	2019
语言	中文简体

商品组件

类型	产品	指导价
报名考试	微软MOS Microsoft Office Specialist: Excel Associate (Excel and Excel 2019)（中文简体）	￥500.0

热卖商品

《微软MOS认证office2016七合一高分必看》补充资料

《微软MTA认证98-381Python高分必看》秘籍

微软MOS认证考试直达Master四科联报-2016access方向

MOS认证考试考前强化-PowerPoint2016(EXAM:77-729)

MOS认证考试考前强化-Word2016Expert(EXAM:77-726)

微软MOS认证考试单科在线报名缴费-Microsoft Office Specialist: Excel 2016 Core

MOS认证考试考前强化-Excel2016Expert(EXAM:77-728)

MOS认证考试考前强化-Outlook2016(EXAM:77-731)

微软MOS认证考试单科在线报名缴费-Microsoft Office Specialist: PowerPoint 2016 Core

Chapter 01
Chapter 02
Chapter 03
Chapter 04
Chapter 05
Chapter 06

在【个人中心】→【我的购物车】中对应的订单下方点击【提交订单】，系统会跳转到【答得喵考试中心收银台】。

在【答得喵考试中心收银台】选择通过微信或是支付宝进行支付。

04 查看订单

见到【答得喵考试中心收银台】之后，无论是否完成支付，都可以通过【个人中心】→【我的订单】查询到该订单。

备注：订单在未完成支付的情况下，订单状态会显示为【刷新状态】|【现在支付】，点击【现在支付】可以回到【答得喵考试中心收银台】完成支付。

05 预约考试

支付成功之后，可以通过【个人中心】→【我的考试】看到所报名的考试。

点击【选择准考证】（如果读者未设置过准考证，需要先根据提示新建准考证，再选择）。

选择完准考证之后，就可以点击【前往预约】进入预约界面。

预约页面的【可预约从……至……的场次】处显示了所报名考试可预约场次的日期范围，【按日期查询】旁可以通过点击日历或者输入来查询具体日期的场次。

点击具体场次的【预约】，即可完成预约。

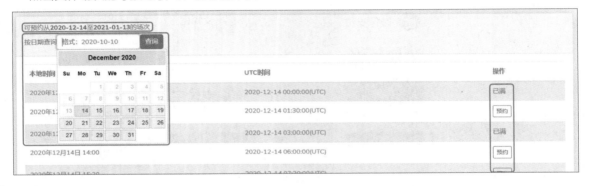

完成预约后，可以在【我的考试】对应的考试记录中看到预约信息。

考试的前一天，答得喵考试中心会安排监考老师，安排好之后，在您的【个人中心】→【我的私信】里可以看到具体的老师安排信息。

接下来，就是等待监考老师加您的QQ或者您也可以直接添加监考老师的QQ，在监考老师的指导下完成考试，如遇问题，可以联系客服QQ：4000131135。

02

Chapter

MOS
PPT 2019

我们将通过MOS-PPT 2019的实战模拟练习，来学习PPT
软件的相关考点。MOS-PPT 2019只有一个级别：Exam MO-
300：MOS：Microsoft Office PowerPoint 2019 Associate
（以下简称：PPT 2019 Associate）。

MOS PPT 2019 Associate

    MOS PPT 2019 Associate每次考试从题库中抽取若干个项目。每个项目包含若干个任务，共计**35**个任务。

    为了让你感觉身临其境，本书采取和考试一样的方式。以项目为单位安排任务，讲解题型。每个项目开头会注明对应项目文件的名字（在本书配套光盘里可找到所有项目文件），给出任务总览（便于依照任务描述作答）和各任务解题方法（以核对作答是否正确）。

软件是练会的，不是看会的。

为保证最佳的学习效果，请按下列步骤进行。

Step 01 在本书的配套光盘中找到【对应项目文件】，打开。

Step 02 依照本书【任务总览】小节列出的任务描述，操作项目文件，完成任务。

Step 03 参考本书【任务1】等各小节内容，核对自己的解题方法是否正确。

项 目
01 答得喵酒店

    对应项目文件（【答得喵】MOS2019-PowerPoint-S-P1-答得喵酒店.zip），进入考题界面如下图所示，系统会帮你预设一个场景。

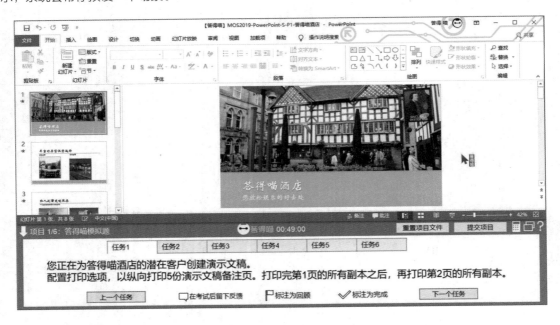

任务总览：请打开项目文件，依照任务描述，完成任务

本项目包含6个任务。

Step 01 打开项目文件，依照任务描述，完成任务。

Step 02 参考任务1—任务6的内容，核对自己的解题方法是否正确。

任务序号	任务描述
1	您正在为答得喵酒店的潜在客户创建演示文稿。 配置打印选项，以纵向打印5份演示文稿备注页。打印完第1页的所有副本之后，再打印第2页的所有副本。
2	在幻灯片1上，插入"客户满意度调查"幻灯片的幻灯片缩放定位。将幻灯片缩放定位的缩略图放在本页幻灯片的右下角。缩略图的确切大小和位置无关紧要。
3	在幻灯片2上，对两个图片应用顶端对齐。请勿水平移动图像。
4	在幻灯片5上，修改图表，显示出带有图例项标示的数据表。
5	在幻灯片6上，插入"视频"文件夹中的Q8视频。将视频放在图像的右侧。视频的确切大小和位置无关紧要。
6	在幻灯片4上，为五角星形状配置心形动作路径动画。

任务1：以指定版式和顺序打印演示文稿

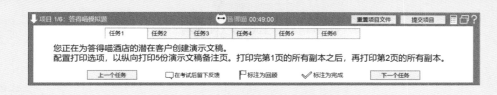

考点提示： 设置【打印版式】和设置打印顺序

完成任务：

Step 01 点击【文件】选项卡，如右图 **A** 所示。

Step 02 选择【打印】→将【份数】设置为"5"→选择【整页幻灯片】下拉菜单，如图 **B** 所示。

Step 03 将【打印版式】设置为【备注页】，如图 **C** 所示。

Step 04 设置打印顺序，选择【对照】下拉菜单，将其修改为【非对照】，如图 **D** 所示。

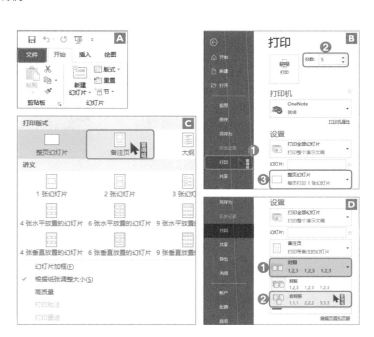

任务2：插入幻灯片缩放定位

考点提示：【缩放定位】功能

完成任务：

Step 01 定位到第1张幻灯片→【插入】选项卡→选择【缩放定位】选项→选择【幻灯片缩放定位】，如图 **A** 所示。

Step 02 选择【客户满意度调查】幻灯片→点击【插入】按钮，如图 **B** 所示。

Step 03 将"客户满意度调查"幻灯片的缩略图移动到幻灯片的右下角，如图 **C** 所示。

举一反三

任务描述中"缩略图的确切大小和位置无关紧要"的意思是，不指定缩略图高多少厘米、宽多少厘米，距离幻灯片左上角垂直距离多少厘米、水平距离多少厘米这样的精确值。只需按题目要求放在右下角，看起来是那么回事儿就可以了。

任务3：图片对齐

考点提示： 图片【对齐】

完成任务：

Step 01 选择第2张幻灯片上的两张图片
→图片工具【格式】选项卡→选择【排
列】功能组的【对齐】下拉菜单，如图
A 所示。

Step 02 选择【顶端对齐】对齐方式，如
图 **B** 所示。

Step 03 设置好的效果如图 **C** 所示。

任务4：添加图表元素

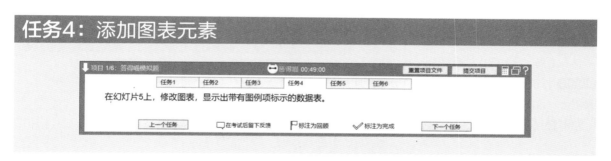

考点提示：【添加图表元素】

完成任务：

Step 01 选择幻灯片5上的图表→图表工
具【设计】选项卡→选择【添加图表元
素】下拉菜单，如图 **A** 所示。

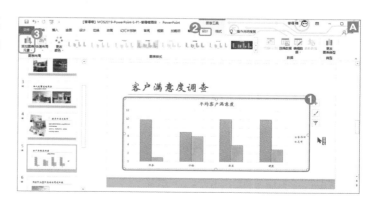

Step 02 选择【数据表】→【显示图例项标示】选项，如图 **B** 所示。

Step 03 设置好的效果如图 **C** 所示。

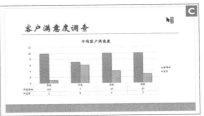

任务5：插入视频

考点提示：【插入】视频

完成任务：

Step 01 定位到幻灯片6→【插入】选项卡→【视频】选项→选择【PC上的视频】，如图 **A** 所示。

Step 02 在视频文件夹中选择视频【Q8】→点击【插入】按钮，如图 **B** 所示。

Step 03 将视频移动到图像右侧，视频的确切大小和位置无关紧要，设置好的效果如图 **C** 所示。

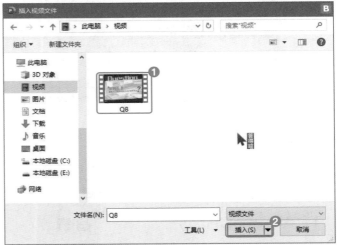

举一反三

任务描述中"视频的确切大小和位置无关紧要"的意思是，不指定视频高多少厘米、宽多少厘米，距离幻灯片左上角垂直距离多少厘米、水平距离多少厘米这样的精确值。看起来是那么回事儿就可以了。

任务6：设置动画

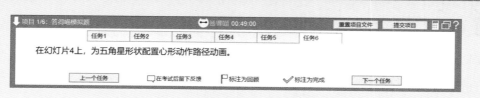

考点提示：设置【动画】

完成任务：

Step 01 选择幻灯片4上的五角星形状→【动画】选项卡→点击【动画】功能组的【其他】下拉按钮，如图 A 所示。

Step 02 选择底部的【其他动作路径】功能，如图 B 所示。

Step 03 选择【心形】动画路径→点击【确定】按钮，如图 C 所示。

Step 04 设置好的效果如图 D 所示。

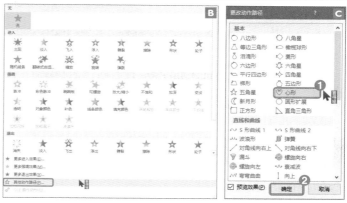

项目

02 答得喵健康管理

对应项目文件（【答得喵】MOS2019-PowerPoint-S-P2-答得喵健康管理.zip），进入考题界面如下图所示，系统会帮你预设一个场景。

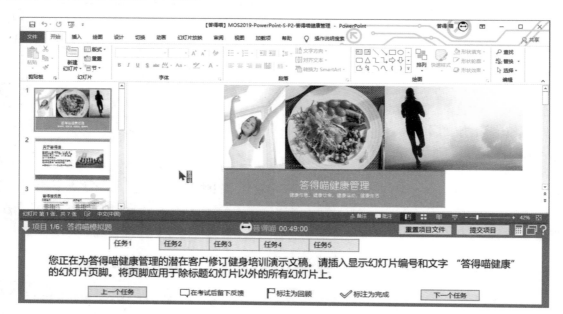

任务总览：请打开项目文件，依照任务描述，完成任务

本项目包含5个任务。

Step 01 打开项目文件，依照任务描述，完成任务。

Step 02 参考任务1—任务5的内容，核对自己的解题方法是否正确。

任务序号	任务描述
1	您正在为答得喵健康管理的潜在客户修订健身培训演示文稿。请插入显示幻灯片编号和文字"答得喵健康"的幻灯片页脚。将页脚应用于除标题幻灯片以外的所有幻灯片上。
2	在幻灯片1上，裁剪跑步者的图片，使其右边缘与幻灯片的右边缘对齐。请勿更改图像比例。
3	在幻灯片6的内容占位符中，创建一个带数据标记的折线图，以展示表内容。您可以复制并粘贴或者在图表的工作表中手动输入表数据。
4	在幻灯片5上，将3D模型的视图更改为"上前右视角"。调整模型的大小，使高度为11.8厘米。
5	对所有幻灯片应用旋转切换，效果选项自左侧。

任务1：插入页脚

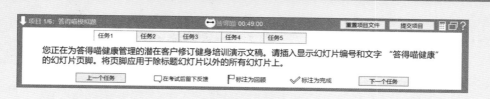

考点提示：插入【页脚】

完成任务：

`Step 01` 选择任意幻灯片，点击【插入】选项卡→选择【页眉和页脚】，如图 **A** 所示。

`Step 02` 分别勾选上【幻灯片编号】【页脚】，以及【标题幻灯片中不显示】，并在【页脚】处输入"答得喵健康"→再点击【全部应用】，如图 **B** 所示。

`Step 03` 完成上述操作后，幻灯片1无变化，其他幻灯片添加上了幻灯片编号和页脚，如图 **C** 所示。

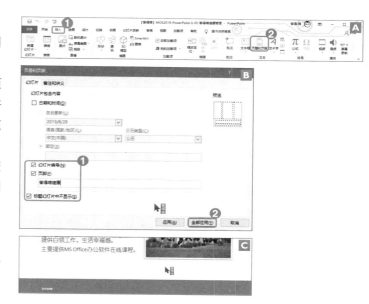

任务2：裁剪图片

考点提示：【裁剪】图片

完成任务：

`Step 01` 选择幻灯片1上的跑步者的图片→图片工具【格式】选项卡→【裁剪】功能，如图 **A** 所示。

Step 02 选择右侧中间的控点，将图片右侧边缘推动至与幻灯片右边缘对齐，对齐时可感受到"吸附"感，并看到会自动出现的红色虚线状智能参考线，如图 **B** 所示。

Step 03 将鼠标在空白处点击一下退出裁剪，裁剪后的效果如图 **C** 所示。

任务3：创建图表

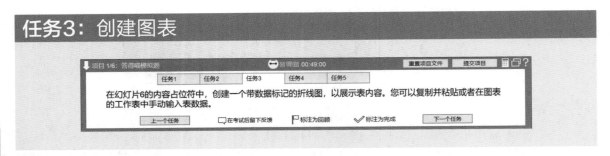

考点提示： 创建图表

完成任务：

Step 01 先选中幻灯片6上表格中的数据，使用键盘上的【Ctrl+C】复制数据→点击右侧内容占位符中的图表图标，如图 **A** 所示。

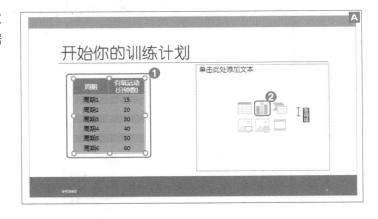

Step 02 选择【折线图】→【带数据标记的折线图】→点击【确定】按钮，如图 **B** 所示。

Step 03 在弹出的表格中选中A1单元格，单击鼠标右键，如图 **C** 所示。

Step 04 选择粘贴为【匹配目标格式】，如图 **D** 所示。

Step 05 选择多余的C列和D列→单击鼠标右键，【删除】→点击右上角的关闭，如图 **E** 所示。

Step 06 创建好的图表如图 **F** 所示。

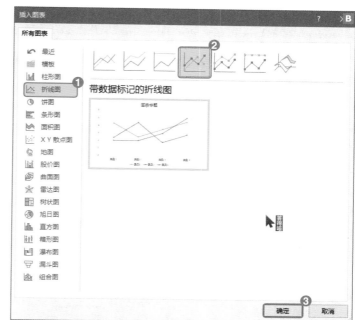

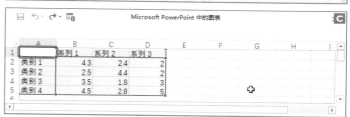

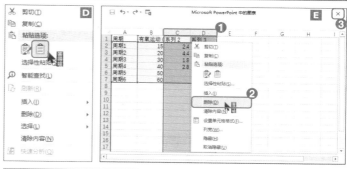

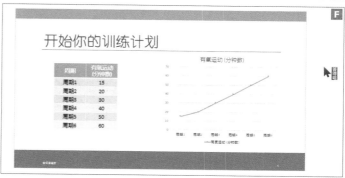

任务4：设置3D模型视图

考点提示： 设置【3D模型视图】

完成任务：

Step 01 选择幻灯片5上的3D模型→3D
模型工具【格式】选项卡→点击【3D模
型视图】功能组的【其他】下拉按钮，
如图 **A** 所示。

Step 02 选择视图列表中的【上前右视
图】，如图 **B** 所示。

Step 03 将高度设置为"11.8厘米"，如
图 **C** 所示。

Step 04 设置好的效果如图 **D** 所示。

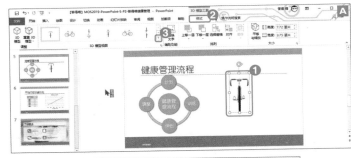

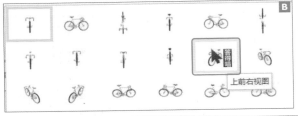

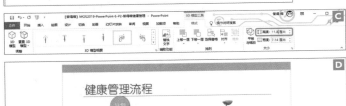

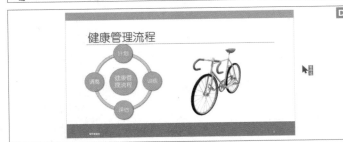

举一反三

设置【高度】之后，【宽度】值会自动发生变
化，这是因为设置了【锁定纵横比】（这样会
避免图像变形）。考试时对于【宽度】发生的
自动变化，不用理会。

任务5：设置切换效果

考点提示： 设置【切换】效果

完成任务：

`Step 01` 选择任意一张幻灯片→【切换】
选项卡→点击【切换到此幻灯片】功能
组的【其他】下拉按钮如图 **A** 所示。

`Step 02` 选择切换效果列表中的【旋转】
切换效果，如图 **B** 所示。

`Step 03`【效果选项】下拉菜单→选择
【自左侧】→点击【应用到全部】，如图
C 所示。

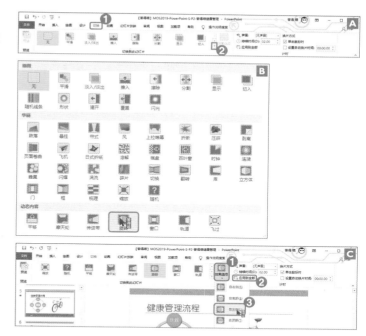

项 目
03 答得喵旅社

对应项目文件（【答得喵】MOS2019-PowerPoint-S-P3-答得喵旅社.zip），进入考题界面如下图
所示，系统会帮你预设一个场景。

任务总览：请打开项目文件，依照任务描述，完成任务

本项目包含6个任务。

Step 01 打开项目文件，依照任务描述，完成任务。

Step 02 参考任务1—任务6的内容，核对自己的解题方法是否正确。

任务序号	任 务 描 述
1	您正在为公司的合作伙伴答得喵旅社创建演示文稿。在文件属性中，将标题设置为"答得喵旅社介绍"。
2	在"旅社会员优惠"幻灯片之后，通过从文档文件夹的旅社信息文档导入大纲来创建幻灯片。
3	在"成为会员吧"幻灯片上，对于文本"在答得喵官方注册并填写相应信息，您即可成为答得喵旅社会员"，将文本的填充颜色更改为红色，个性色3。
4	在"成为会员吧"幻灯片上，放大最小的云朵形状，使其与其他云朵的大小完全匹配。云朵的确切位置无关紧要。
5	在"旅社会员优惠"幻灯片上，删除"再次出游优惠"这一列。使表格在幻灯片上居中是可选的。
6	在"海底世界"幻灯片上，设置小鱼卡通图像的动画，使其从幻灯片的左上角飞入。将动画持续时间设置为2秒。

任务1：设置文件属性

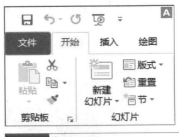

考点提示： 设置文件属性

完成任务：

Step 01 选择【文件】选项卡，如图 **A** 所示。

Step 02 选择【信息】→将标题更改为"答得喵旅社介绍"，如图 **B** 所示。

任务2：导入Word文档大纲

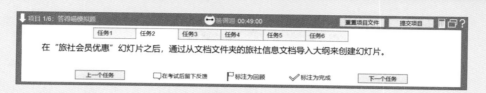

考点提示： 使用【幻灯片（从大纲）】功能

完成任务：

Step 01 选择幻灯片"旅社会员优惠"→【开始】选项卡→点击【新建幻灯片】下拉菜单→选择【幻灯片（从大纲）】，如图 **A** 所示。

Step 02 选择【文档】文件夹→选择【旅社信息.docx】文件→点击【插入】，如图 **B** 所示。

Step 03 插入成功后会出现两张新的幻灯片，效果如图 **C** 所示。

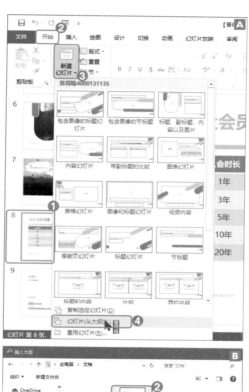

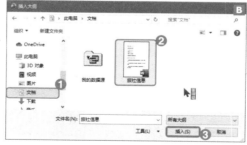

任务3： 设置文本填充颜色

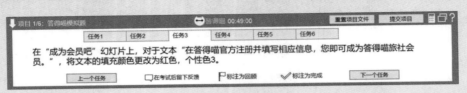

考点提示： 设置文本填充颜色

完成任务：

Step 01 选择幻灯片"成为会员吧"上的文本框→【开始】选项卡→点击【字体颜色】下拉菜单→在【主题颜色】列表中选【红色，个性色3】，如图 A 所示。

Step 02 设置好的效果如图 B 所示。

任务4： 调整形状大小

考点提示： 调整形状大小，使之与其他形状大小完全匹配

完成任务：

Step 01 选择幻灯片"成为会员吧"上最小的云朵形状，并将光标移动至右下角成调整大小状态，如图 A 所示。

Step 02 拖动鼠标，慢慢调整云朵形状的大小，直到三个云朵形状同时出现横纵两个方向的辅助线为止，如图 B 所示。

Step 03 调整好的效果如图 C 所示。

举一反三

提示：大小一致的智能参考线是Office 2019的新功能，也是MOS 2019的考点。因此答得喵建议本任务采取此种解法。还有另一种传统的解法，这里也提一下，但不推荐使用：选择幻灯片上较大的两个形状，在绘图工具【格式】选项卡查看其高度和宽度，然后选择最小的形状，在绘图工具【格式】选项卡设置其高度和宽度（和设置3D模型大小同理。可参见MOS PPT 2019 Associate项目2任务4）。

任务5： 删除表列

考点提示： 删除表列

完成任务：

Step 01 将光标置于幻灯片"旅社会员优惠"上表格的"再次出游优惠"列中→表格工具【布局】选项卡→点击【删除】下拉菜单→选择【删除列】，如图 A 所示。

Step 02 设置好的效果如图 B 所示。

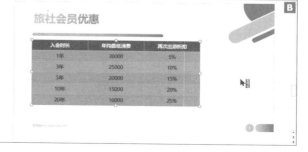

举一反三

任务描述中"使表格在幻灯片上居中是可选的"的意思是，可以设置表格在幻灯片上居中，也可以不设置表格在幻灯片上居中，因此我们就不设置了。

任务6：为图片设置动画

考点提示： 设置【动画】

完成任务：

Step 01 选择幻灯片"海底世界"上的小鱼卡通图像→【动画】选项卡→选择【飞入】动画效果→点击【效果选项】下拉菜单，如图 **A** 所示。

Step 02 将方向设置为【自左上部】，如图 **B** 所示。

Step 03 将动画【持续时间】设置为"02.00"秒，如图 **C** 所示。

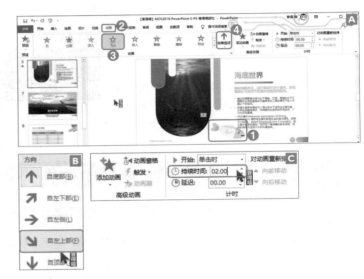

Chapter
01

Chapter
02

Chapter
03

Chapter
04

Chapter
05

Chapter
06

项目

04 答得喵艺术中心

对应项目文件（【答得喵】MOS2019-PowerPoint-S-P4-答得喵艺术中心.zip），进入考题界面如下图所示，系统会帮你预设一个场景。

任务总览：请打开项目文件，依照任务描述，完成任务

本项目包含6个任务。

Step 01 打开项目文件，依照任务描述，完成任务。

Step 02 参考任务1—任务6的内容，核对自己的解题方法是否正确。

任务序号	任 务 描 述
1	您正在创建演示文稿，以介绍答得喵艺术中心。创建名为"俱乐部信息"的节，其中仅包含幻灯片3到7。
2	在幻灯片6上，为右上角的图像设置可选文字"拉小提琴"。
3	在幻灯片2的内容占位符中，插入一个垂直框列表SmartArt图形，该图形从上到下包含文本"音乐""体育""美术"。
4	在幻灯片5上，使用3D模型功能从3D对象文件夹插入国际象棋棋盘模型。将模型的大小调整为高度3.6cm和宽度5cm。将模型放在左侧的矩形中。模型的确切位置无关紧要。
5	在幻灯片4上，将每个动画的项目符号动画效果方向配置为"自左侧"，并将持续时间更改为1.50。
6	对于所有幻灯片，将切换持续时间设置为2秒。

任务1：在演示文稿中插入节

考点提示：【新增节】和【重命名】节

完成任务：

Step 01 将鼠标定位到幻灯片2到3之间→单击鼠标右键，选择【新增节】，如图 A 所示。

Step 02 在【节名称】处输入"俱乐部信息"→点击【重命名】，如图 B 所示。

Chapter 03

Step 03 设置好的效果如图 C 所示。

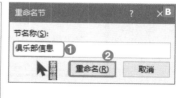

任务2：为图片添加可选文字

考点提示：【替换文字】

完成任务：

Step 01 选择幻灯片6右上角的图片→图片工具【格式】选项卡→点击【替换文字】，如图 A 所示。

Step 02 在替换文字处输入"拉小提琴"→点击右上角的关闭按钮，如图 B 所示。

举一反三

可选文字=替换文字，只是翻译不同。

任务3：插入SmartArt图形

在幻灯片2的内容占位符中，插入一个垂直框列表SmartArt图形，该图形从上到下包含文本"音乐""体育"和"美术"。

考点提示：插入SmartArt图形

完成任务：

Step 01 选择幻灯片2上的SmartArt图标，如图 A 所示。

Chapter 01
Chapter 02
Chapter 03
Chapter 04
Chapter 05
Chapter 06

Step 02 选择【垂直框列表】SmartArt图形→点击【确定】，如图 **B** 所示。

Step 03 选择SmartArt图形左边的小箭头→在文本窗格中分别输入"音乐""体育""美术"（文本窗格中输入的内容会自动同步到SmartArt图形的相应形状中）→点击右上角的关闭按钮，如图 **C** 所示。

Step 04 设置好的效果如图 **D** 所示。

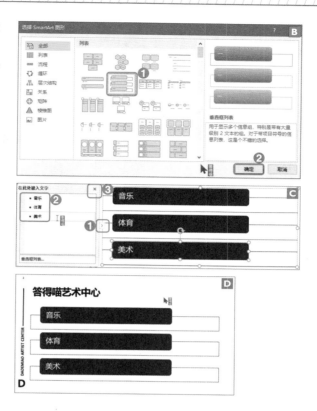

任务4：插入3D模型

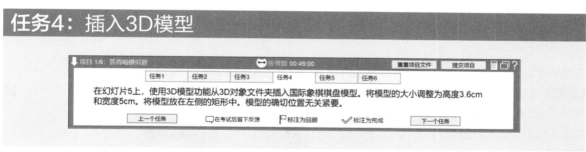

考点提示： 插入【3D模型】

完成任务：

Step 01 鼠标选择幻灯片5→【插入】选项卡→点击【3D模型】，如图 **A** 所示。

Step 02 选择【国际象棋棋盘】3D模型→点击【插入】，如图 **B** 所示。

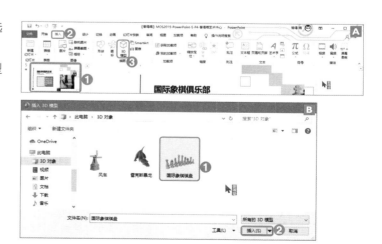

Step 03 3D模型工具【格式】选项卡→将高度设置为"3.6厘米"（就本题来说，宽度会自动变为"5厘米"，无须再单独设置），如图 **C** 所示。

Step 04 将3D模型移动到左侧的矩形中，模型的确切位置无关紧要，效果如图 **D** 所示。

任务5：设置项目符号动画效果

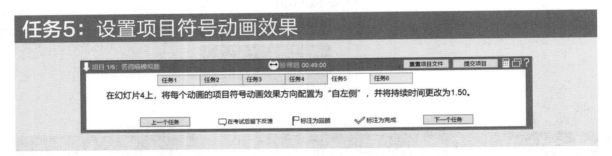

考点提示： 设置项目符号动画效果

完成任务：

Step 01 选择幻灯片4上面的项目符号列表→【动画】选项卡→点击【效果选项】下拉菜单，如图 **A** 所示。

Step 02 将动画效果方向设置为【自左侧】，如图 **B** 所示。

Step 03 将动画持续时间设置为"01.50"秒，如图 **C** 所示。

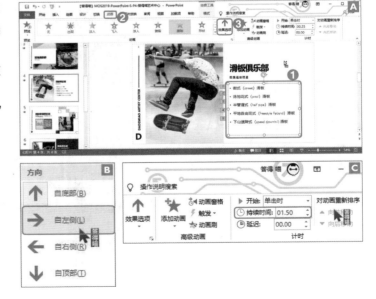

任务6：设置幻灯片切换持续时间

考点提示： 设置幻灯片切换持续时间

完成任务：

选择任意一张幻灯片→【切换】选项卡→持续时间设置为"02.00"秒→点击【应用到全部】，如图 **A** 所示。

项 目

05 答得喵甜品屋

对应项目文件（【答得喵】MOS2019-PowerPoint-S-P5-答得喵甜品屋.zip），进入考题界面如下图所示，系统会帮你预设一个场景。

任务总览：请打开项目文件，依照任务描述，完成任务

本项目包含6个任务。

Step 01 打开项目文件，依照任务描述，完成任务。

Step 02 参考任务1—任务6的内容，核对自己的解题方法是否正确。

任务序号	任 务 描 述
1	您正在修订答得喵甜品屋的食谱演示文稿。在幻灯片母版的"材料"版式上，将第一级项目符号更改为使用"图片"文件夹中的cookie图片。
2	设置幻灯片放映，要求观众手动推进幻灯片。
3	从演示文稿中删除隐藏的属性和个人信息。不删除任何其他内容。
4	在幻灯片4上，将内部：左上角阴影效果应用于三个箭头。将阴影距离设置为5磅。
5	在幻灯片5上，组合三个图片。
6	在幻灯片1上，将音频剪辑配置为在用户单击音频图标时淡入1秒，然后在演示者前进到另一张幻灯片时继续播放。配置设置使音频剪辑只播放一次，但在多张幻灯片中继续播放。

任务1：更改项目符号

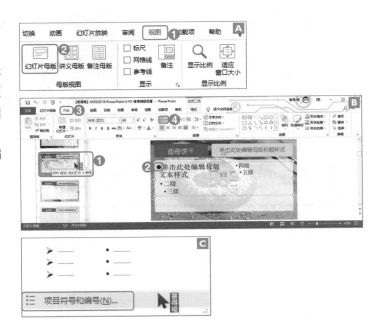

项目 1/6：答得喵模拟题　　答得喵 00:49:00　　重置项目文件　提交项目

任务1　任务2　任务3　任务4　任务5　任务6

您正在修订答得喵甜品屋的食谱演示文稿。
在幻灯片母版的"材料"版式上，将第一级项目符号更改为使用"图片"文件夹中的cookie图片。

上一个任务　　在考试后留下反馈　　标注为回顾　　标注为完成　　下一个任务

考点提示： 更改【项目符号】

完成任务：

Step 01 【视图】选项卡→选择【幻灯片母版】，如图 **A** 所示。

Step 02 找到名为"材料"的版式→鼠标定位到第一级项目符号→【开始】选项卡→点击【项目符号】下拉菜单，如图 **B** 所示。

Step 03 选择最下面的【项目符号和编号】，如图 **C** 所示。

:= 项目符号和编号(N)...

- 56 -

Step 04 在【项目符号和编号】窗口点击【图片】按钮，如图 D 所示。

Step 05 选择【来自文件】，如图 E 所示。

Step 06 选择图片【cookie.jpg】→点击【插入】按钮，如图 F 所示。

Step 07 设置好的效果如图 G 所示。

Step 08 【幻灯片母版】选项卡→选择【关闭母版视图】，如图 H 所示。

Step 09 应用了"材料"版式的幻灯片也会自动发生相应变化，其第一级项目符号变为了cookie。效果如图 I 所示。

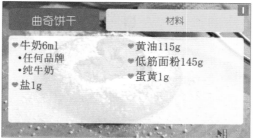

任务2: 设置幻灯片放映

项目 1/6: 答得喵模拟题　　　　答得喵 00:49:00　　　　重置项目文件　　提交项目

| 任务1 | 任务2 | 任务3 | 任务4 | 任务5 | 任务6 |

设置幻灯片放映，要求观众手动推进幻灯片。

上一个任务　　□在考试后留下反馈　　►标注为回顾　　✓标注为完成　　下一个任务

考点提示:【设置幻灯片放映】

完成任务:

Step 01【幻灯片放映】选项卡→选择
【设置幻灯片放映】，如图 **A** 所示。

Step 02 将【推进幻灯片】设置为【手动】→点击【确定】按钮，如图 **B** 所示。

任务3: 检查演示文稿

项目 1/6: 答得喵模拟题　　　　答得喵 00:49:00　　　　重置项目文件　　提交项目

| 任务1 | 任务2 | 任务3 | 任务4 | 任务5 | 任务6 |

从演示文稿中删除隐藏的属性和个人信息。不删除任何其他内容。

上一个任务　　□在考试后留下反馈　　►标注为回顾　　✓标注为完成　　下一个任务

考点提示:【检查】演示文稿

完成任务:

Step 01 选择【文件】选项卡，如图 **A**
所示。

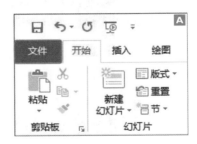

Step 02 选择【信息】→点击【检查问题】→选择【检查文档】，如图 **B** 所示。

Step 03 选择【是】，如图 **C** 所示。

Step 04 点击【检查】按钮，如图 **D** 所示。

Step 05 点击【文档属性和个人信息】处的【全部删除】→点击右下角的【关闭】，如图 **E** 所示。

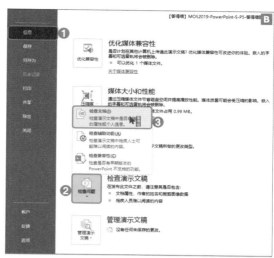

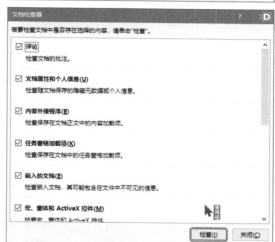

任务4：设置图片阴影效果

考点提示： 设置图片【阴影】效果

完成任务：

Step 01 选择幻灯片4→按住键盘上的【Ctrl】键并依次点击三个箭头同时选中它们→SmartArt工具【格式】选项卡→点击【形状样式】功能组的【其他】按钮，调回【设置形状格式】窗格→选择【效果】→点击展开【阴影】效果，如图 **A** 所示。

Step 02 选择【阴影】处的【预设】下拉菜单→选择【内部：左上】阴影效果，如图 **B** 所示。

Step 03 将阴影【距离】设置为【5磅】→点击右上的关闭按钮，如图 **C** 所示。

Step 04 设置好的效果如图 **D** 所示。

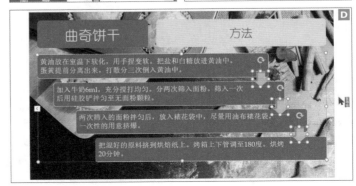

任务5：组合图片

考点提示：【组合】图片

完成任务：

`Step 01` 选择幻灯片5的三张图→图片工具【格式】选项卡→点击【组合】下拉菜单中的【组合】功能，如图 **A** 所示。

`Step 02` 设置好的效果如图 **B** 所示。

任务6：设置音频播放

考点提示： 设置音频播放

完成任务：

选择幻灯片1上的音频媒体→音频工具【播放】选项卡→将【渐强】设置为"01.00"秒→将【开始】设置为【点击时】→勾选上【跨幻灯片播放】，如图 **A** 所示。

举一反三

淡入=渐强，指开始播放音频或视频时，声音的音量渐渐从无到高的变化。淡出=渐弱，指音频或视频播放即将结束时，声音的音量渐渐从高到无的变化，视频或音频播放完的那个时间点，就是声音的音量变到无的点。

06 答得喵电子科技

对应项目文件（【答得喵】MOS2019-PowerPoint-S-P6-答得喵电子科技.zip），进入考题界面如下图所示，系统会帮你预设一个场景。

任务总览：请打开项目文件，依照任务描述，完成任务

本项目包含6个任务。

Step 01 打开项目文件，依照任务描述，完成任务。

Step 02 参考任务1—任务6的内容，核对自己的解题方法是否正确。

任务序号	任 务 描 述
1	您正在为答得喵电子科技的潜在客户创建演示文稿。在"讲义母版"上，将左侧页眉更改为显示"答得喵电子科技"，并将左侧页脚更改为显示"www.dademiao.com"。
2	在"答得喵电子科技"幻灯片之后，插入摘要缩放定位，缩放定位仅链接到"关于电子科技""三大要素""答得喵课程"和"答得喵成员"幻灯片，不包含指向"答得喵电子科技"幻灯片的链接。
3	在"答得喵成员"幻灯片上，将幻灯片背景设置为"图片"文件夹中的"电子圆"图片。将透明度调整为5%。
4	在"答得喵电子科技"幻灯片上，将文本"www.dademiao.com"转换为超链接。将显示文本更改为"公司官网"。
5	在"答得喵课程"幻灯片上，将项目符号列表转换为分段循环SmartArt图形。
6	对于所有幻灯片，将切换效果设置为"楔入"。

任务1: 设置讲义的页眉页脚

考点提示:【讲义母版】、设置页眉和设置页脚

完成任务:

Step 01【视图】选项卡→选择【讲义母版】,如图 **A** 所示。

Step 02 在左侧上方的页眉处输入"答得喵电子科技"→在左侧下方的页脚处输入"www.dademiao.com"→【讲义母版】选项卡→选择【关闭母版视图】,如图 **B** 所示。

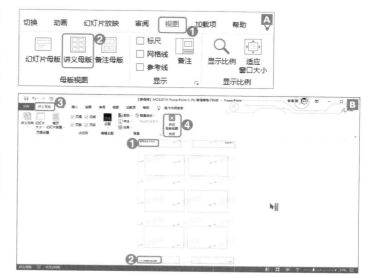

举一反三

讲义母版中设置的页眉页脚,在打印讲义时会体现出来。打印讲义的方法如下:【文件】→【打印】→修改打印版式,【整页幻灯片】处选择9种【讲义】版式中的任意一个(同设置备注页一样,参见MOS PPT 2019 Associate 项目1任务1、项目10任务2),在打印预览中,即可看到设置的页眉页脚。

任务2: 插入摘要缩放定位

考点提示: 插入【摘要缩放定位】

完成任务:

Step 01 定位到"答得喵电子科技"幻灯片→【插入】选项卡→点击【缩放定位】下拉菜单→选择【摘要缩放定位】,如图 **A** 所示。

Step 02 按照题目要求分别选择"关于电子科技""三点要素""答得喵课程"和"答得喵成员"幻灯片→取消勾选"答得喵电子科技"幻灯片→点击【插入】按钮，如图 **B** 所示。

Step 03 软件自动新增一张带有摘要缩放定位的幻灯片，设置好之后的效果如图 **C** 所示。

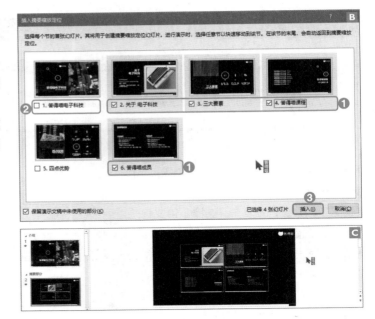

任务3：设置幻灯片背景

Chapter 01
Chapter 02
Chapter 03
Chapter 04
Chapter 05
Chapter 06

考点提示：【设置幻灯片背景】

完成任务：

Step 01 选择"答得喵成员"幻灯片→在幻灯片的空白背景处鼠标右键→选择【设置背景格式】，如图 **A** 所示。

Step 02 选择【填充】→勾选【图片或纹理填充】→【插入图片来自】选择【文件】，如图 **B** 所示。

Step 03 选择图片【电子圆.jpg】→点击
【插入】按钮，如图 **C** 所示。

Step 04 将透明度修改为"5%"，如图
D 所示。

Step 05 设置好的效果如图 **E** 所示。

任务4：设置超链接

考点提示： 设置【超链接】

完成任务：

Step 01 选择幻灯片"答得喵电子科技"
上的文本"www.dademiao.com"→
【插入】选项卡→选择【超链接】，如图
A 所示。

Step 02 在【地址】处输入"http://www.
dademiao.com"→【要显示的文字】
处输入"公司官网"→点击【确定】，如
图 **B** 所示。

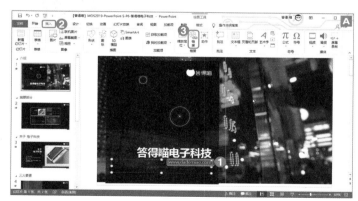

Step 03 设置好的效果如图 **C** 所示。

任务5：将项目符号列表转换为SmartArt图形

项目 1/6: 答得喵模拟题　　　　🕐 答得喵 00:49:00　　　　重置项目文件　　提交项目

| 任务1 | 任务2 | 任务3 | 任务4 | 任务5 | 任务6 |

在"答得喵课程"幻灯片上，将项目符号列表转换为分段循环SmartArt图形。

上一个任务　　　☐ 在考试后留下反馈　　🏳 标注为回顾　　✔ 标注为完成　　下一个任务

考点提示： 将项目符号列表【转换为SmartArt】图形

完成任务：

Step 01 选择幻灯片"答得喵课程"上的
项目符号列表→鼠标右键选择【转换为
SmartArt】→选择【其他SmartArt图
形】，如图 **A** 所示。

Step 02 选择【循环】→【分段循环】
SmartArt图形→点击【确定】按钮，如
图 **B** 所示。

Step 03 设置好的效果如图 **C** 所示。

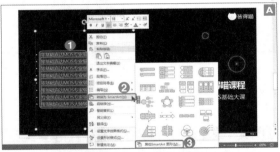

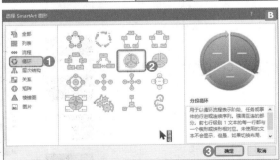

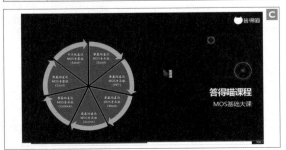

任务6：设置切换效果

考点提示： 设置【切换】效果

完成任务：

　　【切换】选项卡→点击【效果选项】下拉菜单→选择【楔入】→点击【应用到全部】，如图 **A** 所示。

项目 07 答得喵花店

　　对应项目文件（【答得喵】MOS2019-PowerPoint-S-P7-答得喵花店.zip），进入考题界面如下图所示，系统会帮你预设一个场景。

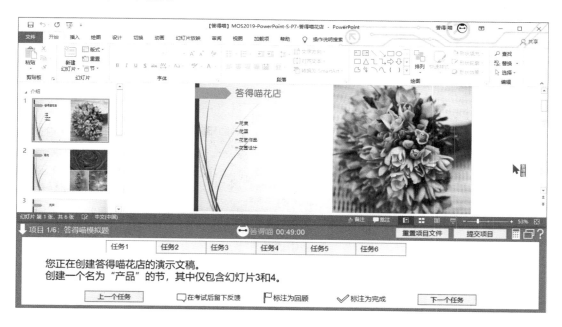

任务总览：请打开项目文件，依照任务描述，完成任务

本项目包含6个任务。

Step 01 打开项目文件，依照任务描述，完成任务。

Step 02 参考任务1—任务6的内容，核对自己的解题方法是否正确。

任务序号	任 务 描 述
1	您正在创建答得喵花店的演示文稿。 创建一个名为"产品"的节，其中仅包含幻灯片3和4。
2	在幻灯片5上，使用"绘图"选项卡上的工具，用荧光笔：黄色，6毫米突出显示文本"???"。
3	在幻灯片2上，在内容占位符中，插入垂直曲形列表SmartArt图形。 标记第一个形状"紫色"和第二个形状"典雅"。删除所有未使用的形状。
4	在幻灯片3上，使用"3D模型"功能，从"3D对象"文件夹中插入风车模型。 调整模型的大小，将高度调整为8厘米。将模型放在项目符号列表的左侧。模型的确切位置无关紧要。
5	将使用"从左侧"效果选项的"擦除"切换效果，应用于所有幻灯片。
6	在幻灯片4上，将旋转动画添加到装饰花束图像。

任务1：在演示文稿中插入节

考点提示：【新增节】和【重命名】节

完成任务：

Step 01 将鼠标定位到幻灯片2到3之间→鼠标右键，选择【新增节】，如图 **A** 所示。

Step 02 在【节名称】处输入"产品"→点击【重命名】，如图 **B** 所示。

Step 03 设置好的效果如图 **C** 所示。

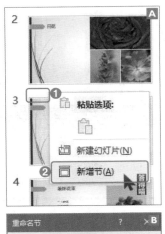

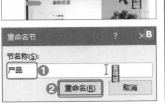

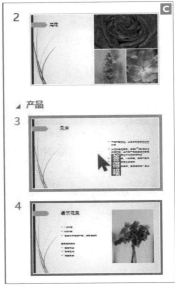

任务2：用墨迹突出显示文本

考点提示： 墨迹

完成任务：

Step 01 （调出【绘图】选项卡，如果已经有了【绘图】选项卡则直接从第4步开始）【文件】选项卡，如图 **A** 所示。

Step 02 选择最下面的【选项】，如图 **B** 所示。

Step 03 选择【自定义功能区】→勾选上【绘图】选项卡→点击【确定】按钮，如图 **C** 所示。

Step 04 选择幻灯片5→【绘图】选项卡→选择【黄色：6毫米】荧光笔，如图 **D** 所示。

Step 05 在"???"文本上拖动鼠标，使其被荧光笔工具突出显示，效果如图 **E** 所示。

Step 06 【绘图】选项卡→点击【绘图】功能，（若没有【绘图】功能，点击最右侧的【停止墨迹书写】功能）使鼠标退出荧光笔状态，如图 **F** 所示。

任务3：插入SmartArt图形

在幻灯片2上，在内容占位符中，插入垂直曲形列表SmartArt图形。标记第一个形状"紫色"和第二个形状"典雅"。删除所有未使用的形状。

考点提示： 插入SmartArt图形

完成任务：

Step 01 选择幻灯片2中的SmartArt图标，如图 **A** 所示。

Step 02 选择【列表】类别→【垂直曲线列表】SmartArt图形→点击【确定】按钮，如图 **B** 所示。

Step 03 点击小箭头调出文本窗格→分别在前两行分别输入"紫色"和"典雅"→光标定位到第三行，按下键盘上的【Back-space】键删除第三行（SmartArt图形中的第三个形状会被同时删除）→点击右上角的关闭，如图 **C** 所示。

Step 04 设置好的效果如图 **D** 所示。

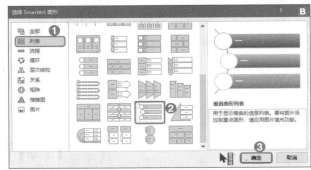

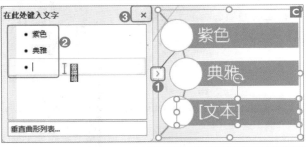

任务4：插入3D模型

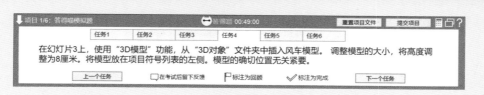

考点提示： 插入【3D模型】

完成任务：

Step 01 鼠标选择幻灯片3→【插入】选项卡→点击【3D模型】，如图 A 所示。

Step 02 选择【风车】3D模型→点击【插入】，如图 B 所示。

Step 03 3D模型工具【格式】选项卡→将高度设置为"8厘米"，如图 C 所示。

Step 04 将风车3D模型拖动到项目符号列表左侧，模型的确切位置无关紧要，如图 D 所示。

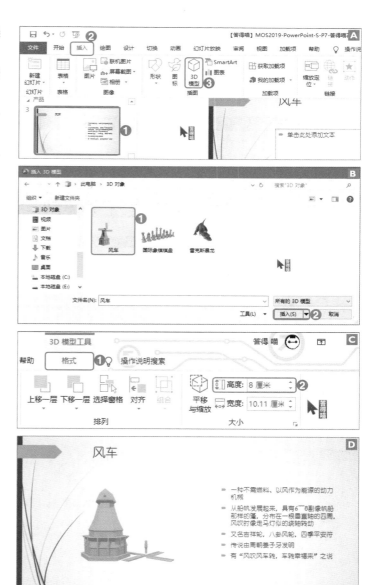

任务5：设置切换效果

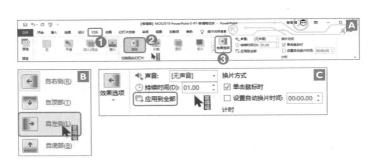

考点提示： 设置【切换】效果

完成任务：

Step 01 选择任意幻灯片→【切换】选项卡→选择【擦除】切换效果→点击【效果选项】下拉菜单，如图 **A** 所示。

Step 02 选择【自左侧】效果，如图 **B** 所示。

Step 03 选择【应用到全部】，如图 **C** 所示。

任务6：为图片设置动画

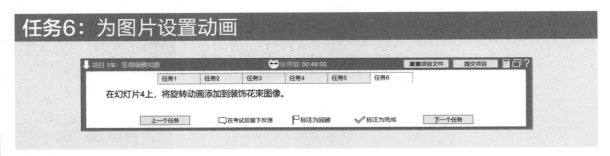

考点提示： 设置【动画】

完成任务：

Step 01 选择幻灯片4上的装饰花束图片→【动画】选项卡→点击【动画】功能组的【其他】下拉按钮，如图 **A** 所示。

Step 02 选择【旋转】动画效果，如图 **B** 所示。

项目

08 答得喵服饰

对应项目文件（【答得喵】MOS2019-PowerPoint-S-P8-答得喵服饰.zip），进入考题界面如下图所示，系统会帮你预设一个场景。

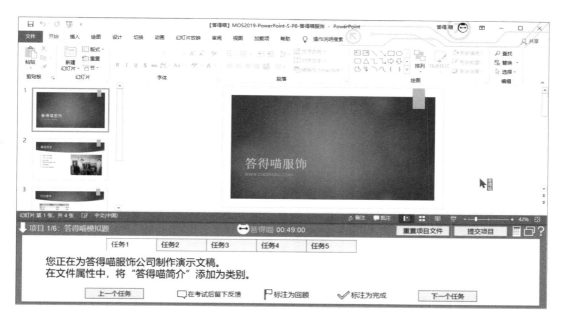

任务总览：请打开项目文件，依照任务描述，完成任务

本项目包含5个任务。

Step 01 打开项目文件，依照任务描述，完成任务。

Step 02 参考任务1—任务5的内容，核对自己的解题方法是否正确。

任务序号	任 务 描 述
1	您正在为答得喵服饰公司制作演示文稿。 在文件属性中，将"答得喵简介"添加为类别。
2	在"相关服务"幻灯片之后，通过从"文档"文件夹中的"补充信息"文档导入大纲来创建幻灯片。
3	在"服装类型"幻灯片上，将替代文字说明"店内情况"添加到图像中。
4	在"相关服务"幻灯片上，在表格末尾插入一行。 在该行中，在"服务"列中输入"整体造型服务费"，在"价格"列中输入"￥500/身"。
5	在"价位参考"幻灯片上，在内容占位符中，创建仅显示表格内容的3D簇状柱形图。您可以在图表工作表中复制和粘贴或手动输入表格数据。

任务1： 设置文件属性

考点提示： 设置文件属性

完成任务：

Step 01 选择【文件】选项卡，如图 **A** 所示。

Step 02 选择【信息】→在文档属性的【类别】处输入文本"答得喵简介"，如图 **B** 所示。

任务2： 导入Word文档大纲

Chapter 01
Chapter 02
Chapter 03
Chapter 04
Chapter 05
Chapter 06

在"相关服务"幻灯片之后，通过从"文档"文件夹中的"补充信息"文档导入大纲来创建幻灯片。

考点提示： 使用【幻灯片（从大纲）】功能

完成任务：

Step 01 选择"相关服务"幻灯片→【开始】选项卡→点击【新建幻灯片】下拉菜单，如图 **A** 所示。

Step 02 选择底部的【幻灯片（从大纲）】，如图 **B** 所示。

Step 03 选择【补充信息.docx】文件→点击【插入】，如图 **C** 所示。

Step 04 在"相关服务"幻灯片后面会添加两张新的幻灯片，效果如图 **D** 所示。

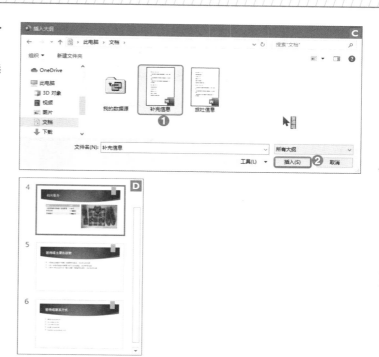

任务3：为图片添加替换文字

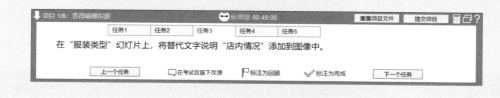

考点提示：【替换文字】

完成任务：

Step 01 选择幻灯片"服装类型"上的图片→图片工具【格式】选项卡→点击【替换文字】，如图 **A** 所示。

Step 02 在【替换文字】处输入文本"店内情况"→点击右上角的关闭，如图 **B** 所示。

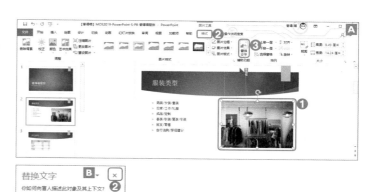

举一反三

替代文字说明=替换文字，只是翻译不同。

任务4：插入表格行

考点提示： 插入表格行

完成任务：

Step 01 选择幻灯片"相关服务"上表格的末尾行→表格工具【布局】选项卡→选择【在下方插入】，如图 **A** 所示。

Step 02 在新插入行的两列分别输入"整体造型服务费"和"￥500/身"，最终效果如图 **B** 所示。

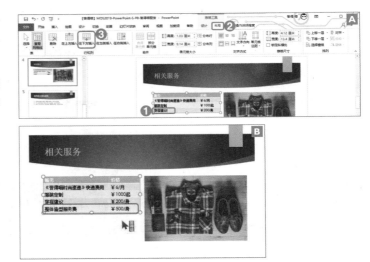

任务5：插入图表

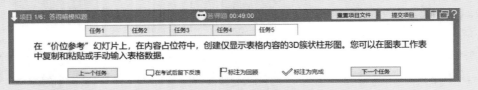

考点提示： 插入图表

完成任务：

Step 01 选择幻灯片"价位参考"上的表格数据→右键选择【复制】→点击占位符中的插入图表图标，如图 **A** 所示。

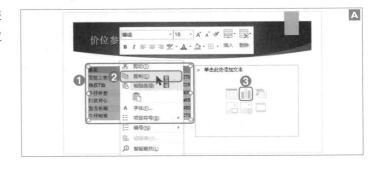

Chapter 01
Chapter 02
Chapter 03
Chapter 04
Chapter 05
Chapter 06

Step 02 选择【柱形图】→选择【三维簇状柱形图】→点击【确定】按钮，最终效果如图 **B** 所示。

Step 03 在输入数据时直接选择A1单元格→鼠标右键选择【匹配目标格式】粘贴选项，如图 **C** 所示。

Step 04 选择多余的整个D列数据→鼠标右键选择【删除】→点击右上角的关闭，如图 **D** 所示。

Step 05 设置好的效果如图 **E** 所示。

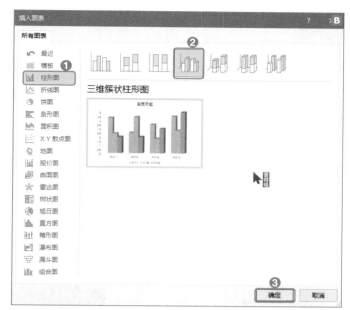

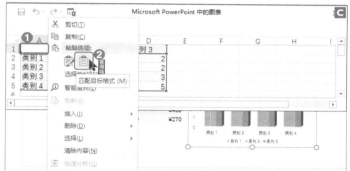

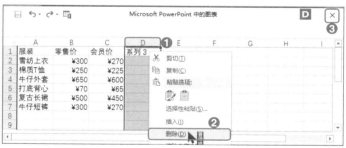

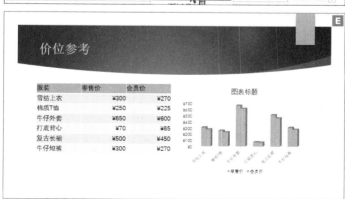

09 调查报告

对应项目文件（【答得喵】MOS2019-PowerPoint-S-P9-调查报告.zip），进入考题界面如下图所示，系统会帮你预设一个场景。

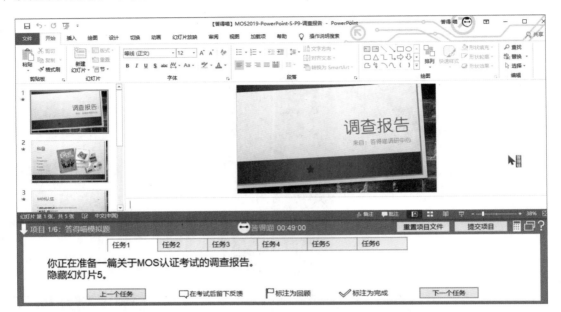

任务总览：请打开项目文件，依照任务描述，完成任务

本项目包含6个任务。

Step 01 打开项目文件，依照任务描述，完成任务。

Step 02 参考任务1—任务6的内容，核对自己的解题方法是否正确。

任务序号	任 务 描 述
1	你正在准备一篇关于MOS认证考试的调查报告。 隐藏幻灯片5。
2	在幻灯片1上，对文本"答得喵调研中心"插入到"http://www.dademiao.com"的超链接。
3	在幻灯片2上，反转图片的层叠顺序，使《MOS Office2016七合一高分必看》在前面，《没人会告诉你的PPT真相》在中间，《玩转Excel就这3件事》在后面。
4	在幻灯片4上，将图表类型更改为簇状条形图。
5	在幻灯片3上，将项目符号列表转换为基本列表SmartArt图形。
6	对于所有幻灯片，将切换动画的持续时间设置为3秒。

任务1：隐藏幻灯片

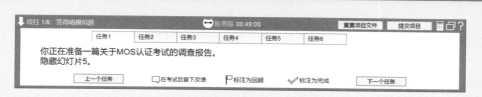

考点提示：【隐藏幻灯片】

完成任务：

`Step 01` 选择幻灯片5→鼠标右键选择【隐藏幻灯片】，如图 **A** 所示。

`Step 02` 设置好的效果如图 **B** 所示。

隐藏了的幻灯片，在放映幻灯片时不会被放映出来。

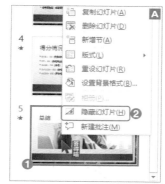
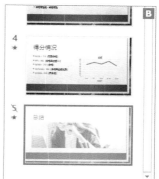

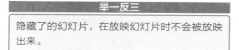

任务2：插入超链接

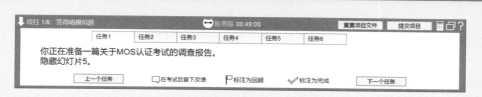

考点提示： 插入【超链接】

完成任务：

`Step 01` 选择幻灯片1上的文本"答得喵调研中心"，如图 **A** 所示。

`Step 02` 【插入】选项卡→点击【超链接】，如图 **B** 所示。

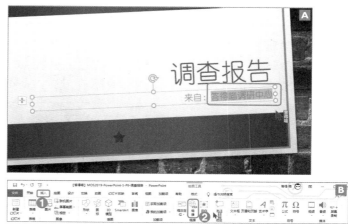

Step 03 在【地址】处输入"http://www.dademiao.com"→点击【确定】，如图 **C** 所示。

Step 04 设置好的效果如图 **D** 所示。

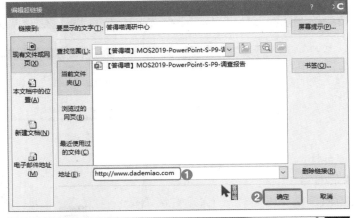

任务3：调整图片顺序

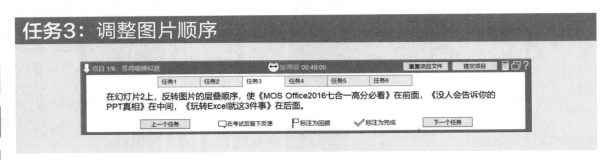

在幻灯片2上，反转图片的层叠顺序，使《MOS Office2016七合一高分必看》在前面，《没人会告诉你的PPT真相》在中间，《玩转Excel就这3件事》在后面。

考点提示：调整图片顺序

完成任务：

Step 01 选择书籍《玩转Excel就这3件事》的图片→鼠标右键选择【置于底层】，如图 **A** 所示。

Step 02 选择书籍《MOS Office2016七合一高分必看》的图片→鼠标右键选择【置于顶层】，如图 **B** 所示。

Step 03 设置好的效果如图 **C** 所示。

任务4： 更改图表类型

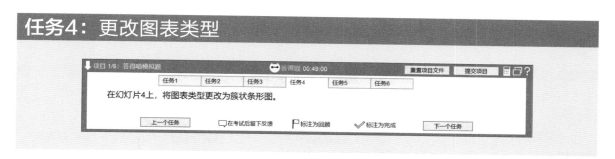

考点提示：【更改图表类型】

完成任务：

Step 01 选择幻灯片4上的图表→图表工具【设计】选项卡→选择【更改图表类型】，如图 **A** 所示。

Step 02 选择【条形图】→【簇状条形图】→点击【确定】，如图 **B** 所示。

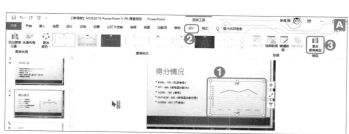

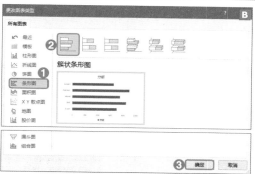

Step 03 设置好的效果如图 **C** 所示。

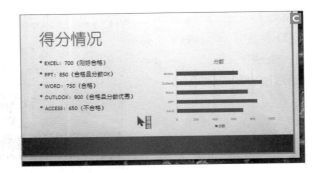

任务5：将项目符号列表转换为SmartArt图形

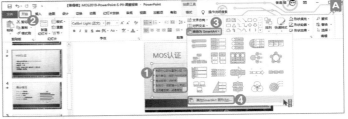

考点提示： 将项目符号列表【转换为SmartArt】图形

完成任务：

Step 01 选择幻灯片3上的项目符号列表
→【开始】选项卡→点击【转换为
SmartArt】→选择【其他SmartArt图
形】，如图 **A** 所示。

Step 02 选择【基本列表】SmartArt图
形→点击【确定】，如图 **B** 所示。

Step 03 设置好的效果如图 **C** 所示。

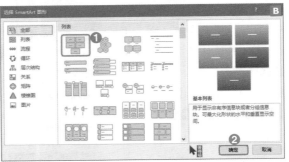

任务6：设置切换时间

考点提示： 设置切换时间

完成任务：

选择【切换】选项卡→将切换持续时间设置为 "03.00" 秒→点击【应用到全部】，如图 A 所示。

项 目

10 课程安排

对应项目文件（【答得喵】MOS2019-PowerPoint-S-P10-课程安排.zip），进入考题界面如下图所示，系统会帮你预设一个场景。

任务总览：请打开项目文件，依照任务描述，完成任务

本项目包含6个任务。

Step 01 打开项目文件，依照任务描述，完成任务。

Step 02 参考任务1—任务6的内容，核对自己的解题方法是否正确。

任务序号	任 务 描 述
1	您正在为答得喵学院的新生准备演示文稿。 在幻灯片母版上，复制"空白"版式。将新版式命名为"图文"。在左侧插入图片占位符，在右侧插入文本占位符。占位符的确切大小和位置无关紧要。不要根据新的幻灯片版式创建幻灯片。
2	配置打印选项。打印三份所有幻灯片的备注页面。第1页的所有副本应在第2页的所有副本之前打印。
3	在演示文稿最后，从文档文件夹中的答得喵更多信息演示文稿中插入幻灯片。 在插入幻灯片后，幻灯片6应为"关于答得喵"，幻灯片7应为"答得喵资质"。
4	在"PPT"幻灯片上，将旋转、白色图片样式和纹理化艺术效果应用于图片。
5	在"联系方式"幻灯片上，插入视频文件夹中的答得喵MOS4视频。将视频放在幻灯片的右下角。 视频的确切大小和位置无关紧要。
6	在"Excel"幻灯片上，为图表图标设置向下运动路径动画。

任务1：创建自定义幻灯片版式

> ↓ 项目 1/6：答得喵模拟题　　　⏱ 答得喵 00:49:00　　　重置项目文件　提交项目　▦ ⬜ ?
>
> | 任务1 | 任务2 | 任务3 | 任务4 | 任务5 | 任务6 |
>
> 您正在为答得喵学院的新生准备演示文稿。
> 在幻灯片母版上，复制"空白"版式。将新版式命名为"图文"。在左侧插入图片占位符，在右侧插入文本占位符。占位符的确切大小和位置无关紧要。不要根据新的幻灯片版式创建幻灯片。
> 上一个任务　　☐ 在考试后留下反馈　　⚑ 标注为回顾　　✓ 标注为完成　　下一个任务

考点提示：【复制版式】、【重命名版式】和【插入占位符】

完成任务：

Step 01 【视图】选项卡→选择【幻灯片母版】，如图 A 所示。

Step 02 找到名为"空白"的版式→鼠标右键选择【复制版式】，如图 B 所示。

Step 03 选择新复制出来的版式→鼠标右键选择【重命名版式】，如图 C 所示。

Step 04 在版式名称处输入"图文"→点击【重命名】，如图 D 所示。

Chapter 01
Chapter 02
Chapter 03
Chapter 04
Chapter 05
Chapter 06

Step 05 【幻灯片母版】选项卡→【插入占位符】下拉按钮→选择【图片】占位符，如图 E 所示。

Step 06 在"图文"自定义版式左侧插入该占位符，如图 F 所示。

Step 07 【幻灯片母版】选项卡→【插入占位符】下拉按钮→选择【文本】占位符，如图 G 所示。

Step 08 在"图文"自定义版式右侧插入该占位符，如图 H 所示。

Step 09 插入完成后的效果，如右图 I 所示。

Step 10 【幻灯片母版】选项卡→【关闭母版视图】选项，如图 J 所示。

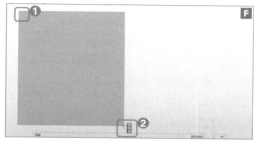

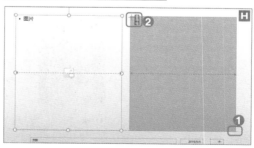

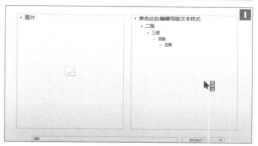

任务2：打印指定版式和份数的演示文稿

↓ 项目 1/6：答得喵模拟题　　　　　　　　⏱ 答得喵 00:49:00　　　　　　　　重置项目文件　　提交项目　　田 🗗 ?

任务1　　任务2　　任务3　　任务4　　任务5　　任务6

配置打印选项。打印三份所有幻灯片的备注页面。第1页的所有副本应在第2页的所有副本之前打印。

上一个任务　　　□ 在考试后留下反馈　　⚑ 标注为回顾　　✓ 标注为完成　　　下一个任务

考点提示： 设置打印版式和设置打印份数

完成任务：

Step 01 点击【文件】选项卡，如图 **A**
所示。

Step 02 选择【打印】→将【份数】设置
为"3份"→设置打印版式，点击【整页
幻灯片】下拉菜单，如图 **B** 所示。

Step 03 在【打印版式】处选择【备注
页】，如图 **C** 所示。

Step 04 设置打印顺序，点击【对照】下
拉菜单→选择【非对照】，如图 **D** 所示。

任务3: 重用幻灯片

在演示文稿最后，从文档文件夹中的答得喵更多信息演示文稿中插入幻灯片。在插入幻灯片后，幻灯片6应为"关于答得喵"，幻灯片7应为"答得喵资质"。

考点提示:【重用幻灯片】

完成任务:

Step 01 将光标定位到演示文稿的最后→【开始】选项卡→点击【新建幻灯片】下拉菜单，如图**A**所示。

Step 02 选择【重用幻灯片】，如图**B**所示。

Step 03 在右侧的【重用幻灯片】窗格，选择【浏览】，如图**C**所示。

Step 04 选择"答得喵更多信息"演示文稿→点击【打开】按钮，如图**D**所示。

Step 05 点击一下"关于答得喵"幻灯片将其插入为幻灯片6→点击一下"答得喵资质"幻灯片将其插入为幻灯片7，如图**E**所示，将两页幻灯片依次复用到演示文稿中。

Step 06 设置好之后效果如图**F**所示。

任务4：为图片添加图片样式和艺术效果

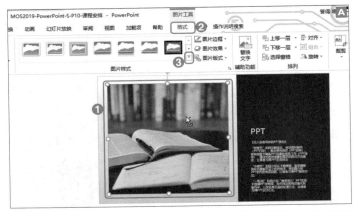

考点提示： 为图片添加【图片样式】和【艺术效果】

完成任务：

Step 01 选择"PPT"幻灯片上的图片→图片工具【格式】选项卡→点击【图片样式】功能组的【其他】下拉按钮，如图 A 所示。

Step 02 选择【旋转，白色】图片样式，如图 B 所示。

Step 03 选择【艺术效果】下拉菜单→选择【纹理化】艺术效果，如图 C 所示。

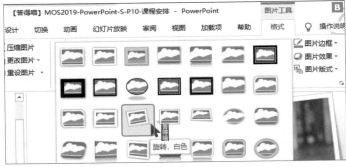

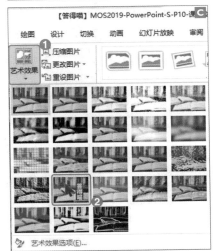

Step 04 设置好的效果如图 **D** 所示。

任务5：插入视频

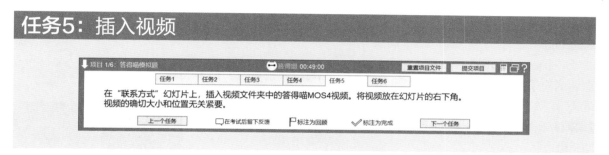

在"联系方式"幻灯片上，插入视频文件夹中的答得喵MOS4视频。将视频放在幻灯片的右下角。视频的确切大小和位置无关紧要。

考点提示： 插入视频

完成任务：

Step 01 选择"联系方式"幻灯片→【插入】选项卡→点击【视频】下拉菜单→选择【PC上的视频】，如图 **A** 所示。

Step 02 选择视频文件【答得喵MOS4】→点击【插入】按钮，如图 **B** 所示。

Step 03 插入后将视频移至幻灯片的右下角，视频的确切大小和位置无关紧要，最终如图 **C** 所示。

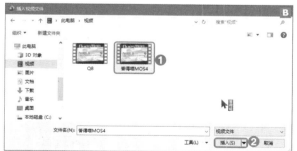

任务6：为图标添加动画效果

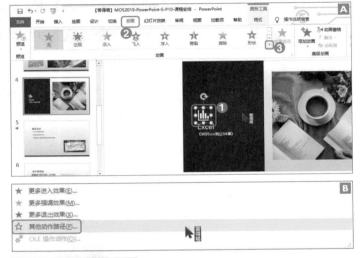

考点提示： 设置动画

完成任务：

Step 01 选择幻灯片"Excel"上的图表图标→【动画】选项卡→选择【动画】功能组的【其他】下拉按钮，如图 **A** 所示。

Step 02 选择底部的【其他动作路径】，如图 **B** 所示。

Step 03 选择【向下】的动作路径→点击【确定】，如图 **C** 所示。

Step 04 设置好的效果如图 **D** 所示。

项目 11 海底世界

对应项目文件（【答得喵】MOS2019-PowerPoint-S-P11-海底世界.zip），进入考题界面如下图所示，系统会帮你预设一个场景。

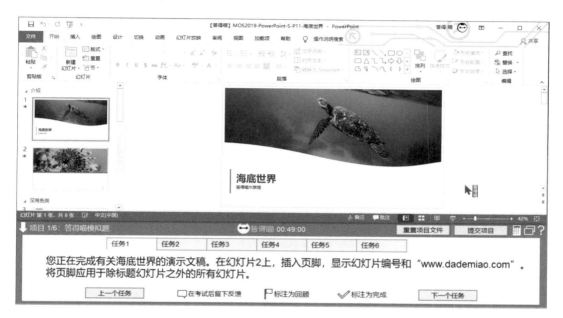

任务总览：请打开项目文件，依照任务描述，完成任务

本项目包含6个任务。

Step 01 打开项目文件，依照任务描述，完成任务。

Step 02 参考任务1—任务6的内容，核对自己的解题方法是否正确。

任务序号	任 务 描 述
1	您正在完成有关海底世界的演示文稿。在幻灯片2上，插入页脚，显示幻灯片编号和"www.dademiao.com"。将页脚应用于除标题幻灯片之外的所有幻灯片。
2	在幻灯片8上，设置项目符号列表显示为两列。
3	在幻灯片2上，插入节缩放定位，链接到"第2节：深海鱼类""第3节：环境介绍"和"第4节：联系我们"。将节缩略图放置在白色矩形内，使它们不会堆叠在一起。缩略图的确切顺序和位置无关紧要。
4	在幻灯片3上，将3D模型的视图更改为左视图。
5	对于所有幻灯片，将切换动画设置为从左侧。
6	在幻灯片3上，将摇摆动画效果应用于3D模型。

任务1：插入页脚

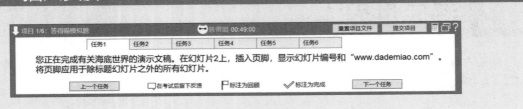

考点提示： 插入页脚

完成任务：

Step 01 选择幻灯片2→【插入】选项卡→选择【页眉和页脚】，如图 **A** 所示。

Step 02 勾选【幻灯片编号】→勾选【页脚】并输入文本"www.dademiao.com"→勾选【标题幻灯片中不显示】→点击【全部应用】，如图 **B** 所示。

Step 03 设置好后可以观察到，除了标题幻灯片外所有幻灯片左下角都添加了页脚【www.dademiao.com】，右下角出现了幻灯片编号，效果如图 **C** 所示。

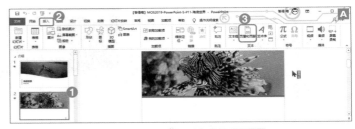

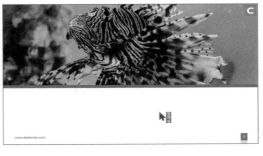

举一反三

对所有幻灯片（除标题幻灯片之外）插入页脚这个操作，选中任意一页幻灯片操作都会产生一样的效果。但既然任务描述中明确提到"在幻灯片2上"，那么我们听从他的意思，选中幻灯片2操作会更好一些。

任务2：将项目符号列表设置为两列

Chapter 01
Chapter 02
Chapter 03
Chapter 04
Chapter 05
Chapter 06

在幻灯片8上，设置项目符号列表显示为两列。

考点提示： 将项目符号列表设置为两列
完成任务：

`Step 01` 选择幻灯片8上的项目符号列表
→【开始】选项卡→选择【添加或者删
除栏】→选择【两栏】，如图 **A** 所示。

`Step 02` 设置好的效果如图 **B** 所示。

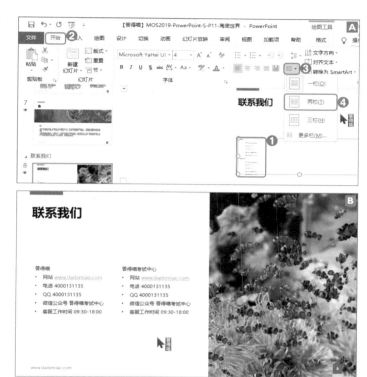

任务3：插入幻灯片缩放定位

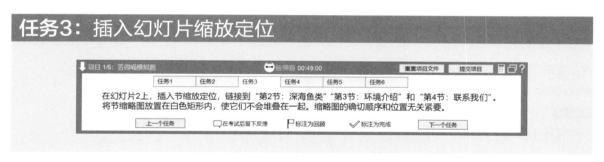

在幻灯片2上，插入节缩放定位，链接到"第2节：深海鱼类""第3节：环境介绍"和"第4节：联系我们"。
将节缩略图放置在白色矩形内，使它们不会堆叠在一起。缩略图的确切顺序和位置无关紧要。

考点提示： 插入【幻灯片缩放定位】
完成任务：

`Step 01` 选择幻灯片2→【插入】选项卡
→点击【缩放定位】下拉菜单→选择
【幻灯片缩放定位】，如图 **A** 所示。

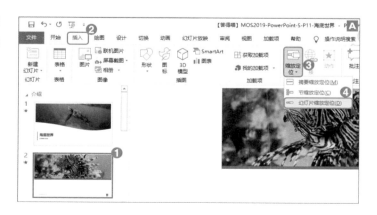

Step 02 勾选"深海鱼类""环境介绍"和"联系我们"幻灯片的缩略图→点击【插入】，如图 **B** 所示。

Step 03 将插入的三张缩略图放置在幻灯片2上的白色矩形中，使其不堆叠在一起，确切顺序和位置无关紧要，最终效果如图 **C** 所示。

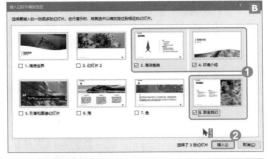

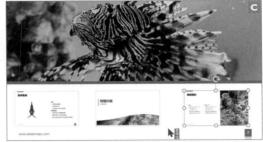

举一反三

"缩略图的确切顺序和位置无关紧要"的意思是三张图，哪张在左边、哪张在右边、哪张在中间都行。

任务4：设置3D模型视图

在幻灯片3上，将3D模型的视图更改为左视图。

考点提示： 设置【3D模型视图】

完成任务：

Step 01 选择幻灯片3上的3D模型→3D模型工具【格式】选项卡→点击【3D模型视图】功能组中的【左视图】，如图 **A** 所示。

Step 02 设置好的效果如图 **B** 所示。

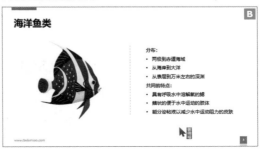

任务5：设置切换效果

考点提示： 设置切换效果

完成任务：

选择任意幻灯片→【切换】选项卡→点击【效果选项】下拉菜单→选择【自左侧】切换效果→点击【应用到全部】，如图 **A** 所示。

任务6：为3D模型添加动画效果

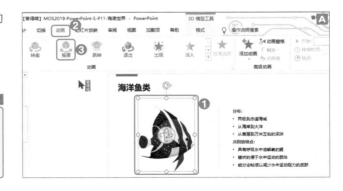

考点提示： 设置动画

完成任务：

选择幻灯片3上的3D模型→【动画】选项卡→选择【摇摆】动画效果，如图 **A** 所示。

举一反三

【进入】【转盘】【摇摆】【跳转】【退出】5个动画效果是3D模型专属的动画效果，只有选中3D模型时才会出现，选择其他对象（如形状、图片）时不会出现。

 温馨提示

由于篇幅有限且MOS2019题库具有更新性，本书将采用"互联网+"的方式来为你带来增补内容（增补内容中包含的模拟题和书上的不同，两者同等重要，都需要学习）。

增补内容领取方法：扫描本书封底涂层下二维码领取。

如操作中遇到困难，可访问https://dademiao.cn/doc/30，或者手机扫描**此二维码**查看图文。

手机扫一扫，
获取更新内容

03
Chapter

MOS
Excel 2019

　　我们将通过MOS-Excel 2019的实战模拟练习，来学习Excel软件的相关考点。MOS-Excel 2019分为两个级别：Exam MO-200：MOS：Microsoft Office Excel 2019 Associate（以下简称：Excel 2019 Associate）、Exam MO-201：MOS：Microsoft Office Excel 2019 Expert（以下简称：Excel 2019 Expert）。Excel 2019 Associate简单一些，而Excel 2019 Expert难一些，通过认证可达到专家水平。建议普通文员以Excel 2019 Associate为目标。人力、财务、市场等需要处理大量数据、对Excel水平要求高的专业人士以Excel 2019 Expert为目标。两门考试可独立报考。

3.1　MOS Excel 2019 Associate

　　MOS Excel 2019 Associate每次考试从题库中抽取若干个项目。每个项目包含若干个任务，共计**35**个任务。每个任务考察若干个考点。

　　为了让你感觉身临其境，本书采取和考试一样的方式。以项目为单位安排任务，讲解题型。每个项目开头处会注明对应项目文件的名字（在本书配套光盘里可找到所有项目文件），给出任务总览（便于依照任务描述作答）和各任务解题方法（以核对作答是否正确）。

软件是练会的，不是看会的。

为保证最佳的学习效果，请按下列步骤进行。

Step 01 在本书的配套光盘中找到【对应项目文件】，打开。

Step 02 依照本书【任务总览】小节列出的任务描述，操作项目文件，完成任务。

Step 03 参考本书【任务1】等各小节内容，核对自己的解题方法是否正确。

项目 01 答得喵出版社

　　对应项目文件（【答得喵】MOS2019-Excel-S-P1-答得喵出版社.zip），进入考题界面如下图所示，系统会帮你预设一个场景。

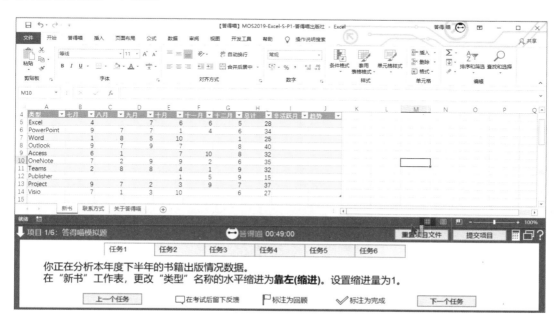

任务总览：请打开项目文件，依照任务描述，完成任务

本项目包含6个任务。

Step 01 打开项目文件，依照任务描述，完成任务。

Step 02 参考任务1—任务6的内容，核对自己的解题方法是否正确。

任务序号	任 务 描 述
1	你正在分析本年度下半年的书籍出版情况数据。 在"新书"工作表，更改"类型"名称的水平缩进为靠左(缩进)。设置缩进量为1。
2	在"新书"工作表的J5:J14单元格中，插入盈亏迷你图，包含七月到十二月的值。
3	在"新书"工作表，为表格添加汇总行。设置汇总行，使其显示每个月和六个月总计的新书数量。
4	在"新书"工作表的"非活跃月"列，使用函数计算每个类型没有出版新书的月份的数量。
5	在"联系方式"工作表的"电子邮件地址"列，使用函数构建出每个人的电子邮件地址，电子邮件地址由每个人的联系人姓名和"@dademiao.com"构成。
6	在"新书"工作表，通过更改图表的布局为布局3，更改图表上显示的元素。

任务1：设置单元格缩进

↓ 项目 1/6：答得喵模拟题　　　　　🕐 答得喵 00:49:00　　　　重置项目文件　提交项目　▦ ⬚ ?

| 任务1 | 任务2 | 任务3 | 任务4 | 任务5 | 任务6 |

你正在分析本年度下半年的书籍出版情况数据。
在"新书"工作表，更改"类型"名称的水平缩进为**靠左(缩进)**。设置缩进量为1。

上一个任务　　☐ 在考试后留下反馈　⚑ 标注为回顾　✔ 标注为完成　　下一个任务

考点提示： 设置单元格缩进

完成任务：

Step 01 选中"新书"工作表的A5:A14单元格范围→鼠标右键→选择【设置单元格格式】，如图 **A** 所示。

Step 02 在【设置单元格格式】窗口选择【对齐】→在【水平对齐】处设置为【靠左（缩进）】→【缩进】数值设置为"1"→单击【确定】按钮，如图 **B** 所示。

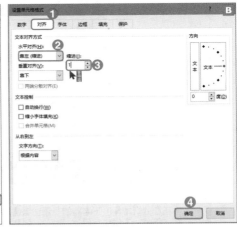

Step 03 设置好的效果如图 **C** 所示。

答得喵出版社
新出版书籍

类型	七月	八月	九月	十月	十一月	十二月	总计
Excel	4		7	6	6	5	28
PowerPoint	9	7	7	1	4	6	34
Word	1	8	5	10		1	25
Outlook	9	7	9	7		8	40
Access	6	1		7	10	8	32
OneNote	7	2	9	9	2	6	35
Teams	2	8	8	4	1	9	32
Publisher				1	5	9	15
Project	9	7	2	3	9	7	37
Visio	7	1	3	10		6	27

任务2：增加盈亏迷你图

| 项目 1/6：答得喵模拟题 | 答得喵 00:49:00 | 重置项目文件 | 提交项目 |

| 任务1 | 任务2 | 任务3 | 任务4 | 任务5 | 任务6 |

在"新书"工作表的J5:J14单元格中，插入盈亏迷你图，包含七月到十二月的值。

| 上一个任务 | ☐ 在考试后留下反馈 | ⚑ 标注为回顾 | ✓ 标注为完成 | 下一个任务 |

考点提示： 增加盈亏迷你图

完成任务：

Step 01 选择"新书"工作表的J5单元格→选择【插入】选项卡→选择【盈亏】迷你图，如图 **A** 所示。

Step 02 在【数据范围】处选择B5:G5的七月到十二月的数据范围→点击【确定】按钮，如图 **B** 所示。

Step 03 用鼠标放到J5单元格的右下角，使其成黑色十字状向下拖动填充到本列其他单元格，如图 **C** 所示。

任务3：设置汇总行

考点提示： 设置【汇总行】

完成任务：

Step 01 将光标置于表格中的任意位置（比如A5单元格）→点击【表设计】选项卡→勾选【汇总行】→选择表格的J15单元格右边的下拉菜单，将"趋势"列的汇总设置为"无"，如图 A 所示。

Step 02 依次设置B15:H15单元格的汇总数据为"求和"，如图 B 所示。

任务4：使用公式计算区域中空白单元格数量

考点提示： COUNTBLANK函数

完成任务：

Step 01 选择"新书"工作表的I5单元格→点击【公式】选项卡→选择【插入函数】，如图 A 所示。

Step 02 在【搜索函数】文本框输入"c-ountblank"→点击【转到】按钮→点击右下角的确定，如图 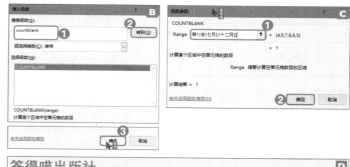 所示。

Step 03 在【Range】处输入"表1[@[七月]:[十二月]]"，点击【确定】按钮，如图 **C** 所示。

Step 04 公式会自动填充在"非活跃月"列，如图 **D** 所示。

举一反三

"表1[@[七月]:[十二月]]"这种写法，主要是因为新出版书籍表套用了表格样式，所以可以这么写。用区域选择的方法，也可以达到同样的效果。比如，这里选择区域"B5:G5"和输入"表1[@[七月]:[十二月]]"的效果是一样的。

答得喵出版社
新出版书籍 **D**

类型	七月	八月	九月	十月	十一月	十二月	总计	非活跃月	趋势
Excel	4		7	6	6	5	28	1	
PowerPoint	9	7	7	1		4	6	34	0	
Word	1	8	5	10		1	25	1	
Outlook	9	7	9	7		8	40	1	
Access	6	1		7	10	8	32	1	
OneNote	7	2	9	9	2	6	35	0	
Teams	2	8	8	4	1	9	32	0	
Publisher				1	5	9	15	3	
Project	9	7	2	3	9	7	37	0	
Visio	7	1	3	10		6	27	1	
汇总	54	41	50	58	37	65	305		

任务5：使用公式组合多个文本

在"联系方式"工作表的"电子邮件地址"列，使用函数构建出每个人的电子邮件地址，电子邮件地址由每个人的联系人姓名和"@dademiao.com"构成。

考点提示： CONCAT函数

完成任务：

Step 01 选择"联系方式"工作表的C5单元格→选择【公式】选项卡→点击【插入函数】按钮→在【搜索函数】文本框中输入concat函数→点击【转到】按钮→选择对应的函数→点击【确定】，如图 **A** 所示。

Step 02 在【Text1】处输入"[@联系人姓名]"→在【Text2】处输入"@dademiao.com"→点击右下角的【确定】按钮,如图 **B** 所示。

Step 03 公式会自动填充在"电子邮件地址"列,如图 **C** 所示。

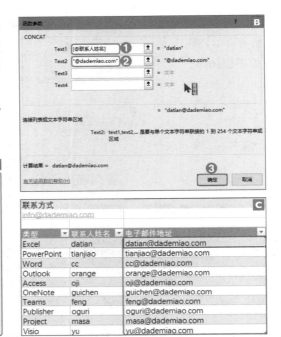

1 "[@联系人姓名]"这种写法,主要是因为联系方式表套用了表格样式,所以可以这么写。用区域选择的方法,也可以达到同样的效果。比如,这里选择单元格"B5"和输入"[@联系人姓名]"的效果是一样的。

2 组合多个文本的函数有两个:concatenate函数和concat函数。其中,concat函数是Excel2019新增的函数,也是MOS2019大纲中列出的函数。所以,推荐使用concat函数解题。

类型	联系人姓名	电子邮件地址
Excel	datian	datian@dademiao.com
PowerPoint	tianjiao	tianjiao@dademiao.com
Word	cc	cc@dademiao.com
Outlook	orange	orange@dademiao.com
Access	oji	oji@dademiao.com
OneNote	guichen	guichen@dademiao.com
Teams	feng	feng@dademiao.com
Publisher	oguri	oguri@dademiao.com
Project	masa	masa@dademiao.com
Visio	yu	yu@dademiao.com

任务6: 修改图表布局

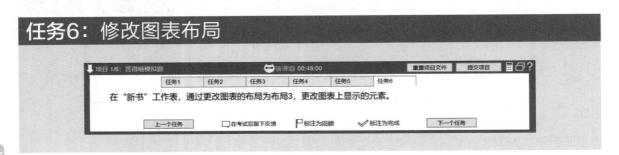

在"新书"工作表,通过更改图表的布局为布局3,更改图表上显示的元素。

考点提示: 图表布局的调整

完成任务:

Step 01 选择"新书"工作表中的图表→选择【图表设计】选项卡→点击【快速布局】按钮→找到并应用【布局3】,如图 **A** 所示。

Step 02 设置好的效果如图 **B** 所示。

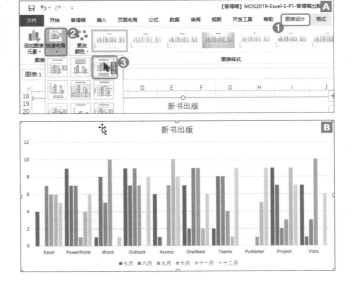

项目

02 答得喵教育

对应项目文件（【答得喵】MOS2019-Excel-S-P2-答得喵教育.zip），进入考题界面如下图所示，系统会帮你预设一个场景。

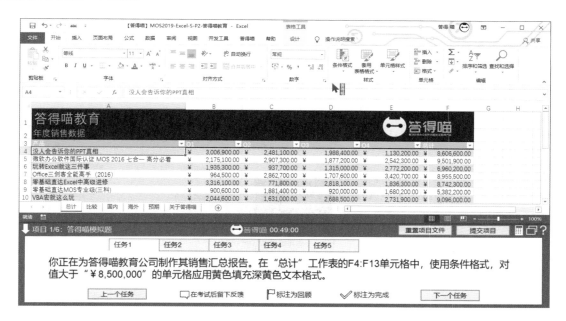

任务总览：请打开项目文件，依照任务描述，完成任务

本项目包含5个任务。

Step 01 打开项目文件，依照任务描述，完成任务。

Step 02 参考任务1—任务5的内容，核对自己的解题方法是否正确。

任务序号	任务描述
1	你正在为答得喵教育公司制作其销售汇总报告。在"总计"工作表的F4:F13单元格中，使用条件格式，对值大于"￥8,500,000"的单元格应用黄色填充深黄色文本格式。
2	在"国内"工作表，执行多级排序。使表格先按照"产品"升序排序，再按照"总计"降序排序。
3	在"预期"工作表的"Q2"列，键入一个公式，用"Q1"列的值乘以"Q2增长"名称区域。注意在公式中使用名称替代单元格引用或值。
4	在"总计"工作表的B17单元格，使用函数计算出"总计"列的最高销售额。
5	在"比较"图表工作表，交换坐标轴上的数据。

任务1：设置条件格式

你正在为答得喵教育公司制作其销售汇总报告。在"总计"工作表的F4:F13单元格中，使用条件格式，对值大于"¥ 8,500,000"的单元格应用黄色填充深黄色文本格式。

上一个任务　　在考试后留下反馈　　标注为回顾　　标注为完成　　下一个任务

考点提示： 设置【条件格式】

完成任务：

Step 01 选择"总计"工作表中的F4:F13单元格范围→选择【开始】选项卡下面的【条件格式】→选择【突出显示单元格规则】中的【大于】，如图 A 所示。

Step 02 将大于的数值修改为"8500000"→将显示的单元格格式设置为【黄填充色深黄色文本】→点击【确定】，如图 B 所示。

Step 03 设置好的效果如图 C 所示。

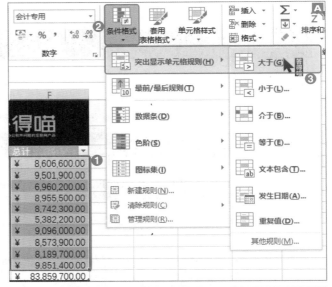

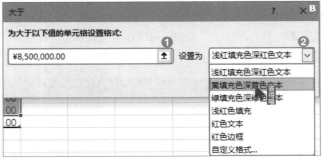

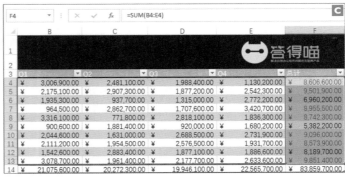

Chapter 01
Chapter 02
Chapter 03
Chapter 04
Chapter 05
Chapter 06

- 104 -

任务2：对表格排序

考点提示： 对表格数据排序

完成任务：

Step 01 选择"国内"工作表表格区域的任意单元格(比如B5单元格)→选择【数据】选项卡→选择【排序】按钮，如图 **A** 所示。

Step 02 将【主要关键词】设置为【产品】并且将【次序】设置为【升序】→点击【添加条件】按钮→将【次要关键词】设置为【总计】并且将【次序】设置为【降序】→点击【确定】按钮，如图 **B** 所示。

Step 03 设置好的效果如图 **C** 所示。

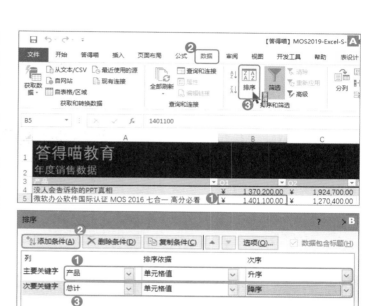

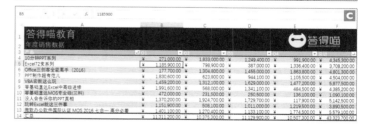

任务3：使用公式计算乘积

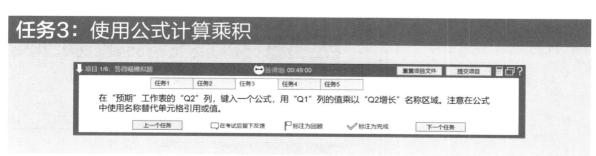

考点提示： 使用公式计算乘积

完成任务：

Step 01 选择"预期"工作表中的C4单元格→输入"=[@Q1]*Q2增长"，使用回车键，如图 A 所示。

Step 02 公式会自动填充"Q2"列，结果如图 B 所示。

举一反三

1 "[@Q1]"这种写法，主要是因为答得喵教育表套用了表格样式，所以可以这么写。用区域选择的方法，也可以达到同样的效果。比如，这里选择单元格B4和输入"[@Q1]"的效果是一样的。

2 "Q2增长"是一个名称，所以在公式中可以直接输入，不需要像普通的文本一样加上双引号。当你在公式中完整的输入了一个名称之后，公式中的名称会改变颜色，并会以同样的颜色显示出该名称定义的单元格或单元格范围。比如，这里"Q2增长"名称对应的是B19单元格。

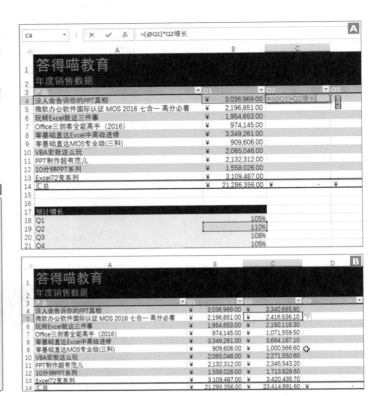

任务4：使用公式计算最大值

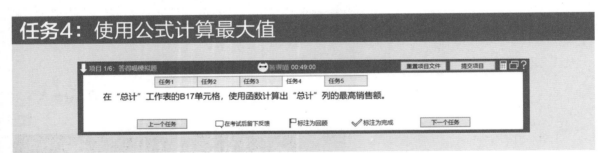

在"总计"工作表的B17单元格，使用函数计算出"总计"列的最高销售额。

考点提示： MAX函数

完成任务：

Step 01 选择"总计"工作表的B17单元格→选择【公式】选项卡→点击【插入函数】按钮，如图 A 所示。

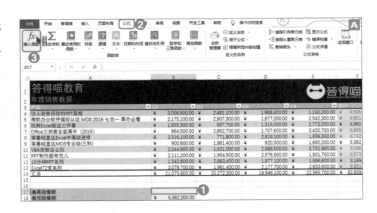

Chapter 01
Chapter 02
Chapter 03
Chapter 04
Chapter 05
Chapter 06

Step 02 在【搜索函数】处输入"max"→
点击【转到】按钮→选择指定的MAX函数
→点击【确定】按钮，如图 **B** 所示。

Step 03 在【Number1】处输入"表
A[总计]"→点击【确定】按钮，如图 **C**
所示。

Step 04 公式的结果如图 **D** 所示。

举一反三

"表A[总计]"这种写法，主要是因为答得喵教
育表套用了表格样式，所以可以这么写。用区
域选择的方法，也可以达到同样的效果。比
如，这里选择区域"F4:F13"和输入"表
A[总计]"的效果是一样的。

最高销售额	¥ 9,851,400.00
最低销售额	¥ 5,382,200.00

D

任务5：切换图表行列

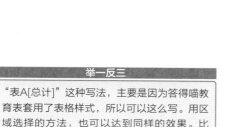

考点提示： 切换图表行列

完成任务：

Step 01 选择"比较"工作表中的图表→
选择【图表设计】选项卡→点击【切换
行/列】按钮，如图 **A** 所示。

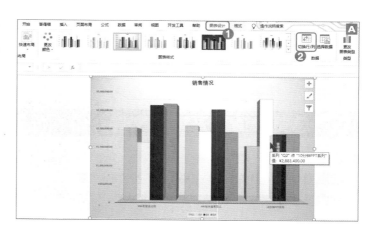

Step 02 设置好的效果如图 **B** 所示。

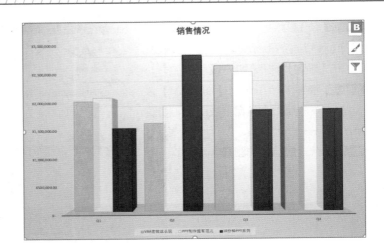

项 目
03 答得喵学院

对应项目文件（【答得喵】MOS2019-Excel-S-P3-答得喵学院.zip），进入考题界面如下图所示，系统会帮你预设一个场景。

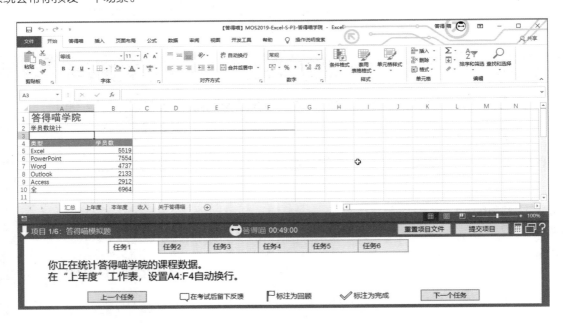

任务总览：请打开项目文件，依照任务描述，完成任务

本项目包含6个任务。

Step 01 打开项目文件，依照任务描述，完成任务。

Step 02 参考任务1—任务6的内容，核对自己的解题方法是否正确。

任务序号	任 务 描 述
1	你正在统计答得喵学院的课程数据。 在"上年度"工作表，设置A4:F4自动换行。
2	在"汇总"工作表，将A4:B10单元格区域命名为"学员数"。
3	在"收入"工作表，将A4:B10单元格区域转换为有标题的表格。应用青色，表样式浅色14格式。
4	在"上年度"工作表，移除包含"《10分钟PPT系列》"数据的表格行。不要更改表格以外的任何内容。
5	在"本年度"工作表，创建一个簇状柱形图，显示"课程"名称和"课单价"数据。将图表放置在表格的右侧。图表的精确大小和位置无所谓。
6	在"汇总"工作表，对图表应用样式7图表样式和单色调色板6快速颜色。

任务1： 自动换行

考点提示：【自动换行】

完成任务：

Step 01 在"上年度"工作表中，选择
A4:F4单元格范围→选择【开始】选项
卡→选择【自动换行】按钮，如图 A
所示。

Step 02 设置好的效果如图 B 所示。

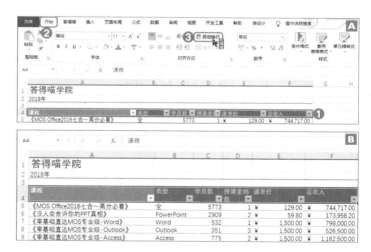

任务2： 定义名称

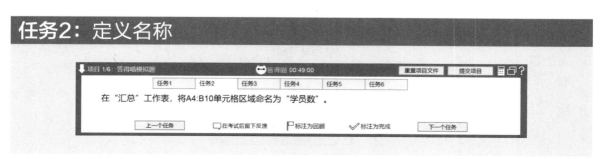

考点提示：【定义名称】

完成任务：

Step 01 在"汇总"工作表中，选择 A4:B10单元格范围→选择【公式】选项 卡→选择【定义名称】按钮，如图 A 所示。

Step 02 在【名称】处输入"学员数"→ 点击【确定】按钮，如图 B 所示。

举一反三

定义好的名称可以在公式中使用。具体用法参 见本书MOS Excel 2019 Associate部分项目 2任务3等。

任务3：将单元格区域转换为表格

在"收入"工作表，将A4:B10单元格区域转换为有标题的表格。应用**青色，表样式浅色14**格式。

考点提示：将指定单元格区域转换为表格，并且应用指定的表格样式

完成任务：

Step 01 选择"收入"工作表的A4:B10 单元格范围→选择【插入】选项卡→点 击【表格】按钮，如图 A 所示。

Step 02 勾选上【表包含标题】，如果已 经勾选了就无须更改→点击【确定】按 钮，如图 B 所示。

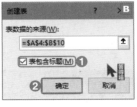

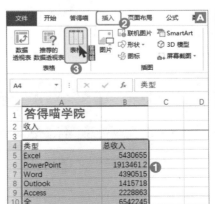

Chapter 01
Chapter 02
Chapter 03
Chapter 04
Chapter 05
Chapter 06

Step 03 选择【表设计】选项卡→在【表格样式】处选择【青色，表样式浅色14】格式，如图 **C** 所示。

Step 04 设置好的效果如图 **D** 所示。

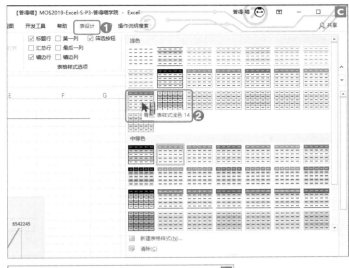

将单元格区域转换为表格之后，若在该区域的单元格中输入公式，公式中涉及的单元格引用显示方式会和普通单元格有所不同。参见本书 MOS Excel 2019 Associate部分项目1任务4、任务5、项目2任务3、任务4等。

任务4：移除指定表格行

考点提示： 将指定表格行删除，不更改表格外的任何内容

完成任务：

选中"上年度"工作表上的A11单元格→鼠标右键选择【删除】选项→选择【表行】，如图 **A** 所示。

"删除表行"仅会删除表格中该行的单元格，不会影响到表格外同一行的其他单元格。比如这里，表格包括A到F六列。删除表行，删除的是表格中的原A11:F11六个单元格，不会删掉表格外的G11、H11等单元格。

任务5：插入图表

考点提示： 插入【图表】

完成任务：

Step 01 选中"本年度"工作表的【课程】列的A4:A39单元格范围，按住【Ctrl】键的同时选中【课单价】列的E4:E39单元格范围，如图 **A** 所示。

Step 02 选择【插入】选项卡→【图表】功能组→【插入柱形图或条形图】下拉菜单→选择【簇状柱形图】图表类型，如图 **B** 所示。

Step 03 将图表移动到表格的右侧，设置好的效果如图 **C** 所示。

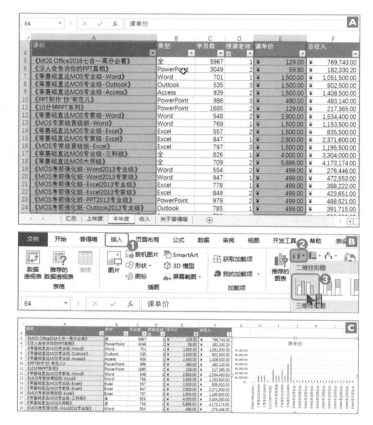

任务6：修改图表样式

考点提示： 修改图表样式

完成任务：

Step 01 选择"汇总"工作表上的图表→
选择【图表设计】选项卡→【图表样
式】功能区→选择【样式7】图表样式，
如图 A 所示。

Step 02 选择【更改颜色】选项→找到
【单色调色板6】选项，如图 B 所示。

Step 03 设置好的效果如图 C 所示。

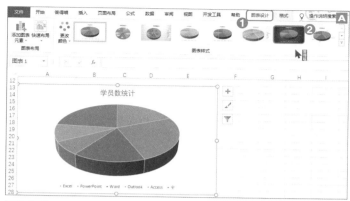

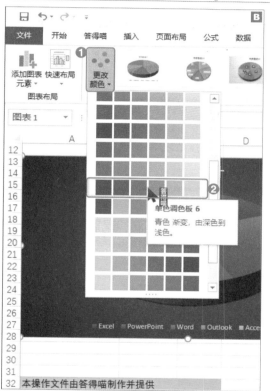

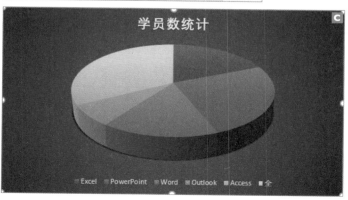

项 目

04 答得喵直播课堂

对应项目文件（【答得喵】MOS2019-Excel-S-P4-答得喵直播课堂.zip），进入考题界面如下图所示，系统会帮你预设一个场景。

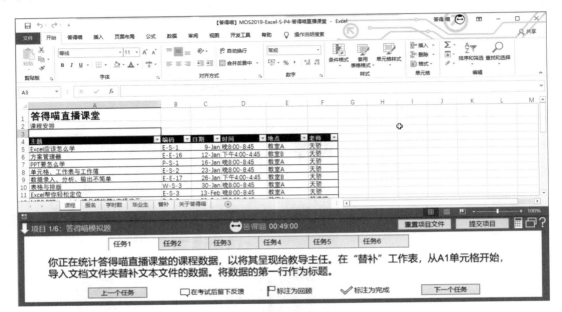

任务总览：请打开项目文件，依照任务描述，完成任务

本项目包含6个任务。

Step 01 打开项目文件，依照任务描述，完成任务。

Step 02 参考任务1—任务6的内容，核对自己的解题方法是否正确。

任务序号	任 务 描 述
1	你正在统计答得喵直播课堂的课程数据，以将其呈现给教导主任。 在"替补"工作表，从A1单元格开始，导入文档文件夹替补文本文件的数据。将数据的第一行作为标题。
2	在"学时数"工作表，将列B:G的列宽精确的设置为8。
3	在"报名"工作表的G5:G27单元格中，插入柱形迷你图，比较每节课上学期、本学期、下学期的值。
4	在"课程"工作表，将表格转换为普通单元格区域。保留格式不变。
5	将"毕业生"工作表中的图表移动到一个新的名为"毕业生图表"的图表工作表中。
6	在"学时数"工作表，为图表添加主要纵坐标轴标题"小时"。

任务1：导入数据

考点提示： 导入文本文件数据功能

完成任务：

Step 01 选择"替补"工作表上的A1单元格→选择【数据】选项卡→点击【从文本/CSV】选项，如图 **A** 所示。

Step 02 在【导入数据】窗口中找到本项目的素材文件夹→选中名为"替补"的文本文件→点击【导入】按钮，如图 **B** 所示。

Step 03 在弹出的窗口中选择右下角的【转换数据】按钮，如图 **C** 所示。

Step 04 在弹出的【替补-Power Query 编辑器】窗口选择【主页】选项卡【转换】功能组中的【将第一行用作标题】选项→单击【关闭并上载】下拉菜单→选择【关闭并上载至】选项，如图 **D** 所示。

Step 05 在【导入数据】对话框中，将数据的放置位置设置为"现有工作表"，并确认位置为A1单元格→点击【确定】按钮，如图 **E** 所示。

Step 06 导入好的数据如图 **F** 所示。

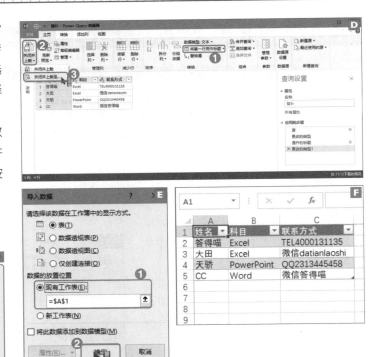

举一反三

新版本Excel软件对数据选项卡导入和获取数据部分的功能做了比较大的改变，和Power Query整合在了一起。本任务考察的就是这个新功能的使用方法。需要注意的是，本任务考察的【从文本/CSV】功能，和传统的【自文本】功能完全是两个不同的功能，不要混淆。

任务2： 调整列宽

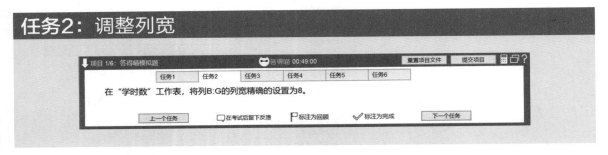

在"学时数"工作表，将列B:G的列宽精确的设置为8。

考点提示： 将列宽设置为精确的数值

完成任务：

Step 01 选择"学时数"工作表上的B:G列→单击鼠标右键选择【列宽】，如图 **A** 所示。

Step 02 在【列宽】处输入"8"→点击【确定】按钮，如图 **B** 所示。

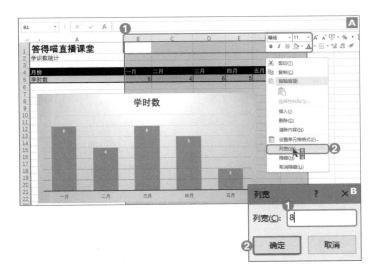

Chapter 01
Chapter 02
Chapter 03
Chapter 04
Chapter 05
Chapter 06

任务3：插入柱形迷你图

考点提示： 迷你图

完成任务：

Step 01 选择"报名"工作表上的G5单元格→选择【插入】选项卡→选择【柱形】迷你图，如图 **A** 所示。

Step 02 在【数据范围】处输入"D5:F5"（也可以用鼠标直接选择工作表中D5:F5单元格范围）→点击【确定】按钮，如图 **B** 所示。

Step 03 G5单元格插入柱形图后，将鼠标放在G5单元格右下角，并向下拖动至G27单元格完成操作。如图 **C** 所示。

任务4：将表格转换为普通单元格

考点提示： 将套用了表格格式的表格转换为普通单元格区域，且保留格式不变

完成任务：

选择"课程"工作表表格中的任意单元格（比如A5单元格）→选择【表设计】选项卡→选择【转换为区域】选项→跳出的提示框，点击【是】，如图 **A** 所示。

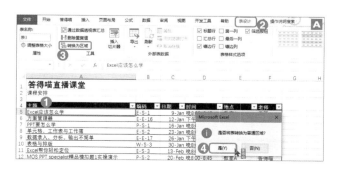

任务5：移动图表

考点提示：【移动图表】

完成任务：

Step 01 选择"毕业生"工作表上的三维饼图→选择【图表设计】选项卡→选择【移动图表】功能，如图 **A** 所示。

Step 02 将移动图表的位置设置为【新工作表】并输入"毕业生图表"文本→点击【确定】，如图 **B** 所示。

Step 03 设置好的效果如图 **C** 所示。

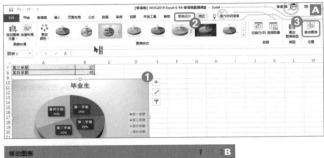

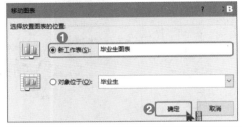

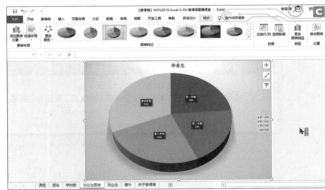

任务6：为图表添加坐标轴标题

考点提示：【添加图表元素】

完成任务：

Step 01 选择"学时数"工作表的图表→【图表设计】选项卡→单击【添加图表元素】下拉菜单→选择【坐标轴标题】选项→选择【主要纵坐标轴】，如图 **A** 所示。

Step 02 在添加的纵坐标轴标题处输入"小时"，设置好的效果如图 **B** 所示。

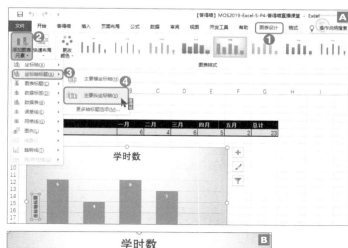

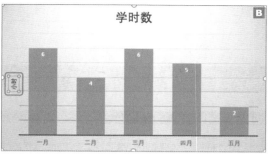

项 目
05 答得喵影业

对应项目文件（【答得喵】MOS2019-Excel-S-P5-答得喵影业.zip），进入考题界面如下图所示，系统会帮你预设一个场景。

任务总览：请打开项目文件，依照任务描述，完成任务

本项目包含6个任务。

Step 01 打开项目文件，依照任务描述，完成任务。

Step 02 参考任务1—任务6的内容，核对自己的解题方法是否正确。

任务序号	任 务 描 述
1	你正在为答得喵影业的年度审查准备工作簿。在"总览"工作表，对A2单元格中已经存在文本设置屏幕提示为"答得喵主页"的超链接"http://www.dademiao.com"。
2	在"历史销售"工作表，显示出公式而不是值。
3	从工作簿中移除隐藏的属性和个人信息，不要移除其他任何内容。
4	在"作者"工作表的"奖金"列，使用函数，使得当"销量"大于10000时，显示"5000"。否则，显示"1000"。
5	在"销售"工作表的"城市编号"列，修改公式，使得字母以大写显示。
6	在"总览"工作表，拓展图表使其包括"今年"的数据。

任务1：插入超链接

考点提示： 插入超链接

完成任务：

Step 01 选择"总览"工作表上的A2单元格→选择【插入】选项卡→选择【链接】按钮，如图 **A** 所示。

Step 02 在【地址】处输入文本"http://www.dademiao.com"→选择右上角的【屏幕提示】按钮→在【屏幕提示文字】处输入文本"答得喵主页"→先后点击两处【确定】按钮，如图 **B** 所示。

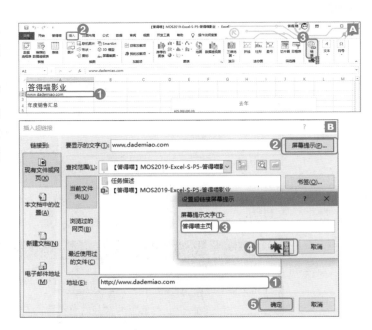

Step 03 设置好后A2单元格会成为超链接形式，且当鼠标悬停在上面时会显示"答得喵主页"，如图 C 所示。

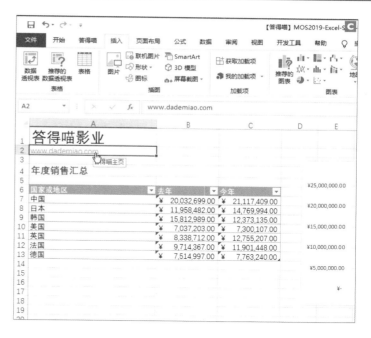

任务2：显示公式

考点提示：【显示公式】

完成任务：

Step 01 选择"历史销售"工作表中的任意单元格，比如A1单元格→选择【公式】选项卡→选择【公式审核】功能组的【显示公式】按钮，如图 A 所示。

Step 02 设置好的效果如图 B 所示。

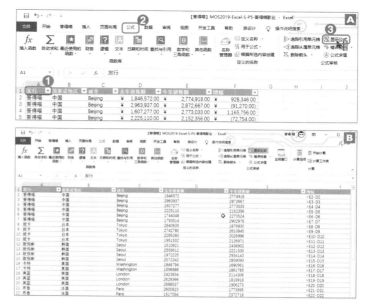

任务3: 移除工作簿隐藏属性和个人信息

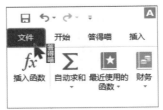

考点提示: 工作簿隐藏属性和个人信息的删除

完成任务:

Step 01 选择左上角的【文件】选项卡,如图 **A** 所示。

Step 02 选择【信息】窗栏→选择【检查问题】下拉菜单→选择【检查文档】选项,如图 **B** 所示。(如弹出保存提示框,选择【是】)

Step 03 选择【文档检查器】中的【检查】按键,如图 **C** 所示。

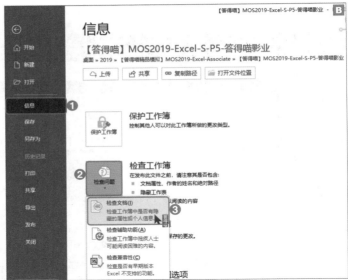

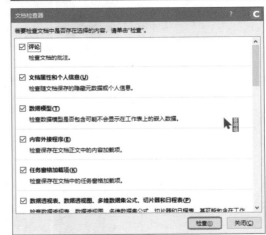

Chapter 01
Chapter 02
Chapter 03
Chapter 04
Chapter 05
Chapter 06

Step 04 找到【文档属性和个人信息】→ 选择【全部删除】→点击【关闭】按 钮，如图 **D** 所示。

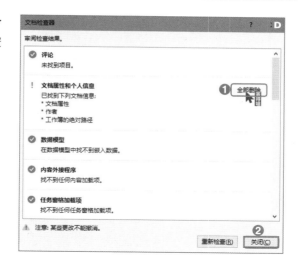

任务4：使用公式返回特定值

在"作者"工作表的"奖金"列，使用函数，使得当"销量"大于10000时，显示"5000"。否则，显示"1000"。

考点提示： IF函数

完成任务：

Step 01 选择"作者"工作表的D2单元 格→选择【公式】选项卡→选择【插入 函数】按钮，如图 **A** 所示。

Step 02 在【搜索函数】处输入文本"if" →点击【转到】→点击【确定】，如图 **B** 所示。

Step 03 在【Logical_test】处输入"[@ 销售]>10000"（这里输入的"[@销 售]"也可以输入"C2"单元格代替）→ 在【Value_if_true】处输入"5000"→ 在【Value_if_false】处输入 "1000"→点击【确定】，如图 **C** 所示。

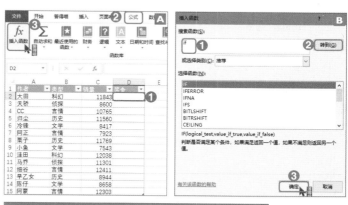

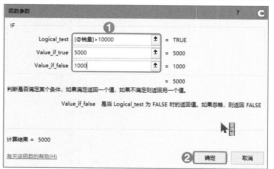

Step 04 公式会自动填充，其结果如图 **D** 所示。

	A	B	C	D	E	F
	作者 ▼	类型 ▼	销量 ▼	奖金 ▼		
2	大田	科幻	11843	5000		
3	天骄	侦探	8600	1000		
4	CC	言情	10765	5000		
5	归尘	历史	11560	5000		
6	冷锋	文学	8417	1000		
7	阿正	言情	7923	1000		
8	栗子	历史	11769	5000		
9	小鱼	文学	7543	1000		
10	洼田	科幻	12038	5000		
11	马乔	侦探	11301	5000		
12	细谷	言情	12411	5000		
13	早乙女	历史	8944	1000		
14	陈仔	文学	8658	1000		
15	阿蒙	言情	12303	5000		
16						

D2 =IF([@销量]>10000,5000,1000)

任务5：修改公式

> 项目 1/6：答得喵模拟题　　😑 答得喵 00:49:00　　重置项目文件　提交项目
>
> 任务1　任务2　任务3　任务4　任务5　任务6
>
> 在"销售"工作表的"城市编号"列，修改公式，使得字母以大写显示。
>
> 上一个任务　□在考试后留下反馈　🏳标注为回顾　✔标注为完成　下一个任务

考点提示： 修改公式

完成任务：

Step 01 选择"销售"工作表上的E2单元格→在显示的公式"LEFT(D2,3)"前面添加"UPPER("，在公式最后添加右括号")"，注意括号为英文的括号，如图 **A** 所示。

Step 02 回车，修改后的公式结果如图 **B** 所示。

IF =UPPER(LEFT(D2,3))

	A	B	C	D	E	F
1	发行 ▼	发行编号 ▼	国家或地区 ▼	城市 ▼	城市编号 ▼	去年销售额 ▼
2	答得喵	ddm-001	中国	Beijing	LEFT(D2,3))	3,501,176.00
3	答得喵	ddm-002	中国	Beijing	Bei	¥ 2,991,185.00
4	答得喵	ddm-003	中国	Beijing	Bei	¥ 3,179,766.00
5	答得喵	ddm-004	中国	Beijing	Bei	¥ 2,983,796.00
6	答得喵	ddm-005	中国	Beijing	Bei	¥ 2,652,691.00

	A	B	C	D	E
1	发行 ▼	发行编号 ▼	国家或地区 ▼	城市 ▼	城市编号 ▼
2	答得喵	ddm-001	中国	Beijing	BEI
3	答得喵	ddm-002	中国	Beijing	BEI
4	答得喵	ddm-003	中国	Beijing	BEI
5	答得喵	ddm-004	中国	Beijing	BEI
6	答得喵	ddm-005	中国	Beijing	BEI
7	答得喵	ddm-006	中国	Beijing	BEI
8	妮卡	nkk-001	日本	Tokyo	TOK
9	妮卡	nkk-002	日本	Tokyo	TOK
10	妮卡	nkk-003	日本	Tokyo	TOK
11	妮卡	nkk-004	日本	Tokyo	TOK
12	欧倪斯	ons-001	韩国	Seoul	SEO
13	欧倪斯	ons-002	韩国	Seoul	SEO
14	欧倪斯	ons-003	韩国	Seoul	SEO
15	欧倪斯	ons-004	韩国	Seoul	SEO
16	卡特	kte-001	美国	Washington	WAS
17	卡特	kte-002	美国	Washington	WAS
18	英蓝	yla-001	英国	London	LON
19	英蓝	yla-002	英国	London	LON
20	英蓝	yla-003	英国	London	LON

Chapter 01
Chapter 02
Chapter 03
Chapter 04
Chapter 05
Chapter 06

任务6：增加图表中的数据范围

项目 1/6：答得喵模拟题　　　答得喵 00:49:00　　　重置项目文件　提交项目

任务1　任务2　任务3　任务4　任务5　任务6

在"总览"工作表，拓展图表使其包括"今年"的数据。

上一个任务　　☐在考试后留下反馈　　▷标注为回顾　　✓标注为完成　　下一个任务

考点提示： 修改图表数据范围

完成任务：

Step 01 选中"总览"工作表中的"去年"图表，通过紫色、红色、蓝色框选的范围可以看到图表中使用的数据范围，将鼠标移动到蓝色框线的右下角，如图 **A** 所示。

Step 02 按住鼠标左键向右拖动，将"今年"列包含在其中，如图 **B** 所示。

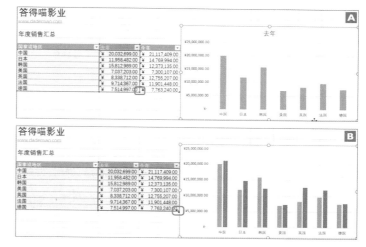

项 目

06 答得喵服饰

对应项目文件（【答得喵】MOS2019-Excel-S-P6-答得喵服饰.zip），进入考题界面如下图所示，系统会帮你预设一个场景。

任务总览：请打开项目文件，依照任务描述，完成任务

本项目包含6个任务。

Step 01 打开项目文件，依照任务描述，完成任务。

Step 02 参考任务1—任务6的内容，核对自己的解题方法是否正确。

任务序号	任务描述
1	你正在更新一个在线服装网站的销售数据表格。 在"报价单"工作表，删除E7:F7单元格，以使E8:F60单元格回到正确的位置。
2	在"价格"工作表，对A1单元格应用标题样式。
3	在"订单"工作表，筛选表格数据，使其仅显示来自"天骄"的订单。
4	在"价格"工作表的"税"列，键入一个公式，用"售价"列的值乘以L2单元格。
5	在"价格"工作表的"库存警告"列，使用函数，使得当"库存占比"小于20%时，显示"低"。否则，保留"库存警告"空白。
6	在"库存"图表工作表，在图表上绘图区的顶部插入一个图表标题。在每个数据条的右侧，以数据标签的形式显示出百分比值。

任务1: 删除指定单元格

考点提示： 删除指定的单元格

完成任务：

Step 01 选择"报价单"工作表的E7:F7单元格→鼠标右键选择【删除】，如图 **A** 所示。

Step 02 选择【下方单元格上移】→点击【确定】按钮，如图 **B** 所示。

Step 03 设置好的效果如图 **C** 所示。

任务2：应用单元格样式

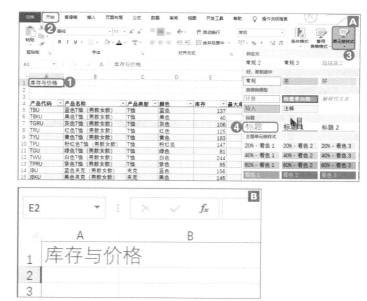

考点提示：【单元格样式】

完成任务：

Step 01 选择 "价格" 工作表A1单元格 →【开始】选项卡→点击【单元格样 式】下拉菜单→选择【标题】单元格样 式，如图 **A** 所示。

Step 02 设置好的效果如图 **B** 所示。

任务3：筛选表格数据

考点提示： 筛选

完成任务：

Step 01 选择"订单"工作表A1单元格"客户"标题右边的下拉菜单，如图 **A** 所示。

Step 02 在【文本筛选】处输入"天骄"→点击【确定】按钮，如图 **B** 所示。

Step 03 设置好的效果如图 **C** 所示。

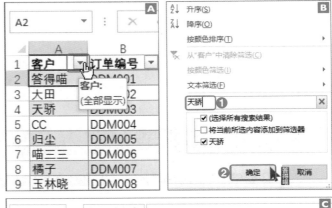

任务4：使用公式计算乘积

在"价格"工作表的"税"列，键入一个公式，用"售价"列的值乘以L2单元格。

考点提示： 使用公式计算乘积

完成任务：

Step 01 选择"价格"工作表K5单元格→输入"=[@售价]*$L$2"，使用回车键，如图 **A** 所示。

Step 02 设置好的效果如图 **B** 所示。

举一反三

"[@售价]"这种写法，主要是因为库存与价格表套用了表格样式，所以可以这么写。用区域选择的方法，也可以达到同样的效果。比如，这里选择单元格J5和输入"[@售价]"的效果是一样的。

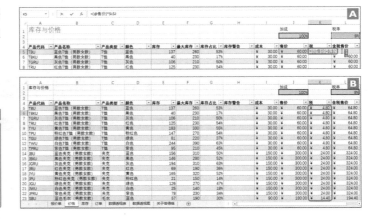

任务5：使用公式显示特定文本

在"价格"工作表的"库存警告"列，使用函数，使得当"库存占比"小于20%时，显示"低"。否则，保留"库存警告"空白。

考点提示： IF函数

完成任务：

Step 01 选择"价格"工作表的H5单元格→【公式】选项卡→选择【插入函数】，如图 **A** 所示。

Step 02 在【搜索函数】处输入文本"if"→点击【转到】→点击【确定】，如图 **B** 所示。

Step 03 在【Logical_test】处输入"[@库存占比]<20%"（这里的"[@库存占比]"也可以用"G5"代替）→在【Value_if_true】处输入"低"→在【Value_if_false】处输入""（连续的英文双引号表示空白）→点击【确定】，如图 **C** 所示。

Step 04 完成上一步后，公式会自动填充，结果如图 **D** 所示。

任务6：添加图表元素

考点提示：【添加图表元素】

完成任务：

Step 01 选择"库存"图表工作表上的图表→【图表设计】选项卡→【添加图表元素】下拉菜单→选择【图表标题】→选择【图标上方】，如图 A 所示。

Step 02 同样在【图表设计】选项卡中选择【添加图表元素】下拉菜单→选择【数据标签】→选择【数据标签外】，如图 B 所示。

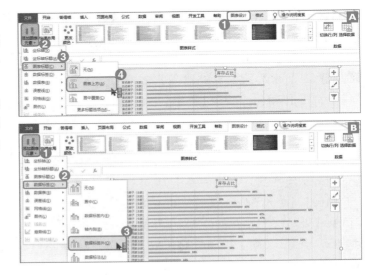

Chapter 01
Chapter 02
Chapter 03
Chapter 04
Chapter 05
Chapter 06

项 目

07 产品目录

对应项目文件（【答得喵】MOS2019-Excel-S-P7-产品目录.zip），进入考题界面如下图所示，系统会帮你预设一个场景。

任务总览：请打开项目文件，依照任务描述，完成任务

本项目包含6个任务。

Step 01 打开项目文件，依照任务描述，完成任务。

Step 02 参考任务1—任务6的内容，核对自己的解题方法是否正确。

任务序号	任 务 描 述
1	您正在准备产品的库存数据，以便向答得喵服饰公司的经理提交。 在"产品"工作表上，冻结第1行和第2行，以便在下拉滚动条时始终可以显示标题和列标题。
2	在"产品"工作表上，左对齐单元格A1中的文本。
3	在"产品"工作表的"库存"表列中，使用条件格式将三色交通灯(无边框)格式应用于值。
4	在"产品"工作表上，将白色，表格样式中等深浅1样式应用于表格。
5	在"产品"工作表的"预期总价"列中，输入一个公式，该公式将"当前总价"列中的值乘以"增长"命名范围。在公式中，使用名称而不是单元格的引用或值。
6	在"统计"工作表上，将彩色调色板2颜色应用于图表。

任务1： 冻结窗格

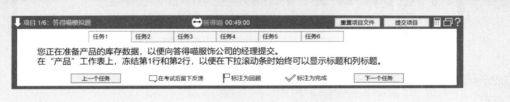

考点提示：【冻结窗格】

完成任务：

选择"产品"工作表上的A3单元格→【视图】选项卡→选择【冻结窗格】，如图 **A** 所示。

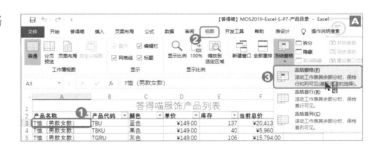

任务2： 设置单元格文本对齐

考点提示： 文本对齐

完成任务：

Step 01 选择"产品"工作表A1单元格
→【开始】选项卡→选择【左对齐】选
项，如图 A 所示。

Step 02 设置好的效果如图 B 所示。

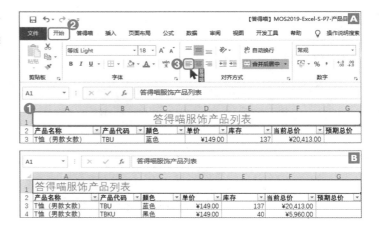

任务3：设置条件格式

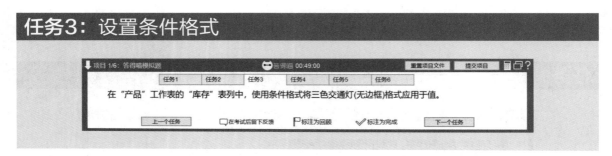

考点提示：【条件格式】

完成任务：

Step 01 选择"产品"工作表E3:E35单
元格范围的"库存"整列→【开始】选
项卡→选择【条件格式】下拉菜单→选
择【图标集】，如图 A 所示。

Step 02 选择"三色交通灯（无边框）"
格式，如图 B 所示。

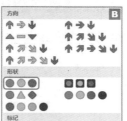

Step 03 设置好的效果如图 **C** 所示。

答得喵服饰产品列表						
产品名称	产品代码	颜色	单价	库存	当前总价	预期总价
T恤（男款女款）	TBU	蓝色	¥149.00	137	¥20,413.00	
T恤（男款女款）	TBKU	黑色	¥149.00	40	¥5,960.00	
T恤（男款女款）	TGRU	灰色	¥149.00	106	¥15,794.00	
T恤（男款女款）	TRU	红色	¥149.00	125	¥18,625.00	
T恤（男款女款）	TYU	黄色	¥149.00	183	¥27,267.00	
T恤（男款女款）	TPU	粉红色	¥149.00	147	¥21,903.00	
T恤（男款女款）	TGU	绿色	¥149.00	81	¥12,069.00	
T恤（男款女款）	TWU	白色	¥149.00	244	¥36,356.00	
T恤（男款女款）	TPRU	紫色	¥149.00	95	¥14,155.00	
夹克（男款女款）	JBU	蓝色	¥458.00	156	¥71,448.00	
夹克（男款女款）	JBKU	黑色	¥458.00	146	¥66,868.00	
夹克（男款女款）	JGRU	灰色	¥458.00	194	¥88,852.00	
夹克（男款女款）	JRU	红色	¥458.00	69	¥31,602.00	
夹克（男款女款）	JYU	黄色	¥458.00	165	¥75,570.00	
夹克（男款女款）	JPU	粉红色	¥458.00	21	¥9,618.00	
夹克（男款女款）	JGU	绿色	¥458.00	126	¥57,708.00	
夹克（男款女款）	JWU	白色	¥458.00	25	¥11,450.00	
夹克（男款女款）	JPRU	紫色	¥458.00	78	¥35,724.00	
毛衣（男款女款）	SBU	蓝色	¥358.00	57	¥20,406.00	
毛衣（男款女款）	SBKU	黑色	¥358.00	206	¥73,748.00	

任务4：修改表格样式

项目 1/6：答得喵模拟题　　　　答得喵 00:49:00　　　重置项目文件　提交项目

任务1　任务2　任务3　任务4　任务5　任务6

在"产品"工作表上，将白色，表格样式中等深浅1样式应用于表格。

上一个任务　　□在考试后留下反馈　□标注为回顾　✔标注为完成　　下一个任务

考点提示： 修改【表格样式】

完成任务：

Step 01 选择"答得喵服饰产品列表"表格中的任意单元格，比如A3单元格→【表设计】选项卡→选择【表格样式】右下角倒三角图标的下拉菜单，如图 **A** 所示。

Step 02 选择【白色，表样式中等深浅1】表格样式，如图 **B** 所示。

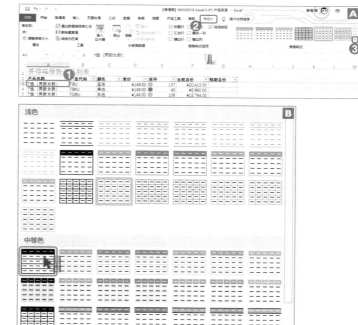

Step 03 设置好的效果如图 **C** 所示。

	A	B	C	D	E	F
1	答得喵服饰产品列表					
2	产品名称	产品代码	颜色	单价	库存	当前总价	预期
3	T恤（男款女款）	TBU	蓝色	¥149.00	137	¥20,413.00
4	T恤（男款女款）	TBKU	黑色	¥149.00	40	¥5,960.00
5	T恤（男款女款）	TGRU	灰色	¥149.00	106	¥15,794.00
6	T恤（男款女款）	TRU	红色	¥149.00	125	¥18,625.00
7	T恤（男款女款）	TYU	黄色	¥149.00	183	¥27,267.00
8	T恤（男款女款）	TPU	粉红色	¥149.00	147	¥21,903.00
9	T恤（男款女款）	TGU	绿色	¥149.00	81	¥12,069.00
10	T恤（男款女款）	TWU	白色	¥149.00	244	¥36,356.00
11	T恤（男款女款）	TPRU	紫色	¥149.00	95	¥14,155.00
12	夹克（男款女款）	JBU	蓝色	¥458.00	156	¥71,448.00
13	夹克（男款女款）	JBKU	黑色	¥458.00	146	¥66,868.00
14	夹克（男款女款）	JGRU	灰色	¥458.00	194	¥88,852.00
15	夹克（男款女款）	JRU	红色	¥458.00	69	¥31,602.00
16	夹克（男款女款）	JYU	黄色	¥458.00	165	¥75,570.00
17	夹克（男款女款）	JPU	粉红色	¥458.00	21	¥9,618.00
18	夹克（男款女款）	JGU	绿色	¥458.00	126	¥57,708.00
19	夹克（男款女款）	JWU	白色	¥458.00	25	¥11,450.00
20	夹克（男款女款）	JPRU	紫色	¥458.00	78	¥35,724.00

任务5：使用公式计算乘积

项目 1/6：答得喵模拟题　　　　答得喵 00:49:00　　　　重置项目文件　提交项目

任务1　任务2　任务3　任务4　任务5　任务6

在"产品"工作表的"预期总价"列中，输入一个公式，该公式将"当前总价"列中的值乘以"增长"命名范围。在公式中，使用名称而不是单元格的引用或值。

上一个任务　　□在考试后留下反馈　　▷标注为回顾　　✓标注为完成　　下一个任务

考点提示： 使用公式计算乘积

完成任务：

Step 01 选择"产品"工作表上的G3单元格，输入公式"=[@当前总价]*增长"，使用回车键，如图 **A** 所示。

Step 02 公式结果会自动填充整列，如图 **B** 所示。

Chapter 01
Chapter 02
Chapter 03
Chapter 04
Chapter 05
Chapter 06

举一反三

❶ "[@当前总价]"这种写法，主要是因为答得喵教育表套用了表格样式，所以可以这么写。用区域选择的方法，也可以达到同样的效果。比如，这里选择单元格F3和输入"[@当前总价]"的效果是一样的。

❷ "增长"在本工作簿中是一个已被定义好的名称。当你在公式中完整的输入了一个名称之后，公式中的名称会改变颜色，并会以同样的颜色显示出该名称定义的单元格或单元格范围。比如，这里"增长"名称对应的是B39单元格。

F3 =[@当前总价]*增长 **A**

	A	B	C	D	E	F	G
1	答得喵服饰产品列表						
2	产品名称	产品代码	颜色	单价	库存	当前总价	预期总价
3	T恤（男款女款）	TBU	蓝色	¥149.00	137	¥20,413.00	=[@当前总价]*增长
4	T恤（男款女款）	TBKU	黑色	¥149.00	40	¥5,960.00	
5	T恤（男款女款）	TGRU	灰色	¥149.00	106	¥15,794.00	
6	T恤（男款女款）	TRU	红色	¥149.00	125	¥18,625.00	
7	T恤（男款女款）	TYU	黄色	¥149.00	183	¥27,267.00	
8	T恤（男款女款）	TPU	粉红色	¥149.00	147	¥21,903.00	
9	T恤（男款女款）	TGU	绿色	¥149.00	81	¥12,069.00	
10	T恤（男款女款）	TWU	白色	¥149.00	244	¥36,356.00	
11	T恤（男款女款）	TPRU	紫色	¥149.00	95	¥14,155.00	

G4 =[@当前总价]*增长 **B**

	A	B	C	D	E	F	G
1	答得喵服饰产品列表						
2	产品名称	产品代码	颜色	单价	库存	当前总价	预期总价
3	T恤（男款女款）	TBU	蓝色	¥149.00	137	¥20,413.00	¥24,495.60
4	T恤（男款女款）	TBKU	黑色	¥149.00	40	¥5,960.00	¥7,152.00
5	T恤（男款女款）	TGRU	灰色	¥149.00	106	¥15,794.00	¥18,952.80
6	T恤（男款女款）	TRU	红色	¥149.00	125	¥18,625.00	¥22,350.00
7	T恤（男款女款）	TYU	黄色	¥149.00	183	¥27,267.00	¥32,720.40
8	T恤（男款女款）	TPU	粉红色	¥149.00	147	¥21,903.00	¥26,283.60
9	T恤（男款女款）	TGU	绿色	¥149.00	81	¥12,069.00	¥14,482.80
10	T恤（男款女款）	TWU	白色	¥149.00	244	¥36,356.00	¥43,627.20
11	T恤（男款女款）	TPRU	紫色	¥149.00	95	¥14,155.00	¥16,986.00
12	夹克（男款女款）	JBU	蓝色	¥458.00	156	¥71,448.00	¥85,737.60
13	夹克（男款女款）	JBKU	黑色	¥458.00	146	¥66,868.00	¥80,241.60
14	夹克（男款女款）	JGRU	灰色	¥458.00	194	¥88,852.00	¥106,622.40
15	夹克（男款女款）	JRU	红色	¥458.00	69	¥31,602.00	¥37,922.40
16	夹克（男款女款）	JYU	黄色	¥458.00	165	¥75,570.00	¥90,684.00
17	夹克（男款女款）	JPU	粉红色	¥458.00	21	¥9,618.00	¥11,541.60
18	夹克（男款女款）	JGU	绿色	¥458.00	126	¥57,708.00	¥69,249.60
19	夹克（男款女款）	JWU	白色	¥458.00	25	¥11,450.00	¥13,740.00
20	夹克（男款女款）	JPRU	紫色	¥458.00	78	¥35,724.00	¥42,868.80
21	毛衣（男款女款）	SBU	蓝色	¥358.00	57	¥20,406.00	¥24,487.20
22	毛衣（男款女款）	SBKU	黑色	¥358.00	206	¥73,748.00	¥88,497.60

任务6：更改图表颜色

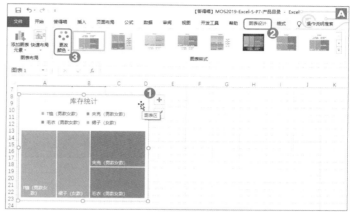

考点提示： 更改图表颜色

完成任务：

Step 01 选择"统计"工作表上的"库存统计"图表→点击【图表设计】选项卡→选择【更改颜色】下拉菜单，如图 **A** 所示。

Step 02 点击【彩色调色板2】，应用到图表中，如图 **B** 所示。

Step 03 设置好的效果如图 **C** 所示。

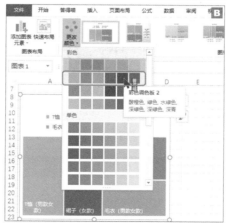

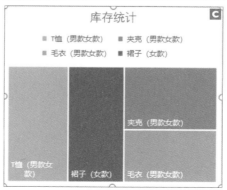

08 答得喵银行

对应项目文件（【答得喵】MOS2019-Excel-S-P8-答得喵银行.zip），进入考题界面如下图所示，系统会帮你预设一个场景。

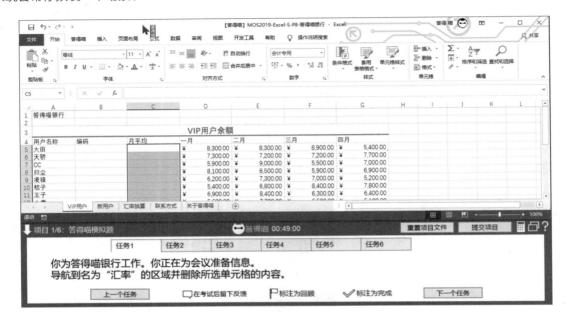

任务总览：请打开项目文件，依照任务描述，完成任务

本项目包含6个任务。

Step 01 打开项目文件，依照任务描述，完成任务。

Step 02 参考任务1—任务6的内容，核对自己的解题方法是否正确。

任务序号	任 务 描 述
1	你为答得喵银行工作。你正在为会议准备信息。 导航到名为"汇率"的区域并删除所选单元格的内容。
2	在"汇率换算"工作表的B4:D13单元格中，设置单元格格式，使数字显示为两位小数。
3	在"新用户"工作表上，删除包含"咩酱"数据的表格行。请勿更改表格行外的任何内容。
4	在"VIP用户"工作表的"月平均"列中，使用函数计算从1月到4月的每个用户的平均月度余额。
5	在"联系方式"工作表的"电子邮件地址"列中，使用函数为每个联系人使用"姓氏"和"@dademiao.com"构建电子邮件地址。
6	在"新用户"工作表上，对于"账户余额"图表，交换坐标轴上的数据。

任务1： 删除指定区域

考点提示： 删除区域

完成任务：

`Step 01` 选择【开始】选项卡→【查找和选择】下拉菜单→选择【转到】，如图 **A** 所示。

`Step 02` 在【定位】窗格选择【汇率】区域→点击【确定】按钮，如图 **B** 所示。

`Step 03` 定位到"汇率换算"工作表的【汇率】区域并自动选中相应单元格，如图 **C** 所示。

`Step 04` 直接按下键盘上的Delete键，将【汇率】区域单元格中的内容清除，设置好的效果如图 **D** 所示。

任务2：修改数字格式

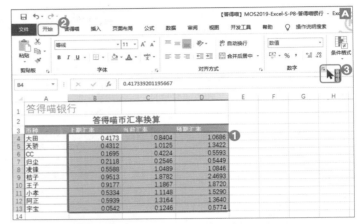

考点提示： 设置单元格格式

完成任务：

Step 01 选择"汇率换算"工作表的B4:
D13单元格范围→【开始】选项卡→选
择【数字】功能区右下角的小箭头，如
图 **A** 所示。

Step 02 将小数位数设置为"2"→点击
【确定】按钮，如图 **B** 所示。

Step 03 设置好的效果如图 **C** 所示。

任务3: 移除指定表格行

考点提示: 将指定表格行删除,不更改表格外的任何内容

完成任务:

选中"新用户"工作表上的A8单元格→鼠标右键选择【删除】选项→选择【表行】,如图 **A** 所示。

任务4: 使用公式计算平均值

考点提示: AVERAGE函数

完成任务:

Step 01 选择"VIP用户"工作表C5单元格→【公式】选项卡→选择【插入函数】,如图 **A** 所示。

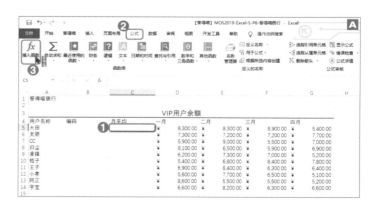

Step 02 在【搜索函数】处输入文本"av-erage"→点击【转到】→点击【确定】，如图 **B** 所示。

Step 03 在【Number1】处输入"D5:G5"→点击【确定】按钮，如图 **C** 所示。

Step 04 将光标置于C5单元格右下角，使其成黑色十字状向下拖动填充公式，结果如图 **D** 所示。

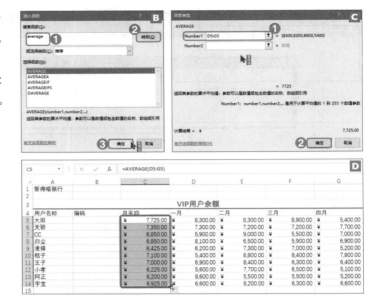

任务5: 使用公式连接文本

考点提示: CONCAT函数

完成任务:

Step 01 选择"联系方式"工作表C5单元格→【公式】选项卡→选择【插入函数】，如图 **A** 所示。

Step 02 在【搜索函数】处输入文本"co-ncat"→点击【转到】→点击【确定】，如图 **B** 所示。

Chapter 01
Chapter 02
Chapter 03
Chapter 04
Chapter 05
Chapter 06

Step 03 在【Text1】处输入"[@姓氏]"，在【Text2】处输入"@dademiao.com"，点击【确定】按钮，如图 **C** 所示。

Step 04 公式将会自动填充，结果如图 **D** 所示。

举一反三

1 "[@姓氏]"这种写法，主要是因为联系方式表套用了表格样式，所以可以这么写。用区域选择的方法，也可以达到同样的效果。比如，这里选择单元格"A5"和输入"[@姓氏]"的效果是一样的。

2 组合多个文本的函数有两个：concatenate函数和concat函数。其中，concat函数是Excel2019新增的函数，也是MOS 2019大纲中列出的函数，所以推荐使用concat函数解题。

任务6：切换图表行列

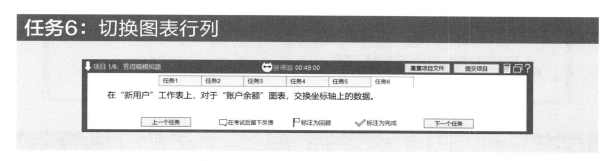

在"新用户"工作表上，对于"账户余额"图表，交换坐标轴上的数据。

考点提示： 切换图表行列

完成任务：

Step 01 选择"新用户"工作表中的图表→选择【图表设计】选项卡→点击【切换行/列】按钮，如图 **A** 所示。

Step 02 设置好的效果如图 **B** 所示。

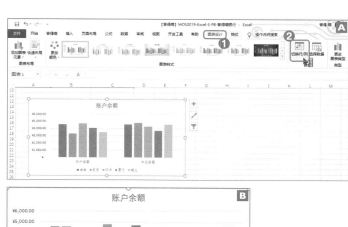

09 成绩

对应项目文件（【答得喵】MOS2019-Excel-S-P9-成绩.zip），进入考题界面如下图所示，系统会帮你预设一个场景。

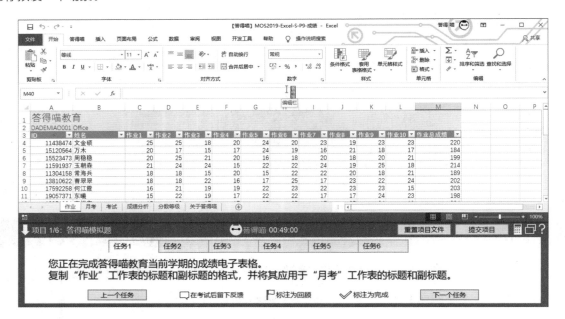

任务总览：请打开项目文件，依照任务描述，完成任务

本项目包含6个任务。

Step 01 打开项目文件，依照任务描述，完成任务。

Step 02 参考任务1—任务6的内容，核对自己的解题方法是否正确。

任务序号	任 务 描 述
1	您正在完成答得喵教育当前学期的成绩电子表格。 复制"作业"工作表的标题和副标题的格式，并将其应用于"月考"工作表的标题和副标题。
2	在"作业"工作表上，将表命名为"作业"。
3	在"作业"工作表上，配置表样式选项，使得表格每隔一行自动着色。
4	在"分数等级"工作表的单元格B28中，输入一个公式，该值对"总计1""总计2"和"总计3"范围内的值求和。在公式中使用名称，而不是单元格引用或值。
5	在"考试"工作表的E36单元格中，使用一个函数来确定有多少学生没有"考试3"的成绩。
6	在"成绩分析"图表工作表中，删除图例，并在每列上方显示仅包含值的数据标签。

任务1：复制单元格格式并应用

考点提示：【格式刷】

完成任务：

Step 01 选择"作业"工作表的A1:A2单元格→【开始】选项卡→选择【格式刷】工具，如图 **A** 所示。

Step 02 点击"月考"工作表上的A1单元格，即将格式应用到相应单元格范围上。设置好的效果如图 **B** 所示。

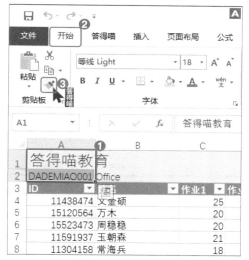

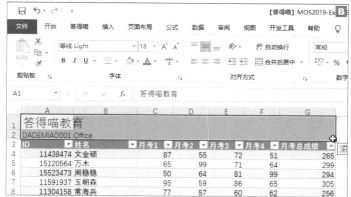

任务2：更改表名称

考点提示： 更改表名称（注意这个和更改工作表标签是不一样的）
完成任务：

　　将光标放在表格的任意单元格中（比如A4单元格）→【表设计】选项卡→在【表名称】处输入文本"作业"，如图  所示。

任务3：修改表格样式选项

考点提示：【镶边行】
完成任务：

　　选择"作业"工作表上的A4单元格→【表设计】选项卡→勾选【镶边行】，如图 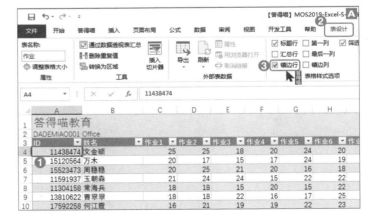 所示。

任务4：使用公式计算总和

Chapter 01
Chapter 02
Chapter 03
Chapter 04
Chapter 05
Chapter 06

考点提示： SUM函数

完成任务：

Step 01 选择"分数等级"工作表上的 B28单元格→【公式】选项卡→选择 【插入函数】，如图 **A** 所示。

Step 02 在【搜索函数】处输入文本"sum" →点击【转到】→点击【确定】，如图 **B** 所示。

Step 03 分别输入题目中的三个参数，点击【确定】，如图 **C** 所示。

Step 04 公式的结果如图 **D** 所示。

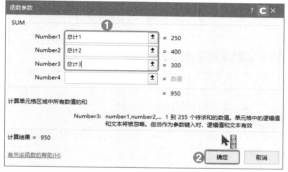

举一反三

总计1、总计2、总计3是本工作簿中已经事先定义好的三个名称，在函数中可以直接输入。

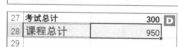

27	**考试总计**	300	**D**
28	**课程总计**	950	
29			

任务5： 使用公式计算指定区域中空白单元格的个数

考点提示： COUNTBLANK函数

完成任务：

Step 01 选择"考试"工作表上的E36单元格→【公式】选项卡→选择【插入函数】，如图 **A** 所示。

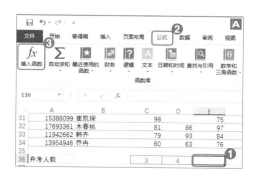

Step 02 在【搜索函数】处输入文本"co-untblank"→点击【转到】→点击【确定】，如图 **B** 所示。

Step 03 在【Range】处输入"表3[考试3]"，点击【确定】，如图 **C** 所示。

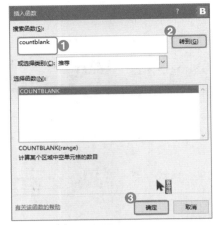

举一反三

"表3[考试3]"这种写法，主要是因为答得喵教育表套用了表格样式，所以可以这么写。用区域选择的方法，也可以达到同样的效果。比如，这里选择区域"E4:E34"和输入"表3[考试3]"的效果是一样的。

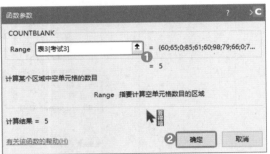

任务6：删除图例并显示数据标签

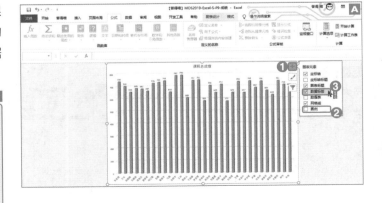

考点提示： 删除图例并显示【数据标签】

完成任务：

选择"成绩分析"工作表上的"课程总成绩"图表→点击【图表元素】的加号→取消勾选【图例】→勾选【数据标签】，设置好的效果如图 **A** 所示。

举一反三

本任务只有使用此方法才能最简单最方便的达到想要的效果。如果使用【添加图表元素】功能操作，亦可完成，但步骤会过于复杂。PS.推荐使用【添加图表元素】功能操作的任务，参见本书MOS Excel 2019 Associate部分项目4任务6、项目6任务6等。

项目

10 续订信息

对应项目文件（【答得喵】MOS2019-Excel-S-P10-续订信息.zip），进入考题界面如下图所示，系统会帮你预设一个场景。

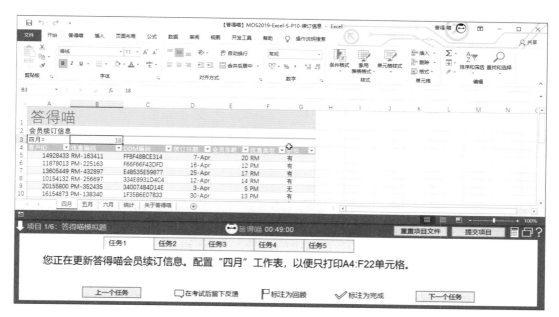

任务总览：请打开项目文件，依照任务描述，完成任务

本项目包含5个任务。

Step 01 打开项目文件，依照任务描述，完成任务。

Step 02 参考任务1—任务5的内容，核对自己的解题方法是否正确。

任务序号	任 务 描 述
1	您正在更新答得喵会员续订信息。配置"四月"工作表，以便只打印A4：F22单元格。
2	在"六月"工作表上，过滤表数据以仅显示"优惠类型"为"DM"的策略。
3	在"五月"工作表的"折扣"列中，如果"会员年龄"大于5，则使用函数显示"有"。否则，显示"无"。
4	在"五月"工作表的"优惠类型"列中，使用一个函数显示B列中"优惠编码"的前两个字符。
5	在"统计"工作表上，将替代文字说明"答得喵会员续订信息"添加到图表中。

任务1：设置打印区域

任务1　任务2　任务3　任务4　任务5

您正在更新答得喵会员续订信息。配置"四月"工作表，以便只打印A4:F22单元格。

上一个任务　　□在考试后留下反馈　　🚩标注为回顾　　✔标注为完成　　下一个任务

考点提示： 设置【打印区域】

完成任务：

　　选择"四月"工作表的A4:F22单元格范围→【页面布局】选项卡→在【打印区域】下拉菜单里选择【设置打印区域】，如图 **A** 所示。

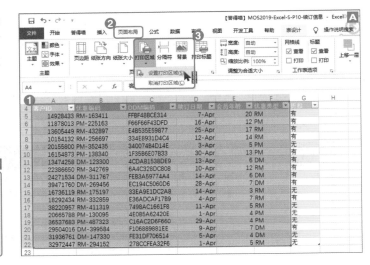

> **举一反三**
>
> 通常，当我们打印一个工作表时，会打印工作表上的所有数据。但对于设置了打印区域的工作表，在打印时，仅会打印"打印区域"的单元格。你可以在【文件】【打印】页面的打印预览中直观地看到设置前后的变化。

任务2：筛选表格数据

任务1　任务2　任务3　任务4　任务5

在"六月"工作表上，过滤表数据以仅显示"优惠类型"为"DM"的策略。

上一个任务　　□在考试后留下反馈　　🚩标注为回顾　　✔标注为完成　　下一个任务

考点提示： 筛选

完成任务：

Step 01 选择"六月"工作表上F4单元格右下角的下拉菜单，如图 **A** 所示。

Step 02 在【文本筛选】处输入"DM"→点击【确定】按钮，如图 **B** 所示。

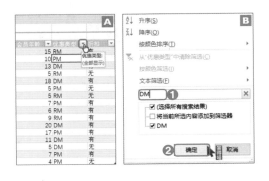

Step 03 设置效果如图 **C** 所示。

任务3：使用公式显示特定文本

项目 1/6：答得喵模拟题　　　　答得喵 00:49:00　　　重置项目文件　提交项目

任务1　任务2　任务3　任务4　任务5

在"五月"工作表的"折扣"列中，如果"会员年龄"大于5，则使用函数显示"有"。否则，显示"无"。

上一个任务　　□在考试后留下反馈　　▷标注为回顾　　✓标注为完成　　下一个任务

考点提示： IF函数

完成任务：

Step 01 选择"五月"工作表G5单元格→【公式】选项卡→选择【插入函数】，如图 **A** 所示。

Step 02 在【搜索函数】处输入文本"if"→点击【转到】→点击【确定】，如图 **B** 所示。

Step 03 在【Logical_test】处输入"[@会员年龄]>5"（"[@会员年龄]"也可以输入"E5"单元格代替）→在【Value_if_true】处输入"有"→在【Value_if_false】处输入"无"→点击【确定】，如图 **C** 所示。

Step 04 公式会自动向下填充本列，结果如图 **D** 所示。

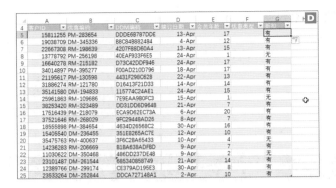

任务4：使用公式从字符串中提取指定个数的字符

在"五月"工作表的"优惠类型"列中，使用一个函数显示B列中"优惠编码"的前两个字符。

考点提示： LEFT函数

完成任务：

Step 01 选择"五月"工作表F5单元格→【公式】选项卡→选择【插入函数】，如图 **A** 所示。

Step 02 在【搜索函数】处输入文本"left"→点击【转到】→点击【确定】，如图 **B** 所示。

Step 03 在【Text】处输入"[@优惠编码]"(也可以输入"B5"单元格来代替"[@优惠编码]")→在【Num_chars】处输入"2"，如图 **C** 所示。

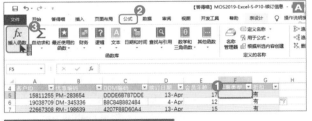

Step 04 公式会自动向下填充本列，结果
如图 **D** 所示。

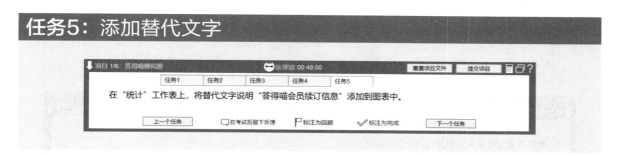

任务5：添加替代文字

在"统计"工作表上，将替代文字说明"答得喵会员续订信息"添加到图表中。

考点提示： 添加替代文字

完成任务：

Step 01 选择"统计"工作表上的"优
惠"图表→【格式】选项卡→选择【替
换文字】，如图 **A** 所示。

Step 02 在【替换文字】窗口输入文本
"答得喵会员续订信息"，如图 **B** 所示。

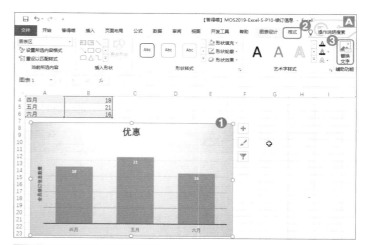

举一反三

替换文字，又称可选文字、ALT文本。该功能
的作用是对工作簿中图表、图片、形状、
SmartArt等对象设置描述性文字，以便于视觉
障碍人士使用专业设备或专用软件打开Excel
工作簿时，专业设备或专用软件可以通过读出
你事先设置的各个对象的描述性文字，准确地
描述工作簿中各个对象。

11 答得喵旅社

对应项目文件（【答得喵】MOS2019-Excel-S-P11-答得喵旅社.zip），进入考题界面如下图所示，系统会帮你预设一个场景。

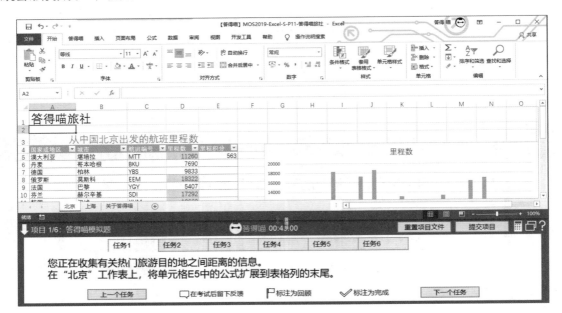

任务总览：请打开项目文件，依照任务描述，完成任务

本项目包含6个任务。

Step 01 打开项目文件，依照任务描述，完成任务。

Step 02 参考任务1—任务6的内容，核对自己的解题方法是否正确。

任务序号	任 务 描 述
1	您正在收集有关热门旅游目的地之间距离的信息。 在"北京"工作表上，将单元格E5中的公式扩展到表格列的末尾。
2	从"北京"工作表中删除所有条件格式规则。
3	在"上海"工作表上，执行多级排序。按"国家或地区"升序排序表格数据，然后按"城市"升序排序。
4	在"上海"工作表的单元格D24中，使用一个函数显示"里程数"列中的最大数字。
5	在"上海"工作表上，创建一个簇状柱形图，其中显示所有城市的"里程数"，城市为水平轴标签。将图表放在表格下方。图表的确切大小和位置无关紧要。
6	在"北京"工作表上，对于"里程数"图表，显示没有图例标示的数据表。

任务1: 快速填充公式

考点提示： 快速填充公式

完成任务：

Step 01 将鼠标置于"北京"工作表E5
单元格的右下角，使其成黑色十字形，
双击，如图 **A** 所示。

Step 02 E5单元格的公式会向下扩展到
表格列的末尾，结果如图 **B** 所示。

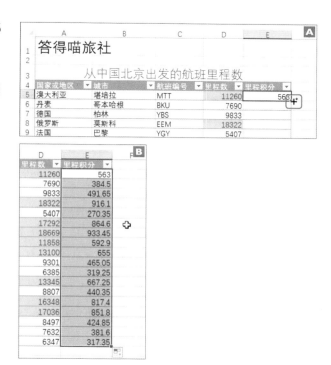

任务2: 清除工作表中的条件格式

考点提示： 移除【条件格式】

完成任务：

Step 01 选择"北京"工作表上的任意单
元格→【开始】选项卡→选择【条件格
式】下拉菜单，如图 **A** 所示。

Step 02 选择【清除规则】→【清除整个工作表的规则】，如图 **B** 所示。

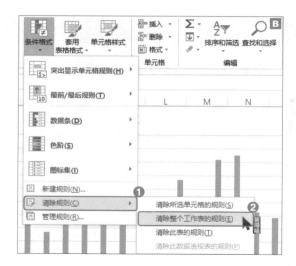

任务3：对表格排序

在"上海"工作表上，执行多级排序。按"国家或地区"升序排序表格数据，然后按"城市"升序排序。

考点提示： 对表格数据排序

完成任务：

Step 01 选择"上海"工作表表格区域的任意单元格(比如A5单元格)→选择【数据】选项卡→选择【排序】按钮，如图 **A** 所示。

Step 02 将【主要关键词】设置为【国家或地区】并且将【次序】设置为【升序】→点击【添加条件】按钮→将【次要关键词】设置为【城市】并且将【次序】设置为【升序】→点击【确定】按钮，如图 **B** 所示。

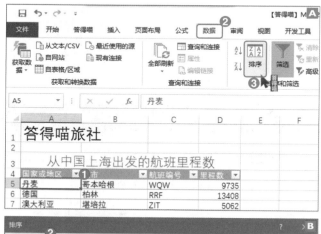

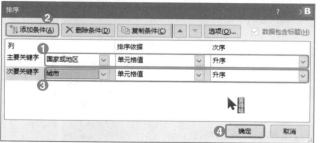

Step 03 设置好的排序效果如图 **C** 所示。

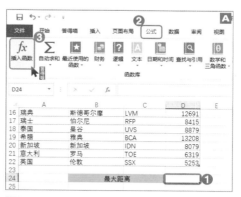

答得喵旅社

从中国上海出发的航班里程数

国家或地区	城市	航班编号	里程数
澳大利亚	堪培拉	ZIT	5062
丹麦	哥本哈根	WQW	9735
德国	柏林	RRF	13408
俄罗斯	莫斯科	BOZ	6789
法国	巴黎	JVM	9229
芬兰	赫尔辛基	VQH	7159
韩国	汉城	YIO	14174
卢森堡	卢森堡	ELZ	7304
美国	华盛顿	WGP	5439
墨西哥	墨西哥城	VPA	14308
日本	东京	EPN	7534
瑞典	斯德哥尔摩	LVM	12691
瑞士	伯尔尼	RFP	8415
泰国	曼谷	UVS	8879
希腊	雅典	BCA	13208
新加坡	新加坡	IDN	8079
意大利	罗马	TOE	6319
英国	伦敦	SSX	5253

任务4：使用公式计算最大值

在"上海"工作表的单元格D24中，使用一个函数显示"里程数"列中的最大数字。

| 上一个任务 | □在考试后留下反馈 | ┌标注为回顾 | ✓标注为完成 | 下一个任务 |

考点提示： MAX函数

完成任务：

Step 01 选择"上海"工作表的D24单元格→选择【公式】选项卡→点击【插入函数】按钮，如图 **A** 所示。

Step 02 在【搜索函数】处输入"max"→点击【转到】按钮→点击【确定】按钮，如图 **B** 所示。

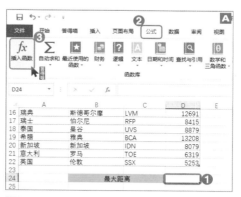

Step 03 在【Number1】处输入"表 1_3[里程数]"→点击【确定】按钮，如图 **C** 所示。

Step 04 公式的结果如图 **D** 所示。

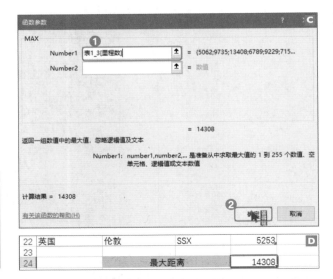

举一反三

"表1_3[里程数]"这种写法，主要是因为新版书籍表套用了表格样式，所以可以这么写。用区域选择的方法，也可以达到同样的效果。比如，"D5:D22"和输入"表1_3[里程数]"的效果是一样的。

22 英国	伦敦	SSX	5253 **D**
23			
24		最大距离	14308

任务5：插入图表

考点提示： 插入【图表】

完成任务：

Step 01 选中"本年度"工作表的B4:B22单元格范围的【城市】列，按住键盘的【Ctrl】键同时选中D4:D22单元格范围的【里程数】列，如图 **A** 所示。

Step 02 选择【插入】选项卡→【图表】功能组→【插入柱形图或条形图】下拉菜单→选择【簇状柱形图】图表类型，如图 **B** 所示。

	A	B	C	D	E
3		从中国上海出发的航班里程数			**A**
4	国家或地区	城市	航班编号	里程数	
5	澳大利亚	堪培拉	ZIT	5062	
6	丹麦	哥本哈根	WQW	9735	
7	德国	柏林	RRF	13408	
8	俄罗斯	莫斯科	BOZ	6789	
9	法国	巴黎	JVM	9229	
10	芬兰	赫尔辛基	VQH	7159	
11	韩国	汉城	YIO	14174	
12	卢森堡	卢森堡	ELZ	7304	
13	美国	华盛顿	WGP	5439	
14	墨西哥	墨西哥城	VPA	14308	
15	日本	东京	EPN	7534	
16	瑞典	斯德哥尔摩	LVM	12691	
17	瑞士	伯尔尼	RFP	8415	
18	泰国	曼谷	UVS	8879	
19	希腊	雅典	BCA	13208	
20	新加坡	新加坡	IDN	8079	
21	意大利	罗马	TOE	6319	
22	英国	伦敦	SSX	5253	
23					
24			最大距离	14308	

Step 03 将图表移动到表格下方，效果如图 **C** 所示。

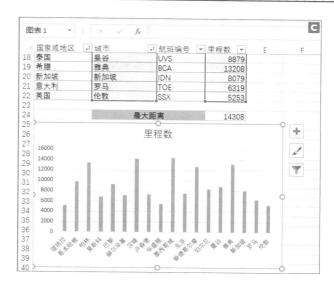

任务6：添加图表元素

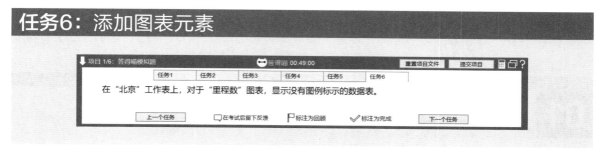

考点提示：【添加图表元素】

完成任务：

Step 01 选择"北京"工作表上的"里程数"图表→【图表设计】选项卡→选择【添加图表元素】下拉菜单，效果如图 **A** 所示。

Step 02 选择【数据表】→【无图例项标示】，如图 **B** 所示。

Step 03 设置好的效果如图 **C** 所示。

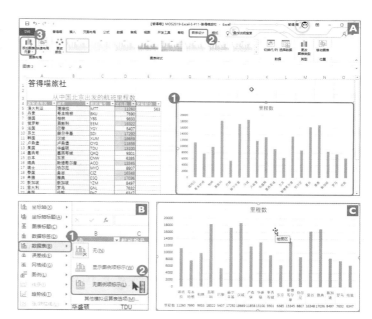

3.2 MOS Excel 2019 Expert

　　MOS Excel 2019 Expert每次考试从题库中抽取若干个项目。每个项目包含若干个任务，共计**25个任务**。每个任务考察若干个考点。

　　为了让你感觉身临其境，本书采取和考试一样的方式。以项目为单位安排任务，讲解题型。每个项目处会注明对应项目文件的名字（在本书配套光盘里可找到所有项目文件），给出任务总览（便于依照任务描述作答）和各任务解题方法（以核对作答是否正确）。

软件是练会的，不是看会的。

为保证最佳的学习效果，请按下列步骤进行。

Step 01 在本书的配套光盘中找到【对应项目文件】，打开。

Step 02 依照本书【任务总览】小节列出的任务描述，操作项目文件，完成任务。

Step 03 参考本书【任务1】等各小节内容，核对自己的解题方法是否正确。

项目

01 答得喵商贸

　　对应项目文件（【答得喵】MOS2019-Excel-E-P1-答得喵商贸.zip），进入考题界面如下图所示，系统会帮你预设一个场景。

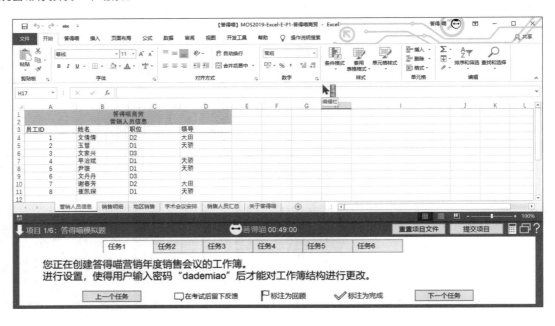

任务总览：请打开项目文件，依照任务描述，完成任务

本项目包含6个任务。

Step 01 打开项目文件，依照任务描述，完成任务。

Step 02 参考任务1—任务6的内容，核对自己的解题方法是否正确。

任务序号	任务描述
1	您正在创建答得喵营销年度销售会议的工作簿。 进行设置，使得用户输入密码"dademiao"后才能对工作簿结构进行更改。
2	在"学术会议安排"工作表上，设置单元格A4:A11，使其仅允许从1到8的整数。否则，显示标题为"无效"和信息为"仅允许输入1到8的整数"的停止警告。
3	在"销售明细"工作表的单元格L4:L11中，输入一个公式，返回"区域"为J4单元格、"员工ID"为K4单元格的平均"总计"。
4	在"学术会议安排"工作表，在"注册截止日期"列，使用函数显示在列E中的会议召开日期45个工作日前的注册截止时间。在计算时，将"假日"区域所标记的假日们从工作日中排除掉。
5	在"销售人员汇总"工作表上，创建一个图表，将每个员工的"总计"显示为面积图，将"销售占比"显示为副坐标轴折线图。图表的大小和位置无关紧要。
6	在"地区销售"工作表上，修改数据透视表以显示每个区域内的"辖区"行。

任务1：保护工作簿

考点提示：【保护工作簿】

完成任务：

Step 01【审阅】选项卡→【保护工作簿】按钮，如图 **A** 所示。

Step 02【保护结构和窗口】对话框→勾选【结构】选项→【密码】处输入"dademiao"→点击【确定】，如图 **B** 所示。

Step 03【确认密码】对话框→【重新输入密码】处输入"dademiao"→点击【确定】如图 **C** 所示。

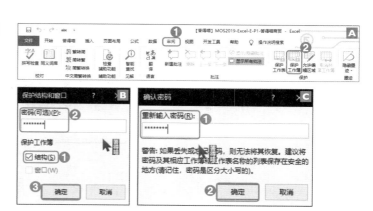

任务2: 数据验证

| 任务1 | 任务2 | 任务3 | 任务4 | 任务5 | 任务6 |

在"学术会议安排"工作表上，设置单元格A4:A11，使其仅允许从1到8的整数。否则，显示标题为"无效"和信息为"仅允许输入1到8的整数"的停止警告。

上一个任务   ☐ 在考试后留下反馈   ⚑ 标注为回顾   ✔ 标注为完成   下一个任务

考点提示: 数据验证

完成任务:

Step 01 选中"学术会议安排"工作表上的A4:A11单元格区域，如图 **A** 所示。

Step 02 【数据】选项卡→选择【数据验证】，如图 **B** 所示。

Step 03 将【允许】处切换为【整数】→在【最小值】处输入"1"→在【最大值】处输入"8"，如图 **C** 所示。

Step 04 切换到【出错警告】→【样式】设置为【停止】→【标题】处输入"无效"→【错误信息】处输入"仅允许输入1到8的整数"→点击【确定】，如图 **D** 所示。

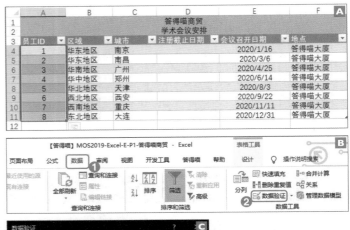

任务3：使用公式计算满足多个条件的平均值

在"销售明细"工作表的单元格L4:L11中，输入一个公式，返回"区域"为J4单元格、"员工ID"为K4单元格的平均"总计"。

上一个任务　□在考试后留下反馈　▷标注为回顾　✓标注为完成　下一个任务

考点提示： AVERAGEIFS函数

完成任务：

Step 01 将光标定位到L4单元格→【公式】选项卡→选择【插入函数】，如图 **A** 所示。

Step 02 在【搜索函数】处输入文本"averageifs"→点击【转到】→点击【确定】，如图 **B** 所示。

Step 03 【函数参数】对话框，依次输入参数（在【Average_range】处输入：总计；【Criteria_range1】处输入：区域；【Criteria1】处输入：J4，【Criteria_range2】处输入：员工id；【Criteria2】处输入：K4）→点击【确定】，如图 **C** 所示。

Step 04 公式结果会自动填充到L5:L11中，结果如图 **D** 所示。

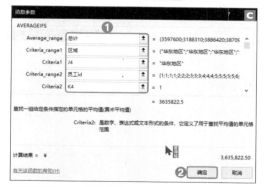

举一反三

在step3中，总计、区域、员工ID都是名称，不是普通的文本，所以不会被自动加上双引号。点击公式选项卡、定义的名称功能组的名称管理器功能，可以看到所有的名称及其所引用的范围。在公式和函数中使用名称，可以理解为是对该名称所引用范围（单元格或单元格区域）的绝对引用。

平均销售额 根据员工和地区			D
地区	员工ID	平均销售额	
华东地区	1	¥ 3,635,822.50	
华东地区	2	¥ 3,505,010.00	
华南地区	3	¥ 3,763,850.00	
华中地区	4	¥ 3,465,496.67	
华北地区	5	¥ 3,456,166.00	
西北地区	6	¥ 3,415,788.00	
西南地区	7	¥ 3,349,552.00	
东北地区	8	¥ 3,240,613.33	

任务4：使用公式计算工作日

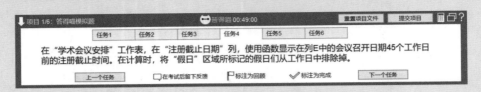

在"学术会议安排"工作表，在"注册截止日期"列，使用函数显示在列E中的会议召开日期45个工作日前的注册截止时间。在计算时，将"假日"区域所标记的假日们从工作日中排除掉。

考点提示： WORKDAY函数

完成任务：

Step 01 将光标定位到D4单元格→【公式】选项卡→选择【插入函数】，如图 **A** 所示。

Step 02 在【搜索函数】处输入文本"workday"→点击【转到】→点击【确定】，如图 **B** 所示。

Step 03 【函数参数】对话框→在【Start_date】处输入"E4"，【Days】处输入"-45"，【Holidays】处输入"假日"→点击【确定】，如图 **C** 所示。

Step 04 公式结果会自动填充到D4:D11中，如图 **D** 所示。

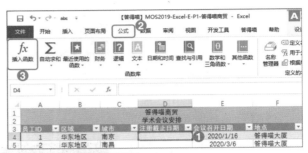

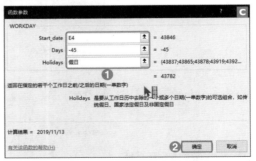

举一反三

在step3中，假日是名称不是普通的文本，所以不会被自动加上双引号。点击公式选项卡、定义的名称功能组的名称管理器功能，可以看到所有的名称及其所引用的范围。在公式和函数中使用名称，可以理解为是对该名称所引用范围（单元格或单元格区域）的绝对引用。

任务5：插入组合图

考点提示： 插入【组合图】

完成任务：

Step 01 在"销售人员汇总"工作表按住Ctrl键的同时选中"员工""总计"和"销售占比"列，如图 **A** 所示。

Step 02 【插入】选项卡→选择【推荐的图表】，如图 **B** 所示。

Step 03 【插入图表】对话框，切换到【所有图表】→选择【组合图】→将【总计】设置为【面积图】；将【销售占比】设置为【折线图】，并勾选【次坐标轴】→然后点击【确定】，如图 **C** 所示。

Step 04 设置好的效果如图 **D** 所示。

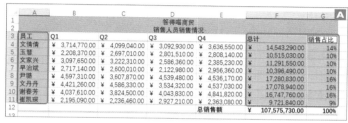

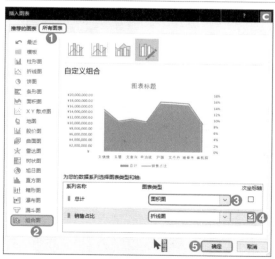

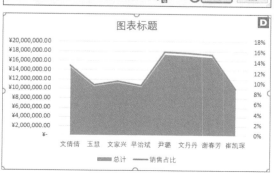

任务6：修改数据透视表

在"地区销售"工作表上，修改数据透视表以显示每个区域内的"辖区"行。

上一个任务　　□在考试后留下反馈　▷标注为回顾　✓标注为完成　　下一个任务

考点提示： 修改数据透视表

完成任务：

Step 01 将光标定位到"地区销售"工作表的数据透视表中，如图 **A** 所示。

Step 02 数据透视表工具【分析】选项卡→选中【字段列表】，如图 **B** 所示。

Step 03 【数据透视表字段】窗格→鼠标选中【辖区】字段向下拖拽到【行】中，如图 **C** 所示。

Step 04 设置好的效果如图 **D** 所示。

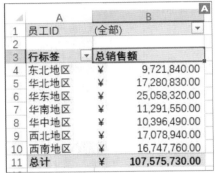

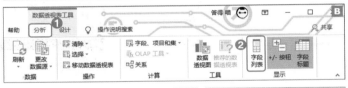

项目 02 答得喵出版社

对应项目文件（【答得喵】MOS2019-Excel-E-P2-答得喵出版社.zip），进入考题界面，如下图所示，系统会帮你预设一个场景。

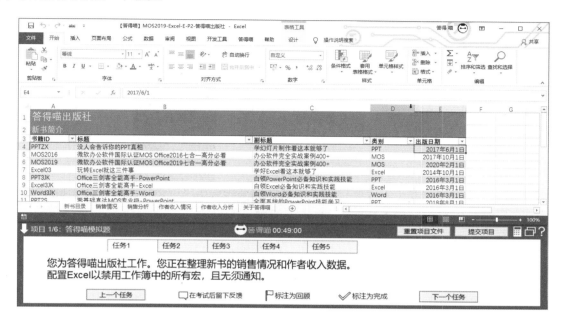

任务总览：请打开项目文件，依照任务描述，完成任务

本项目包含5个任务。

Step 01 打开项目文件，依照任务描述，完成任务。

Step 02 参考任务1—任务5的内容，核对自己的解题方法是否正确。

任务序号	任 务 描 述
1	您为答得喵出版社工作。您正在整理新书的销售情况和作者收入数据。 配置Excel以禁用工作簿中的所有宏，且无须通知。
2	在"新书目录"工作表上，对于单元格E4:E19，创建并应用自定义数字格式，以"2017 June 01"的格式显示日期。
3	在"作者收入情况"工作表，在"待支付"列中已有一个公式计算还应支付给每个作者的费用。修改单元格F4中的公式，以仅在金额大于¥500时才显示作者应得的费用，否则返回0。
4	在"销售分析"工作表上，插入允许用户按"类别"筛选数据透视表的切片器，然后使该切片器仅显示"Excel"书籍。切片器的大小和位置无关紧要。
5	在"作者收入分析"工作表上，添加"书籍ID"字段作为数据透视图过滤器。将过滤器应用于图表，以仅显示标题ID为"MOS2019"的结果。

任务1: 设置宏安全性

您为答得喵出版社工作。您正在整理新书的销售情况和作者收入数据。
配置Excel以禁用工作簿中的所有宏，且无须通知。

考点提示: 宏安全性设置

完成任务:

Step 01 【文件】选项卡，如图 **A** 所示。

Step 02 选择【选项】，如图 **B** 所示。

Step 03 【Excel选项】对话框→【信任中心】选项面板→【信任中心设置】按钮，如图 **C** 所示。

Step 04 【信任中心】对话框→【宏设置】选项面板→【禁用所有宏，并且不通知】单选按钮→点击【确定】，如图 **D** 所示。

Step 05 在【Excel选项】对话框中，点击右下角的【确定】按钮。

任务2：自定义日期显示格式

考点提示：【设置单元格格式】

完成任务：

Step 01 选择"新书目录"工作表上E4：E19单元格区域的【出版日期】列→鼠标右键选择【设置单元格格式】，如图 **A** 所示。

Step 02 选择【自定义】→在【类型】处输入"yyyy mmmm dd"→选择【确定】，如图 **B** 所示。

Step 03 设置好的效果如图 **C** 所示（若部分单元格显示####，表示列宽不够，适当调宽列宽即可）。

对日期型数据设置单元格格式，其代码中，yyyy代表显示四位年份，mmmm代表显示完整的月份英文名称，dd代表显示两位日期。

任务3：修改公式

任务1　　任务2　　任务3　　任务4　　任务5

在"作者收入情况"工作表，在"待支付"列中已有一个公式计算还应支付给每个作者的费用。修改单元格F4中的公式，以仅在金额大于￥500时才显示作者应得的费用，否则返回0。

上一个任务　　☐ 在考试后留下反馈　　⚑ 标注为回顾　　✓ 标注为完成　　下一个任务

考点提示： IF函数

完成任务：

Step 01 将光标定位到"作者收入情况"工作表的F4单元格，可以观察到已存在公式，如图 A 所示。

Step 02 将公式修改为"=IF([@总计销售额]*[@作者所得比例]–[@预付款]>500,[@总计销售额]*[@作者所得比例]–[@预付款],0)"→按下键盘上的Enter键，如图 B 所示。

Step 03 修改后的公式会自动填充到本列的其他单元格，结果如图 C 所示。

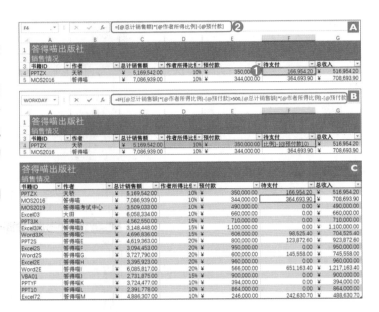

任务4：插入切片器

任务1　　任务2　　任务3　　任务4　　任务5

在"销售分析"工作表上，插入允许用户按"类别"筛选数据透视表的切片器，然后使该切片器仅显示"Excel"书籍。切片器的大小和位置无关紧要。

上一个任务　　☐ 在考试后留下反馈　　⚑ 标注为回顾　　✓ 标注为完成　　下一个任务

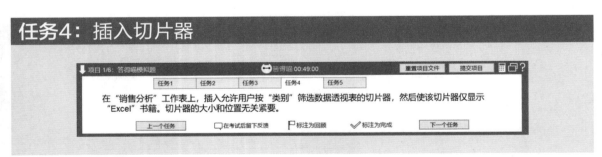

考点提示：【插入切片器】

完成任务：

Step 01 将光标定位"销售分析"工作表上的数据透视表中的任意单元格位置→数据透视表工具【分析】选项卡→选择【插入切片器】，如图 A 所示。

Chapter 01
Chapter 02
Chapter 03
Chapter 04
Chapter 05
Chapter 06

Step 02 在【切片器】上勾选按【类别】筛选→点击【确定】，如图 **B** 所示。

Step 03 选择仅显示【Excel】类别的书籍，结果如图 **C** 所示。

Step 04 设置好的效果如图 **D** 所示。

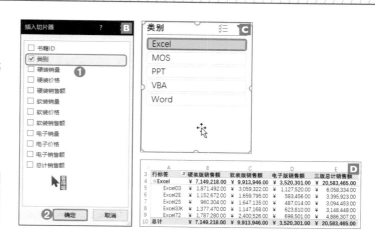

举一反三

切片器可以用于筛选数据透视表中的数据，多用于数据看板，动态筛选数据使用。

任务5：添加数据透视图过滤字段

在"作者收入分析"工作表上，添加"书籍ID"字段作为数据透视图过滤器。将过滤器应用于图表，以仅显示标题ID为"MOS2019"的结果。

考点提示： 添加数据透视图过滤字段

完成任务：

Step 01 选择"作者收入分析"工作表上的数据透视图→数据透视图工具【分析】选项卡→选中【字段列表】，如图 **A** 所示。

Step 02 【数据透视图字段】窗格→鼠标选中【书籍ID】字段向下拖拽到【筛选】中，如图 **B** 所示。

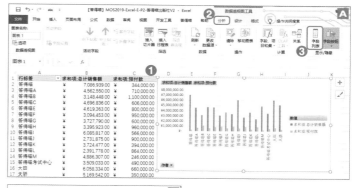

Step 03 选择数据透视图上的【书籍ID】筛选器→选择【MOS2019】→点击【确定】，如图 C 所示。

Step 04 设置好的效果如图 D 所示。

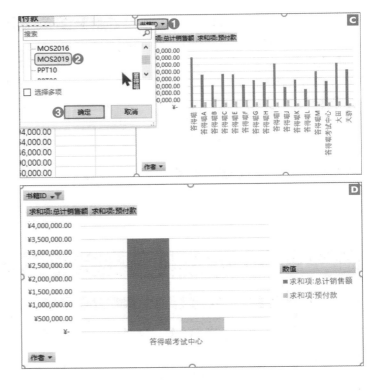

项 目

03 产品目录

对应项目文件（【答得喵】MOS2019-Excel-E-P3-产品目录.zip），进入考题界面如下图所示，系统帮你预设一个场景。

任务总览：请打开项目文件，依照任务描述，完成任务

本项目包含1个任务。

Step 01 打开项目文件，依照任务描述，完成任务。

Step 02 参考任务1的内容，核对自己的解题方法是否正确。

任务序号	任 务 描 述
1	配置Excel，使其中的公式仅在保存工作簿时自动重算，而不是在每次数据更改时就自动重算。

任务1：设置工作簿手动重算

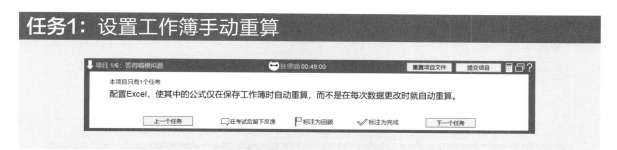

考点提示： 设置工作簿【手动重算】

完成任务：

Step 01 选择【文件】选项卡，如图 **A** 所示。

Step 02 选择【选项】，如图 **B** 所示。

Step 03 【Excel选项】对话框，选择【公式】选项→将【工作簿计算】设置为【手动重算】，并且勾选【保存工作簿前重新计算】→点击【确定】，如图 **C** 所示。

04 景区客流数据统计

对应项目文件（【答得喵】MOS2019-Excel-E-P4-景区客流数据统计.zip），进入考题界面如下图所示，系统会帮你预设一个场景。

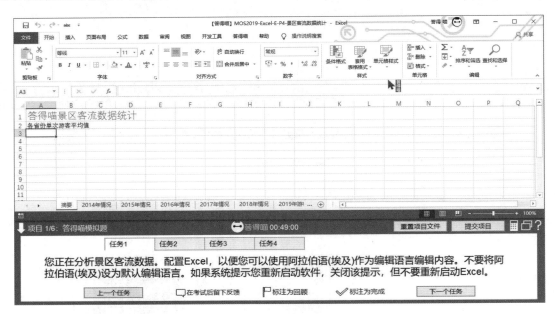

任务总览：请打开项目文件，依照任务描述，完成任务

本项目包含4个任务。

Step 01 打开项目文件，依照任务描述，完成任务。

Step 02 参考任务1—任务4的内容，核对自己的解题方法是否正确。

任务序号	任 务 描 述
1	您正在分析景区客流数据。配置Excel，以便您可以使用阿拉伯语(埃及)作为编辑语言编辑内容。不要将阿拉伯语(埃及)设为默认编辑语言。如果系统提示您重新启动软件，关闭该提示，但不要重新启动Excel。
2	在"2019年游客"工作表上，修改条件格式设置规则，为"评分"大于4的景区所在的行显示格式。
3	在"摘要"工作表上，从单元格A4开始，合并2014-2018"年情况"工作表中的数据。显示各"省份""单次游客"的平均人数。在首行和最左列都使用标签。从合并数据中删除空白的"景区名称"列。
4	在"活动小时数分析"图表工作表上，钻取数据以显示每月的景区特别活动时间。

任务1：添加编辑语言

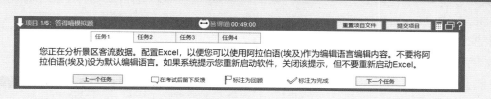

考点提示： 添加编辑语言

完成任务：

Step 01 选择【文件】选项卡，如图 **A** 所示。

Step 02 选择【选项】，如图 **B** 所示。

Step 03 【Excel选项】对话框，选择【语言】设置选项→在添加编辑语言处选择【阿拉伯语（埃及）】→点击【添加】按钮→点击【确定】，如图 **C** 所示。

Step 04 【Microsoft Office 语言首选项更改】弹窗，直接点击右上角的【关闭】按钮，如图 **D** 所示。

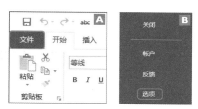

任务2：修改条件格式

考点提示： 修改【条件格式】

完成任务：

Step 01 选到"2019年游客"工作表→【开始】选项卡→点击【条件格式】下拉按钮，如图 A 所示。

Step 02 在【条件格式】菜单中选择【管理规则】，如图 B 所示。

Step 03 【条件格式规则管理器】对话框，在显示其格式规则处选择【当前工作表】→选择需要修改的格式规则→点击【编辑规则】选项，如图 C 所示。

Step 04 在【为符合此公式的值设置格式】处将公式修改为"=$E5>4"→点击【确定】，如图 D 所示。

Step 05 【条件格式规则管理器】对话框，选择【确定】，如图 E 所示。

Step 06 修改后的条件格式效果如图 F 所示。

任务3：合并计算数据

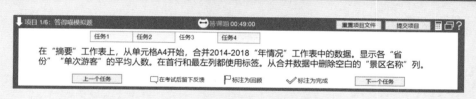

考点提示:【合并计算】

完成任务:

Step 01 将光标定位到"摘要"工作表的A4单元格→【数据】选项卡→选择【合并计算】，如图 **A** 所示。

Step 02 【合并计算】对话框，将【函数】设置为【平均值】→在【引用位置】处引用"2014年情况"工作表"省份""景区名称""单次游客"这三列的所有数据→点击【添加】，将所引用的区域添加到【所有引用位置】处，如图 **B** 所示。

Step 03 使用同样的方法将2015-2018年的数据也添加到【所有引用位置】处→在【标签位置】处勾选【首行】和【最左列】→点击【确定】，如图 **C** 所示。

Step 04 选中空白的"景区名称"列→鼠标右键选择【删除】，如图 **D** 所示。

Step 05 设置好的效果如图 **E** 所示。

任务4：钻取数据透视图的数据

任务1　任务2　任务3　**任务4**

在"活动小时数分析"图表工作表上，钻取数据以显示每月的景区特别活动时间。

上一个任务　　　在考试后留下反馈　　标注为回顾　　标注为完成　　　下一个任务

考点提示： 钻取数据透视图的数据

完成任务：

Step 01 选中"活动小时数分析"图表工作表上的数据透视图→将光标放置在右下角"+"号形状的【展开整个字段】按钮上，点击一下"+"号会显示季度数据，再次点击"+"号就会显示每月的景区特别活动时间，如图 **A** 所示。

Step 02 设置好的效果如图 **B** 所示。

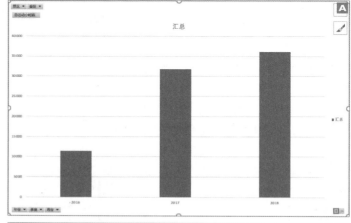

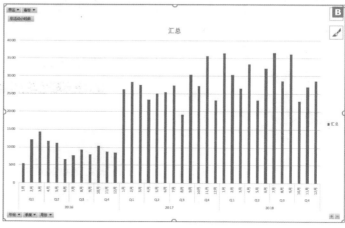

项目

05 答得喵服饰

对应项目文件（【答得喵】MOS2019-Excel-E-P5-答得喵服饰.zip），进入考题界面如下图所示，系统会帮你预设一个场景。

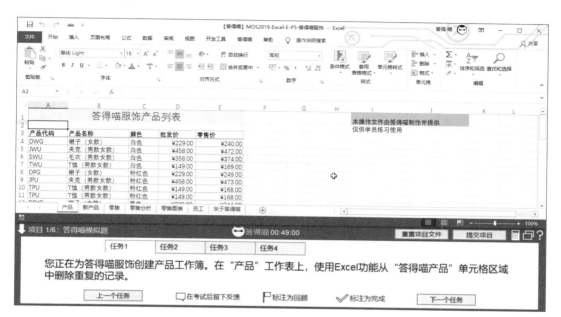

任务总览：请打开项目文件，依照任务描述，完成任务

本项目包含4个任务。

Step 01 打开项目文件，依照任务描述，完成任务。

Step 02 参考任务1—任务4的内容，核对自己的解题方法是否正确。

任务序号	任 务 描 述
1	您正在为答得喵服饰创建产品工作簿。在"产品"工作表上，使用Excel功能从"答得喵产品"单元格区域中删除重复的记录。
2	在"员工"工作表上的单元格E4中，输入一个公式，以从"工龄奖金"中返回员工的工龄奖金。调整公式，然后将其填充到单元格范围E5:E14。
3	在"零售"工作表上，显示箭头以指示哪些单元格的值受C4单元格的影响。
4	在"新产品"工作表上，创建一个直方图图表，以宽度为100元的直方图来显示产品的"零售价"。图表的大小和位置无关紧要。

任务1: 删除重复值

考点提示：【删除重复值】

完成任务：

Step 01 点击【开始】选项卡【编辑】功能组→【查找和选择】下拉菜单→选择【转到】，如图 **A** 所示。

Step 02 在【定位】对话框中→选择"答得喵产品"区域→点击【确定】，如图 **B** 所示。

Step 03 定位到的"答得喵产品"区域如图 **C** 所示。

Step 04【数据】选项卡→选择【数据工具】功能组的【删除重复值】，如图 **D** 所示。

Step 05【删除重复值】对话框，选择【确定】，如图 **E** 所示。

Step 06 在删除重复值结果的对话框点击【确定】，如图 **F** 所示。

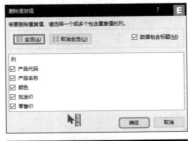

任务2：使用公式根据条件返回特定值

在"员工"工作表上的单元格E4中，输入一个公式，以从"工龄奖金"中返回员工的工龄奖金。调整公式，然后将其填充到单元格范围E5:E14。

考点提示： VLOOKUP函数

完成任务：

Step 01 将光标定位到"员工"工作表的E4单元格→【公式】选项卡→点击【插入函数】，如图 **A** 所示。

Step 02 在【搜索函数】处输入文本"v-lookup"→点击【转到】→点击【确定】，如图 **B** 所示。

Step 03 【函数参数】对话框，分别输入图示参数（在【Lookup_value】处输入：C4。【Table_array】处输入：$H$2:$I$6。【Col_index_num】处输入：2。【Range_lookup】处输入：1），点击【确定】，如图 **C** 所示。

Step 04 双击或者拖动E4单元格右下角，使公式填充到E5:E14单元格范围，结果如图 **D** 所示。

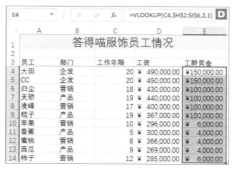

举一反三

理论上，本任务使用vlookup函数和lookup函数都可以完成，但因为MOS2019的考纲中只列出了vlookup函数，没有列出lookup函数，所以更推荐使用vlookup函数答题。

任务3：追踪从属单元格

考点提示：【追踪从属单元格】

完成任务：

Step 01 将光标定位到"零售"工作表的 C4单元格，如图 **A** 所示。

Step 02 【公式】选项卡→点击【追踪从属单元格】，如图 **B** 所示。

Step 03 多次点击【追踪从属单元格】，直至所有引用了C4单元格的单元格全部显示出来，如图 **C** 所示。

任务4：插入直方图

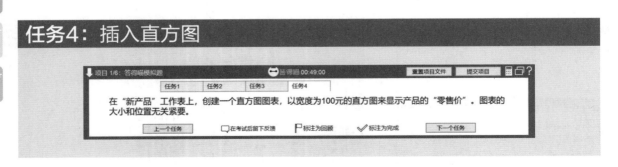

考点提示： 插入【直方图】

完成任务：

Step 01 选择"新产品"工作表的"零售价"列（E3:E42）→【插入】选项卡→点击【推荐的图表】，如图 **A** 所示。

Step 02 【插入图表】对话框→切换到【所有图表】→选择【直方图】→点击【确定】，如图 **B** 所示。

Step 03 选择插入的直方图的横坐标轴，鼠标右键选择【设置坐标轴格式】，如图 **C** 所示。

Step 04 【设置坐标轴格式】窗格，勾选【箱宽度】并将其设置为"100"→点击右上角的【关闭】，如图 **D** 所示。

Step 05 设置好的效果如图 **E** 所示。

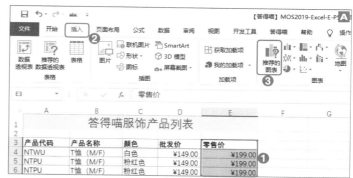

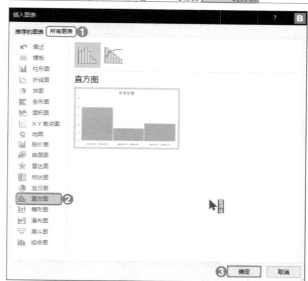

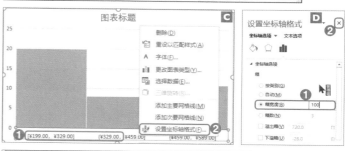

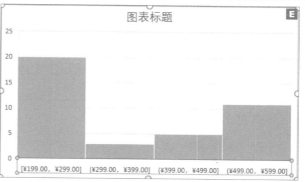

06 答得喵媒体

对应项目文件（【答得喵】MOS2019-Excel-E-P6-答得喵媒体.zip），进入考题界面如下图所示，系统会帮你预设一个场景。

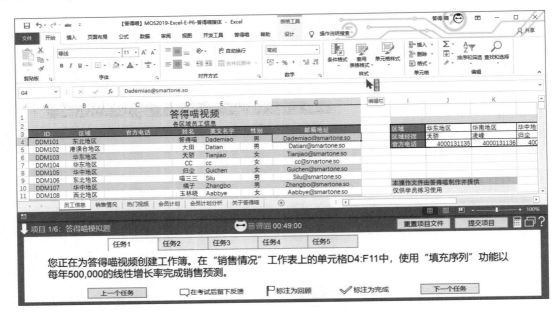

任务总览：请打开项目文件，依照任务描述，完成任务

本项目包含5个任务。

Step 01 打开项目文件，依照任务描述，完成任务。

Step 02 参考任务1—任务5的内容，核对自己的解题方法是否正确。

任务序号	任 务 描 述
1	您正在为答得喵视频创建工作簿。在"销售情况"工作表上的单元格D4:F11中，使用"填充序列"功能以每年500000的线性增长率完成销售预测。
2	在"员工信息"工作表上的单元格C4中，输入一个公式，采取与B列中"区域"完全匹配的方式，从"区域联系方式"单元格区域中返回官方电话。
3	在"员工信息"工作表中，创建一个名为"页眉"的宏。将宏存储在当前工作簿中。配置宏以在当前工作表的页眉左部中插入"数据表名称"，在页眉右部中插入"页码"。
4	在"会员计划分析"工作表上，修改数据透视表，按"定价"列中的值对数据进行分组。将值按500（从0开始到30000）进行分组。
5	在"热门视频"工作表上，对于单元格B4:C18，创建一个条件格式，以加粗深红色显示五个最低值。

任务1：填充序列

考点提示： 填充【序列】

完成任务：

Step 01 选中"销售情况"工作表上的 B4:F11单元格范围，如图 **A** 所示。

Step 02 【开始】选项卡→选择【编辑】功能组的【填充】下拉按钮，如图 **B** 所示。

Step 03 选择填充【序列】，如图 **C** 所示。

Step 04 弹出的【序列】对话框，会自动读取数据特征，自行勾选【行】【等差序列】并将【步长值】设置为"500000"，直接点击【确定】，如图 **D** 所示。

Step 05 设置好的效果如图 **E** 所示。

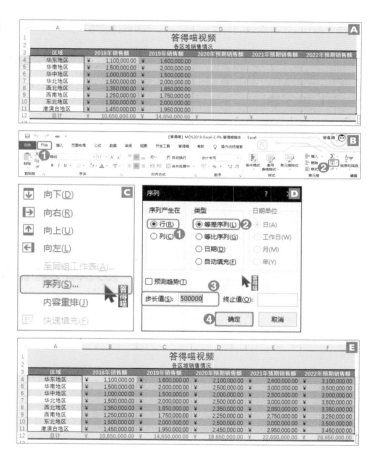

任务2：使用公式根据条件返回特定值

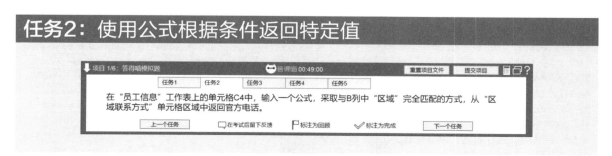

考点提示： HLOOKUP函数

完成任务：

Step 01 将光标定位到"员工信息"工作表的C4单元格→【公式】选项卡→点击【插入函数】，如图 **A** 所示。

Step 02 在【搜索函数】处输入文本"hlo-okup"→点击【转到】→点击【确定】，如图 **B** 所示。

Step 03 【函数参数】对话框，分别输入以下参数（【Lookup_value】处输入：[@区域]。【Table_array】处输入：区域。【Row_index_num】处输入：3。【Range_lookup】处输入：0），点击【确定】，如图 **C** 所示。

Step 04 公式结果会自动填充到【官方电话】列，效果如图 **D** 所示。

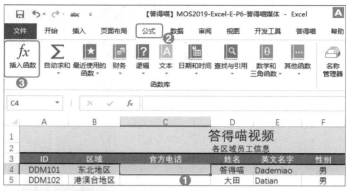

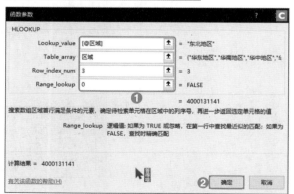

举一反三

"[@区域]"这种写法，主要是因为答得喵视频表套用了表格样式，所以可以这么写。用单元格选择的方法，也可以达到同样的效果。比如，这里选择单元格"B4"和输入"[@区域]"的效果是一样的；第二个参数"区域"是本工作簿中已经事先定义好的名称，在函数中可以直接输入。名称可以在【公式】选项卡【名称管理器】处查看到。

Chapter 01
Chapter 02
Chapter 03
Chapter 04
Chapter 05
Chapter 06

任务3: 录制宏

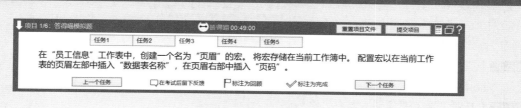

在"员工信息"工作表中，创建一个名为"页眉"的宏。将宏存储在当前工作簿中。配置宏以在当前工作表的页眉左部中插入"数据表名称"，在页眉右部插入"页码"。

考点提示:【录制宏】

完成任务:

Step 01 在"员工信息"工作表中，点击【开发工具】选项卡→【录制宏】，如图**A**所示。

Step 02【宏名】处输入"页眉"→保存到【当前工作簿】→点击【确定】，如图**B**所示。

Step 03【页面布局】选项卡→点击【页面设置】右下角的【其他】下拉按钮，如图**C**所示。

Step 04【页面设置】对话框，切换到【页眉/页脚】→点击【自定义页眉】，如图**D**所示。

Step 05 将光标定位到【左部】，然后点击【插入数据表名称】→将光标移动到【右部】，并点击【插入页码】→点击【确定】，如图 **E** 所示。

Step 06 【页面设置】对话框，点击【确定】，如图 **F** 所示。

Step 07 【开发工具】选项卡→点击【停止录制】，如图 **G** 所示。

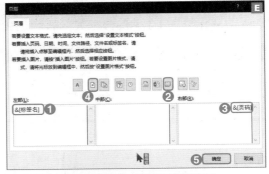

任务4：对数据透视表的数据进行分组统计

考点提示： 数据透视表–【分组选择】

完成任务：

Step 01 将光标定位到"会员计划分析"工作表的A4单元格→数据透视表工具【分析】选项卡→选择【分组选择】，如图 **A** 所示。

Step 02 【组合】对话框，将【起始于】设置为 "0"；【终止于】设置为 "30000"；【步长】设置为 "500"，点击【确定】，如图 B 所示。

Step 03 设置好的效果如图 C 所示。

举一反三

分组选择功能可将数值进行分组，用于统计不同数值区间的情况。

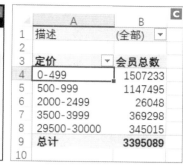

	A	B
1	描述	(全部) ▼
2		
3	定价 ▼	会员总数
4	0-499	1507233
5	500-999	1147495
6	2000-2499	26048
7	3500-3999	369298
8	29500-30000	345015
9	总计	3395089
10		

任务5：设置条件格式

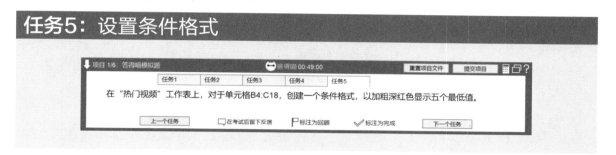

考点提示： 设置【条件格式】

完成任务：

Step 01 选择 "热门视频" 工作表的 B4:C18单元格区域，如图 A 所示。

Step 02 【开始】选项卡→【条件格式】下拉菜单，如图 B 所示。

Step 03 选择【最前/最后规则】→点击【最后10项】，如图 C 所示。

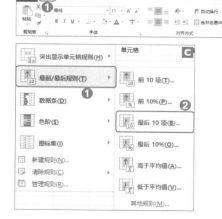

Step 04 将最后"10"项修改为最后"5"→设置格式选择【自定义格式】，如图 **D** 所示。

Step 05 【设置单元格格式】对话框，切换到【字体】→【字形】设置为【加粗】→【颜色】设置为【深红色】→点击【确定】，如图 **E** 所示。

Step 06 【最后10项】对话框选择【确定】，如图 **F** 所示。

Step 07 设置好的效果如图 **G** 所示。

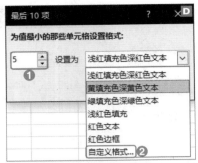

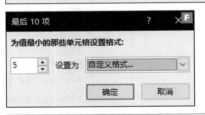

项目 07 答得喵辅导班

对应项目文件（【答得喵】MOS2019-Excel-E-P7-答得喵辅导班.zip），进入考题界面如下图所示，系统会帮你预设一个场景。

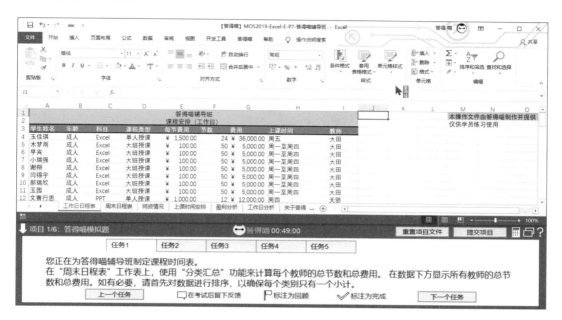

任务总览：请打开项目文件，依照任务描述，完成任务

本项目包含5个任务。

Step 01 打开项目文件，依照任务描述，完成任务。

Step 02 参考任务1—任务5的内容，核对自己的解题方法是否正确。

任务序号	任 务 描 述
1	您正在为答得喵辅导班制定课程时间表。 在"周末日程表"工作表上，使用"分类汇总"功能来计算每个教师的总节数和总费用。在数据下方显示所有教师的总节数和总费用。如有必要，请首先对数据进行排序，以确保每个类别只有一个小计。
2	在"师资情况"工作表上，修改应用于单元格E4:E14的条件格式，使其对包含文本"每天"的单元格应用粗斜体字体，并且不使用填充色。
3	在"上课时间安排"工作表的B15单元格中，使用函数来计算答得喵辅导班开始上课的日期是星期几。 温馨提示：该单元格的格式已被设置为显示星期几的名称。
4	在"盈利分析"工作表上，创建一个图表，将每个教师的"工资"显示为面积图，将"授课收入"显示为同一坐标轴上的折线图。图表的大小和位置无关紧要。
5	在"工作日分析"工作表上，修改图表以使用布局3和样式5。将图表颜色更改为"单色调色板8"，并将图表标题更改为"课时收入"。

任务1：分类汇总

考点提示：【分类汇总】

完成任务：

Step 01 选择"周末日程表"的A3:J83单元格区域→【数据】选项卡→点击【排序】，如图 **A** 所示。

Step 02 【主要关键词】设置为【教师】→【次序】设置为【升序】→点击【确定】，如图 **B** 所示。

Step 03 【数据】选项卡→选择【分类汇总】，如图 **C** 所示。

Step 04 【分类汇总】对话框，将【分类字段】设置为"教师"→【汇总方式】设置为"求和"→【选定汇总项】中勾选上"节数"和"费用"→点击【确定】，如图 **D** 所示。

Step 05 设置好之后会在每一位教师下方出现各自的汇总行，效果如图 **E** 所示。

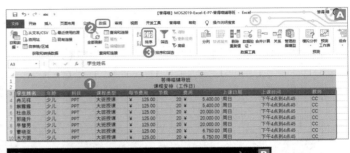

举一反三

为避免分类汇总时同一个"教师"的数据因为不挨在一起而被分成不同的类，分类汇总前必须对数据按照"教师"进行排序。

Chapter 01
Chapter 02
Chapter 03
Chapter 04
Chapter 05
Chapter 06

任务2：修改条件格式

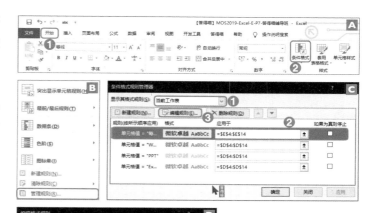

项目 1/6：答得喵模拟题　　　　答得喵 00:49:00　　重置项目文件　提交项目

| 任务1 | 任务2 | 任务3 | 任务4 | 任务5 |

在"师资情况"工作表上，修改应用于单元格E4:E14的条件格式，使其对包含文本"每天"的单元格应用粗斜体字体，并且不使用填充色。

上一个任务　□在考试后留下反馈　▷标注为回顾　✓标注为完成　下一个任务

考点提示： 修改【条件格式】

完成任务：

Step 01 选择"师资情况"工作表→【开始】选项卡→点击【条件格式】下拉按钮，如图 **A** 所示。

Step 02 选择【管理规则】，如图 **B** 所示。

Step 03 【条件格式规则管理器】对话框，选择显示【当前工作表】的格式规则→选择应用于E4:E14单元格区域的条件格式→点击【编辑规则】，如图 **C** 所示。

Step 04 【编辑格式规则】对话框，选择【格式】，如图 **D** 所示。

Step 05 【设置单元格格式】对话框，切换到【字体】选项→将【字形】设置为【加粗倾斜】，如图 **E** 所示。

Step 06 切换到【填充】选项→将【背景色】填充为【无颜色】→点击【确定】，如图 **F** 所示。

Step 07 分别点击【编辑格式规则】和【条件格式规则管理器】对话框的【确定】按钮，最终效果如图 **G** 所示。

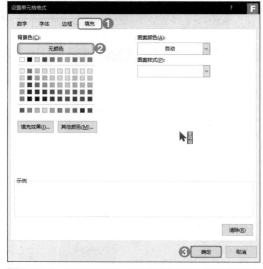

任务3：使用函数计算日期是星期几

考点提示： WEEKDAY函数

完成任务：

Step 01 将光标定位到B15单元格→【公式】选项卡→点击【插入函数】，如图 **A** 所示。

Step 02 在【搜索函数】处输入文本"weekday"→点击【转到】→点击【确定】，如图 **B** 所示。

Step 03 【函数参数】对话框，分别输入以下参数（在【Serial_number】处输入：B14。【Return_type】处输入：1），点击【确定】，如图 **C** 所示。

Step 04 公式结果如图 **D** 所示。

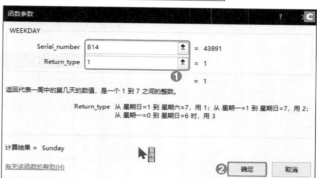

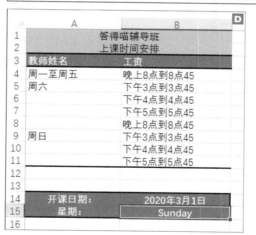

举一反三

两点注意事项

其一，weekday函数的第一个参数，因为该工作表设置了保护工作表，所以无法通过点击单元格进行选择，直接手动输入B14即可。

其二，weekday函数的第二个参数为什么是1。这需要我们事先具备一个基础知识——在Excel中对单元格设置仅显示星期几的单元格格式之后，对数字1会显示为Sunday，数字2会显示为Monday，以此推类。而当weekday函数的第二个参数选择1时，星期日会返回1，星期一会返回2，并以此类推。这两者是相匹配的。

任务4：创建组合图

在"盈利分析"工作表上，创建一个图表，将每个教师的"工资"显示为面积图，将"授课收入"显示为同一坐标轴上的折线图。图表的大小和位置无关紧要。

考点提示: 【插入图表】

完成任务:

Step 01 选择"盈利分析"工作表→【插入】选项卡→选择【推荐的图表】,如图 **A** 所示。

Step 02 【插入图表】对话框,选择【所有图表】→选择【组合图】→将"工资"的图表类型设置为【面积图】;将"授课收入"的图表类型设置为【折线图】→点击【确定】,如图 **B** 所示。

Step 03 设置好的效果如图 **C** 所示。

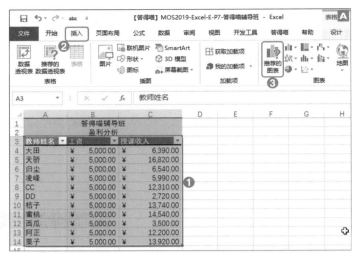

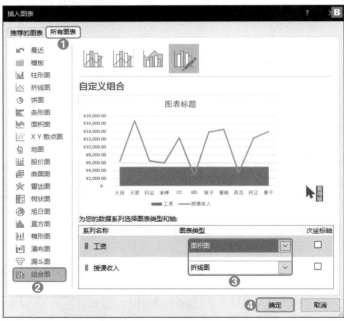

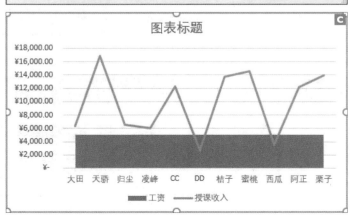

任务5: 修改数据透视图

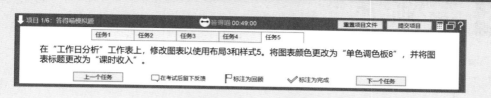

考点提示: 修改数据透视图

完成任务:

Step 01 选择"工作日分析"工作表上的数据透视图→数据透视图工具【设计】选项卡→点击【快速布局】下拉菜单→选择【布局3】→将图表样式设置为【样式5】,如图 **A** 所示。

Step 02 依然是数据透视图工具【设计】选项卡→点击【更改颜色】下拉菜单,如图 **B** 所示。

Step 03 在颜色菜单中选择【单色调色板8】,如图 **C** 所示。

Step 04 将图表标题更改为"课时收入",最终效果如图 **D** 所示。

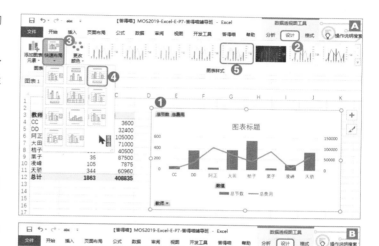

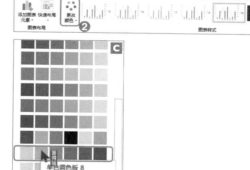

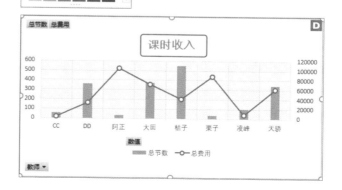

08 答得喵旅社

对应项目文件（【答得喵】MOS2019-Excel-E-P8-答得喵旅社.zip），进入考题界面如下图所示，系统会帮你预设一个场景。

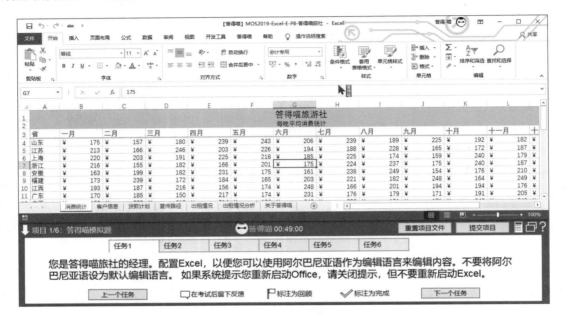

任务总览：请打开项目文件，依照任务描述，完成任务

本项目包含6个任务。

Step 01 打开项目文件，依照任务描述，完成任务。

Step 02 参考任务1—任务6的内容，核对自己的解题方法是否正确。

任务序号	任 务 描 述
1	您是答得喵旅社的经理。配置Excel，以便您可以使用阿尔巴尼亚语作为编辑语言来编辑内容。不要将阿尔巴尼亚语设为默认编辑语言。 如果系统提示您重新启动Office，请关闭提示，但不要重新启动Excel。
2	在"消费统计"工作表上，使用Excel功能从"消费统计"范围（单元格A3:M44）中删除重复的记录。
3	在"客户信息"工作表上的单元格J4中，计算出"时间偏好"为"夏天"且"旅游时长偏好"大于7天的客户数量。
4	在"贷款计划"工作表上，使用一个函数来计算还清贷款所需的月数。
5	在"宣传路径"工作表上，创建一个漏斗图，显示带有左侧描述的"一月"营销活动数据。 将图表标题更改为"一月情况"。图表的大小和位置无关紧要。
6	在"出租情况分析"工作表上，创建一个显示数据透视表数据的数据透视饼图。 筛选图表，仅显示"别墅"出租情况的数据。 图表的大小和位置无关紧要。

任务1： 添加编辑语言

考点提示： 添加编辑语言

完成任务：

Step 01 选择【文件】选项卡，如图 A 所示。

Step 02 选择【选项】，如图 B 所示。

Step 03 【Excel选项】对话框，选择【语言】设置选项→在添加编辑语言处选择【阿尔巴尼亚语】→点击【添加】按钮→点击【确定】，如图 C 所示。

Step 04 【Microsoft Office 语言首选项更改】弹窗，直接点击右上角的【关闭】按钮，最终效果如图 D 所示。

任务2： 删除重复值

考点提示：【删除重复值】

完成任务：

Step 01 点击【开始】选项卡【编辑】功能组→【查找和选择】下拉菜单→选择【转到】，如图 **A** 所示。

Step 02 在弹出的【定位】对话框→选择"消费统计"区域→点击【确定】，如图 **B** 所示。

Step 03 定位到的"消费统计"区域，【数据】选项卡→选择【数据工具】功能组的【删除重复值】，如图 **C** 所示。

Step 04 【删除重复值】对话框，选择【确定】，最终效果如图 **D** 所示。

Step 05 在删除重复值结果的对话框点击【确定】，如图 **E** 所示。

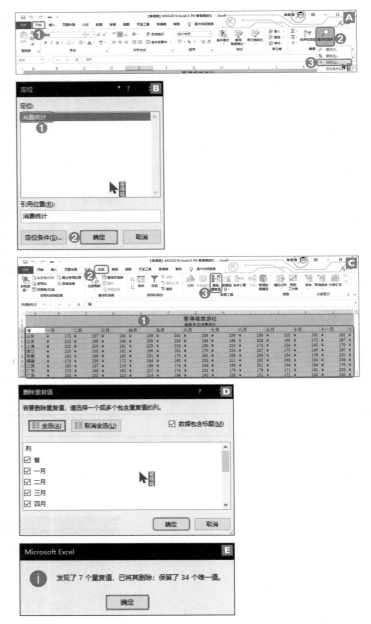

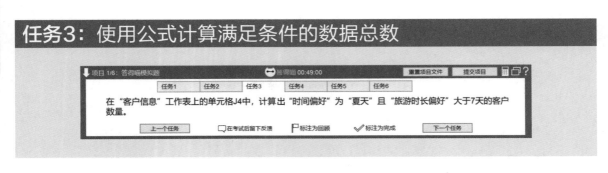

任务3：使用公式计算满足条件的数据总数

在"客户信息"工作表上的单元格J4中，计算出"时间偏好"为"夏天"且"旅游时长偏好"大于7天的客户数量。

考点提示： COUNTIFS函数

完成任务：

Step 01 光标定位到"客户信息"工作表的J4单元格→【公式】选项卡→选择【插入函数】，如图 **A** 所示。

Step 02 在【搜索函数】处输入文本"countifs"→点击【转到】→点击【确定】，如图 **B** 所示。

Step 03 【函数参数】对话框，分别输入图示参数（在【Criteria_range1】处输入：C4:C118。【Criteria1】处输入："夏天"。【Criteria_range2】处输入：E4:E118。【Criteria2】处输入：">7"），点击【确定】，如图 **C** 所示。

Step 04 公式的结果如图 **D** 所示。

任务4： 使用函数计算还清贷款所需的月数

项目 1/6：答得喵模拟题	答调喵 00:49:00	重置项目文件	提交项目

任务1	任务2	任务3	任务4	任务5	任务6

在"贷款计划"工作表上，使用一个函数来计算还清贷款所需的月数。

上一个任务　　□在考试后留下反馈　　▷标注为回顾　　✔标注为完成　　下一个任务

考点提示： NPER函数

完成任务：

Step 01 将光标定位到"贷款计划"工作表的B7单元格→【公式】选项卡→选择【插入函数】，如图 **A** 所示。

Step 02 在【搜索函数】处输入文本"nper"→点击【转到】→点击【确定】，如图 **B** 所示。

Step 03 【函数参数】对话框，分别输入图示参数（在【Rate】处输入：B4/B6。【Pmt】处输入：B5。【Pv】处输入：B3，【Fv】处输入：0。【Type】处输入：0），点击【确定】，如图 **C** 所示。

Step 04 公式的结果如图 **D** 所示。

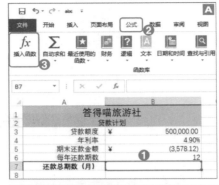

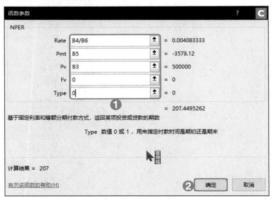

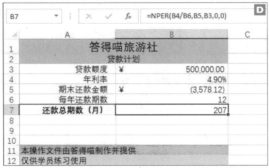

Chapter 01
Chapter 02
Chapter 03
Chapter 04
Chapter 05
Chapter 06

任务5：创建漏斗图

在"宣传路径"工作表上，创建一个漏斗图，显示带有左侧描述的"一月"营销活动数据。将图表标题更改为"一月情况"。图表的大小和位置无关紧要。

上一个任务　　☐在考试后留下反馈　　⚑标注为回顾　　✓标注为完成　　下一个任务

考点提示：【插入】图表

完成任务：

Step 01 按住键盘上的"Ctrl"键同时选中"宣传路径"工作表上的"描述"列和"1月"列→【插入】选项卡→选择【推荐的图表】，如图 **A** 所示。

Step 02 切换到【所有图表】→选择【漏斗图】→点击【确定】，如图 **B** 所示。

Step 03 将图表标题修改为"一月情况"，最终效果如图 **C** 所示。

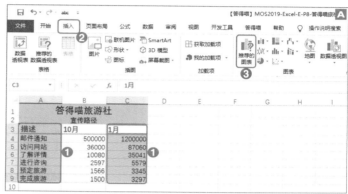

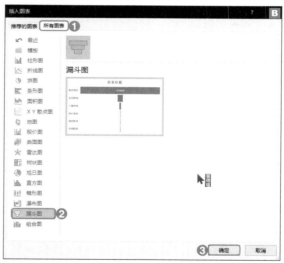

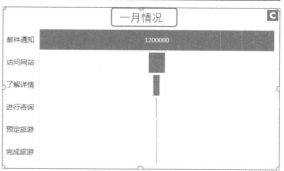

任务6：创建数据透视图

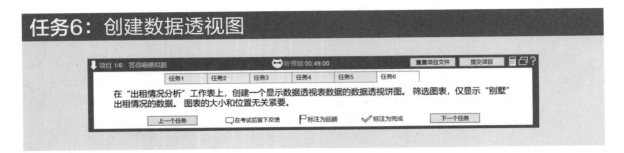

考点提示： 创建【数据透视图】

完成任务：

Step 01 将光标定位到"出租情况分析"工作表上的数据透视表→在【插入】选项卡中→点击【数据透视图】，如图 **A** 所示。

Step 02 选择【饼图】→点击【确定】，如图 **B** 所示。

Step 03 点击数据透视图左上角的筛选，最终效果如图 **C** 所示。

Step 04 选择"别墅"出租情况→点击【确定】，如图 **D** 所示。

Step 05 设置好的效果如图 **E** 所示。

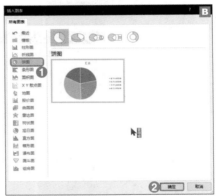

项 目
09 答得喵网校

对应项目文件（【答得喵】MOS2019-Excel-E-P9-答得喵网校.zip），进入考题界面如下图所示，系统会帮你预设一个场景。

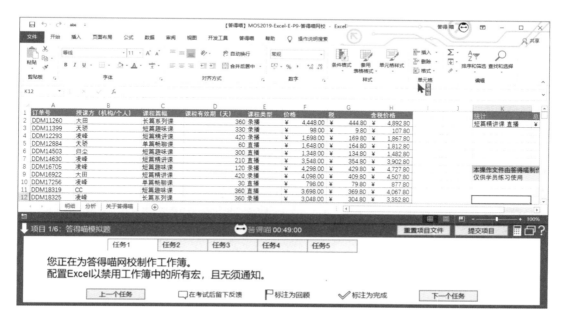

任务总览：请打开项目文件，依照任务描述，完成任务

本项目包含5个任务。

Step 01 打开项目文件，依照任务描述，完成任务。

Step 02 参考任务1—任务5的内容，核对自己的解题方法是否正确。

任务序号	任 务 描 述
1	您正在为答得喵网校制作工作簿。 配置Excel以禁用工作簿中的所有宏，且无须通知。
2	要求用户输入密码"4000131135"，才能对工作簿进行结构更改。
3	在"明细"工作表上的单元格M2中，输入一个公式，该公式将返回"课程篇幅"为"短篇精讲课"且"课程类型"为"直播"的所有订单的平均"含税价格"。
4	打开会标记出数据范围内不一致公式的错误检查规则。
5	在"分析"工作表上，插入切片器，使您可以按"课程类型"筛选数据透视表。使用切片器，以仅显示"课程类型"为"录播"的记录。切片器的大小和位置无关紧要。

任务1：设置宏安全性

考点提示：【信任中心设置】

完成任务：

Step 01 【文件】选项卡，如图 **A** 所示。

Step 02 选择【选项】，如图 **B** 所示。

Step 03 【Excel选项】对话框→【信任中心】选项面板→【信任中心设置】按钮，如图 **C** 所示。

Step 04 【信任中心】对话框→【宏设置】选项面板→【禁用所有宏，并且不通知】单选按钮→点击【确定】，如图 **D** 所示。

Step 05 然后在【Excel】对话框→点击【确定】。

Chapter 01
Chapter 02
Chapter 03
Chapter 04
Chapter 05
Chapter 06

任务2：保护工作簿

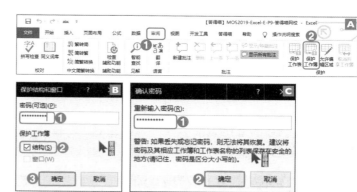

考点提示：【保护工作簿】

完成任务：

Step 01 【审阅】选项卡→【保护工作簿】按钮，如图 **A** 所示。

Step 02 【保护结构和窗口】对话框→勾选【结构】选项→【密码】处输入"4000131135"→点击【确定】，如图 **B** 所示。

Step 03 【确认密码】对话框→【重新输入密码】处输入"4000131135"→点击【确定】，如图 **C** 所示。

任务3：使用公式计算满足多个条件的平均值

考点提示： AVERAGEIFS函数

完成任务：

Step 01 将光标定位到"明细"工作表的M2单元格→【公式】选项卡→选择【插入函数】，如图 **A** 所示。

Step 02 在【搜索函数】处输入文本"averageifs"→点击【转到】→点击【确定】，如图 **B** 所示。

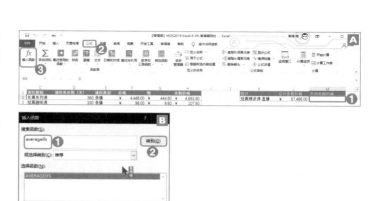

Step 03 【函数参数】对话框，依次输入图示参数（在【Average_range】处输入：H2:H184。【Criteria_range1】处输入：C2:C184。【Criteria1】处输入："短篇精讲课"。【Criteria_range2】处输入：E2:E184。【Criteria2】处输入："直播"）→点击【确定】，如图 **C** 所示。

Step 04 公式结果如图 **D** 所示。

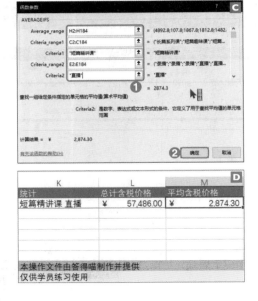

	K	L	M
统计		总计含税价格	平均含税价格
短篇精讲课 直播		¥　57,486.00	¥　2,874.30

本操作文件由答得喵制作并提供
仅供学员练习使用

任务4：错误检查

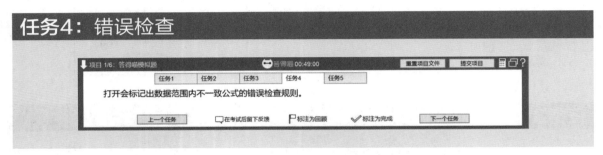

考点提示：【错误检查】

完成任务：

Step 01 【公式】选项卡→点击【错误检查】，如图 **A** 所示。

Step 02 【错误检查】对话框，会显示出工作表中不一致的公式，点击右下角的【下一个】，如图 **B** 所示。

Step 03 当弹出"已完成对整个工作表的错误检查"时，点击【确定】，如图 **C** 所示。

举一反三

公式的错误检查功能，在日常工作中，往往用于检查是否存在因疏忽而做错的公式，在【错误检查】对话框中显示出的错误，我们要人工核对，然后根据实际情况选择【忽略错误】（公式没有错，就是故意这样写的）还是【在编辑栏中编辑】（公式错了，修正错误）。在此任务中，因为任务要求没有指明是忽略还是修正，所以只浏览一遍即可。

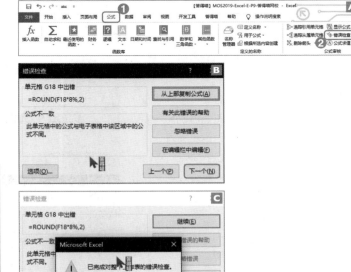

Chapter 01
Chapter 02
Chapter 03
Chapter 04
Chapter 05
Chapter 06

任务5：插入切片器

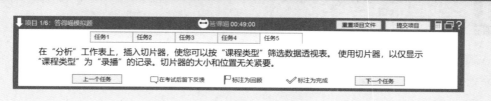

在"分析"工作表上，插入切片器，使您可以按"课程类型"筛选数据透视表。使用切片器，以仅显示"课程类型"为"录播"的记录。切片器的大小和位置无关紧要。

考点提示：【插入切片器】

完成任务：

Step 01 将光标定位到"分析"工作表上的数据透视表任意单元格→数据透视表工具【分析】选项卡→点击【插入切片器】，如图 A 所示。

Step 02 【插入切片器】对话框上勾选【课程类型】→点击【确定】，如图 B 所示。

Step 03 【课程类型】对话框选择【录播】，如图 C 所示。

Step 04 设置好的效果如图 D 所示。

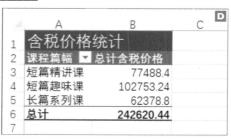

项 目

10 答得喵考生统计

对应项目文件（【答得喵】MOS2019-Excel-E-P10-答得喵考生统计.zip），进入考题界面如下图所示，系统会帮你预设一个场景。

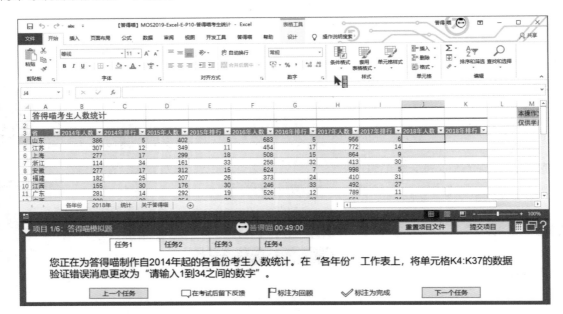

任务总览：请打开项目文件，依照任务描述，完成任务

本项目包含4个任务。

Step 01 打开项目文件，依照任务描述，完成任务。

Step 02 参考任务1—任务4的内容，核对自己的解题方法是否正确。

任务序号	任 务 描 述
1	您正在为答得喵制作自2014年起的各省份考生人数统计。在"各年份"工作表上，将单元格K4:K37的数据验证错误消息更改为"请输入1到34之间的数字"。
2	为"各年份"工作表的单元格H4:H37，创建一个条件格式规则，使用三色刻度样式，以黄色显示最小值，以浅绿显示中点，以绿色显示最大值。
3	在"各年份"工作表的J列中，输入一个公式，使用"2018年"工作表中的数据返回每个省的人数。
4	在"统计"工作表上的数据透视表中，创建一个名为"变化"的计算字段，该字段显示从2014年到2017年的人数增长。

Chapter 01
Chapter 02
Chapter 03
Chapter 04
Chapter 05
Chapter 06

任务1：修改数据验证错误提示

考点提示：【数据验证】

完成任务：

Step 01 选择"各年份"工作表K4：K37
→【数据】选项卡→点击【数据验证】，
如图 **A** 所示。

Step 02 【数据验证】对话框，选择【出
错警告】→在【错误信息】栏输入"请
输入1到34之间的数字"→点击【确定】，
如图 **B** 所示。

任务2：设置条件格式

考点提示：设置【条件格式】

完成任务：

Step 01 选择"各年份"的H4:H37单元
格区域→【开始】选项卡→选择【条件
格式】下拉按钮，如图 **A** 所示。

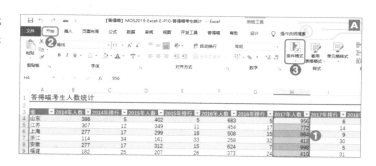

Step 02 选择【新建规则】，如图 **B** 所示。

Step 03 【新建格式规则】对话框，【格式样式】选择【三色刻度】→分别将【最小值】【中间值】和【最大值】的颜色设置为【黄色】【浅绿】和【绿色】→点击【确定】，如图 **C** 所示。

Step 04 设置好的效果如图 **D** 所示。

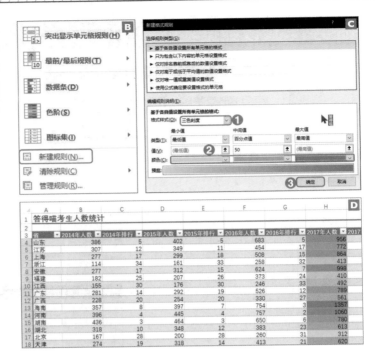

答得喵考生人数统计

省	2014年人数	2014年排行	2015年人数	2015年排行	2016年人数	2016年排行	2017年人数	2017
山东	386	5	402	5	683	5	956	
江苏	307	12	349	11	454	17	772	
上海	277	17	299	18	508	15	864	
浙江	114	34	161	33	258	32	413	
安徽	277	17	312	15	624	7	998	
福建	182	25	207	26	373	24	410	
江西	155	30	176	30	246	33	492	
广东	281	14	292	19	526	12	789	
广西	228	20	254	20	330	27	561	
海南	357	8	397	7	754	3	1357	
河南	396	4	445	4	757	2	1060	
湖南	436	3	464	3	650	6	780	
湖北	318	10	348	12	383	23	613	
北京	167	28	200	28	260	31	312	
天津	274	19	318	14	413	21	620	

任务3：使用公式根据条件返回特定值

在"各年份"工作表的J列中，输入一个公式，使用"2018年"工作表中的数据返回每个省的人数。

考点提示： VLOOKUP函数

完成任务：

Step 01 将光标定位到"各年份"工作表的J4单元格→【公式】选项卡→点击【插入函数】，如图 **A** 所示。

Step 02 在【搜索函数】处输入文本"vlookup"→点击【转到】→点击【确定】，如图 **B** 所示。

Step 03 【函数参数】对话框，分别输入图示参数（在【Lookup_value】处输入：[@省]。【Table_array】处输入：情况2018[[省]:[2018年人数]]。【Col_index_num】处输入：2。【Range_lookup】处输入：false），点击【确定】，如图 **C** 所示。

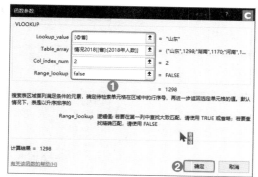

Step 04 公式结果会自动填充到【2018年人数】列，效果如图 **D** 所示。

任务4：添加计算字段

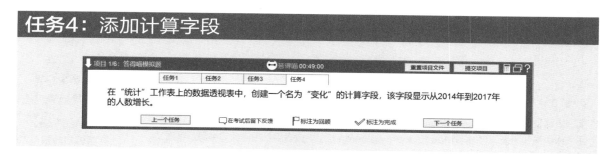

考点提示： 添加【计算字段】

完成任务：

Step 01 将光标定位到"统计"工作表上数据透视表任意单元格→数据透视表工具【分析】选项卡→选择【字段、项目和集】→点击【计算字段】，如图 **A** 所示。

Step 02 【插入计算字段】对话框，在【名称】处输入"变化"→在【公式】处输入"="→在下方的【字段】列表中选择【2017年人数】→点击【插入字段】，如图 **B** 所示。

Step 03 在【公式】内输入减号"－"→在下方的【字段】列表中选择【2014年人数】→点击【插入字段】→点击【确定】，如图 C 所示。

Step 04 设置好的效果如图 D 所示。

举一反三

计算字段的"求和项："是系统自动添加。

 温馨提示

由于篇幅有限且MOS2019题库具有更新性，本书将采用"互联网+"的方式来为你带来增补内容（增补内容中包含的模拟题和书上的不同，两者同等重要，都需要学习）。

增补内容领取方法：扫描本书封底涂层下二维码领取。

如操作中遇到困难，可访问https://dademiao.cn/doc/30，或者手机扫描**此二维码**查看图文。

手机扫一扫，
获取更新内容

Chapter 01
Chapter 02
Chapter 03
Chapter 04
Chapter 05
Chapter 06

04
Chapter

MOS
Word 2019

我们将通过MOS-Word 2019的实战模拟练习，来学习Word软件的相关考点。MOS-Word 2019分为两个级别：Exam MO-100:MOS:Microsoft Office Word 2019 Associate（以下简称Word 2019 Associate）、Exam MO-101:MOS: Microsoft Office Word 2019 Expert（以下简称Word 2019 Expert）。

建议普通文员以Word 2019 Associate为目标。秘书、教师等需要制作专业化、定制化文档，对Word水平要求高的专业人士以Word 2019 Expert为目标。两门考试可独立报考。

4.1 MOS Word 2019 Associate

MOS Word 2019 Associate每次考试从题库中抽取若干个项目。每个项目包含若干个任务，共计**35**个任务。

为了让你感觉身临其境，本书采取和考试一样的方式。以项目为单位安排任务，讲解题型。每个项目开头会注明对应项目文件的名称（在本书配套光盘里可找到所有项目文件），给出任务总览（便于依照任务描述作答）和各任务解题方法（以核对作答是否正确）。

软件是练会的，不是看会的

为保证最佳的学习效果，请按下列步骤进行。

Step 01 在本书的配套光盘中找到【对应项目文件】，打开。

Step 02 依照本书【任务总览】小节列出的任务描述，操作项目文件，完成任务。

Step 03 参考本书【任务1】等各小节内容，核对自己的解题方法是否正确。

项目 01 答得喵

对应项目文件（【答得喵】MOS2019-Word-S-P1-答得喵.zip），进入考题界面如下图所示，系统会帮你预设一个场景。

任务总览：请打开项目文件，依照任务描述，完成任务

本项目包含6个任务。

Step 01 打开项目文件，依照任务描述，完成任务。

Step 02 参考任务1—任务6的内容，核对自己的解题方法是否正确。

任务序号	任务描述
1	您为一家出版公司工作。您正在准备一份将要发送给潜在客户的文档。请将线条(时尚)样式集应用到文档中。
2	对表格的第一行文本应用不明显强调样式。
3	在"答得喵联系方式"这个标题前插入一个连续分节符。
4	将"答得喵资质"标题后面的三段内容设置为两栏。
5	设置表，使得表格的第一行作为标题行，在每个页面的顶部自动重复显示。
6	在"答得喵联系方式"标题下方空白段落中，从图片文件夹中插入答得喵考试中心图像。

任务1：应用文档样式集

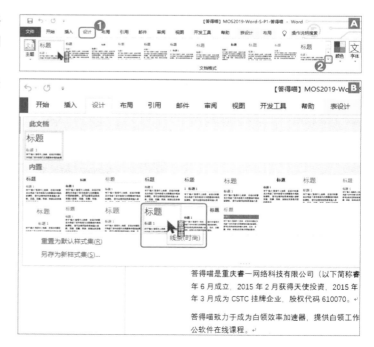

考点提示： 样式集

完成任务：

Step 01 【设计】选项卡→点击【文档格式】功能组的【其他】下拉按钮，如图 **A** 所示。

Step 02 在内置的选项列表中选择【线条（时尚）】样式集，如图 **B** 所示。

Step 03 设置好的文档效果如图 **C** 所示。

答得喵↵

·答得喵是谁

答得喵是重庆睿一网络科技有限公司（以下简称壹一网络）旗下的品牌。壹一网络于2014年6月成立，2015年2月获得天使投资，2015年12月获得"重庆科技小巨人"企业称号，2017年3月成为CSTC挂牌企业，股权代码610070。↵

答得喵致力于成为白领效率加速器，提供白领工作、生活幸福感。主要提供MS Office办公软件在线课程。↵

·答得喵考试中心可进行微软MOS认证考试

微软办公软件国际认证是微软公司、第三方国际认证机构、全球三大IT测验与教学研究中心之一的思递波（Certiport），于1997年向全球推出的，是微软唯一认可的，全球化的Office软件认证。↵

其英文全称为Microsoft Office Specialist，缩写为MOS，因此又被称为MOS认证、MOS考试、MOS认证考试等。↵

举一反三

样式集功能，顾名思义是样式的集合。餐厅的套餐是将各种菜品（主菜、小菜、汤、米饭等）打包在一起，Word的样式集是将各种样式（标题1样式、标题2样式、正文样式、明显强调样式等）打包在一起。通过切换样式集的操作，我们可以非常快速地切换Word文档的整体外观。

任务2：对文本应用样式

| 任务1 | 任务2 | 任务3 | 任务4 | 任务5 | 任务6 |

对表格的第一行文本应用不明显强调样式。

上一个任务　☐在考试后留下反馈　⚑标注为回顾　✔标注为完成　下一个任务

考点提示： 应用【样式】

完成任务：

Chapter
01

Chapter
02

Chapter
03

Chapter
04

Chapter
05

Chapter
06

Step 01 选择表格的第一行文本→【开始】选项卡→点击【样式】功能组的【其他】下拉按钮，如图 **A** 所示。

Step 02 选择【不明显强调】样式选项，如图 **B** 所示。

Step 03 设置好的效果如图 **C** 所示。

举一反三

我们之前提到样式集是样式的集合，其中的样式就是指本题所考察的这个功能。通过将样式应用到文本上，可以快速更改相应文本的外观。其中，标题1样式、标题2样式等样式的应用，更是生成自动目录的前提。插入目录的方法参见本书MOS Word 2019 Associate部分项目14任务4。

·答得喵的主要视频课程↵

软件↵	基础课程↵	MOS考试强化↵
Excel2019↵	✔↵	✔↵

AaBbCcD 正文　AaBbCcD 无间隔　AaBb 标题1　AaBbC 标题2　AaBbCcD 标题3

AaBbCcD 标题4　Hc 标题　AaBbC 副标题　AaBbCcD 不明显强调　AaBbCcD 强调

AaBbCcD 明显强调　**AaBbCcD** 要点　*AaBbCcD* 引用　*AaBbCcD* 明显引用　AaBbCcD 不明显参考

AABBCCD 明显参考　**AABBCCD** 书籍标题　AaBbCcD 列表段落

🅜 创建样式(S)

📝 清除格式(C)

🅐 应用样式(A)…

·答得喵的主要视频课程↵

软件↵	基础课程↵	MOS考试强化↵
Excel2019↵	✔↵	✔↵

任务3：插入分节符

考点提示：【分节符】

完成任务：

Step 01 将光标置于"答得喵联系方式"这个标题前→【布局】选项卡→选择【分隔符】下拉菜单，如图 **A** 所示。

Step 02 选择【连续】分节符，如图 **B** 所示。

举一反三

在隐藏编辑标记的情况下，插入连续分节符文档外观并不会发生立竿见影的变化。如果之后你进行设置页面颜色、页面边框、纸张方向、页边距等操作时，可以感受到插入连续分节符前后文档外观的不同。提示："分节符"产生的影响三言两语难以尽述，在编辑篇幅较长的文档，如：论文、标书、书籍、刊物时非常有用，如果对这部分内容想要深入了解，建议进行系统化的学习。

分页符

分页符(P)
标记一页结束与下一页开始的位置。

分栏符(C)
指示分栏符后面的文字将从下一栏开始。

自动换行符(T)
分隔网页上的对象周围的文字，如分隔题注文字与正文。

分节符

下一页(N)
插入分节符并在下一页上开始新节。

连续(O)
插入分节符并在同一页开始新节。

偶数页(E)
插入分节符并在下一偶数页上开始新节。

奇数页(D)
插入分节符并在下一奇数页上开始新节。

任务4：分栏

考点提示： 分栏

完成任务：

Step 01 选择标题"答得喵资质"后面的三段文本内容→【布局】选项卡→【栏】下拉菜单→选择【两栏】，如图 **A** 所示。

Step 02 设置好的效果如图 **B** 所示（图片中的分节符（连续）可能不会显示出现，详见"举一反三"专栏）。

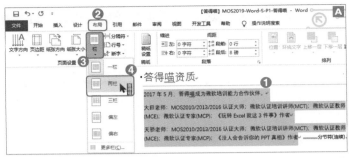

举一反三
分栏操作会自动添加分节符(连续)。分节符(连续)属于编辑标记（也称格式标记），只有在显示编辑标记的情况下才会被看到。如果你想更改其显示/隐藏状态，可以使用快捷键【Ctrl + Shift + *】（部分电脑需要使用【Ctrl + *】）。温馨提示，使用快捷键时不要使用小键盘。

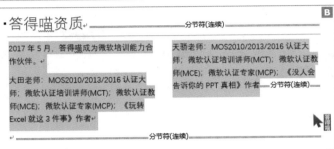

任务5：重复表格标题行

考点提示：【重复标题行】

完成任务：

Step 01 选择表格标题行中的任意一个单元格→表格的【布局】选项卡→【重复标题行】按钮，如图 **A** 所示。

Step 02 完成后，在第二页的表格上也会自动显示出标题行，如图 **B** 所示。

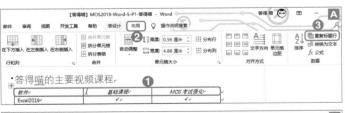

任务6：插入图片

考点提示：【插入】-【图片】

完成任务：

Step 01 将光标定位到"答得喵联系方式"标题下方的空白段落处→【插入】选项卡→【图片】按钮，如图 **A** 所示。

Step 02 选择素材【答得喵考试中心.jpg】→【插入】按钮，如图 **B** 所示。

Step 03 设置好的效果如图 **C** 所示。

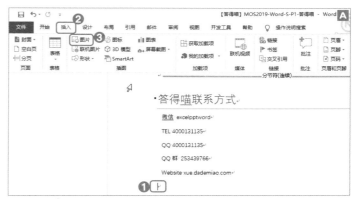

02　PPT真相

对应项目文件（【答得喵】MOS2019-Word-S-P2-PPT真相.zip），进入考题界面如下图所示，系统会帮你预设一个场景。

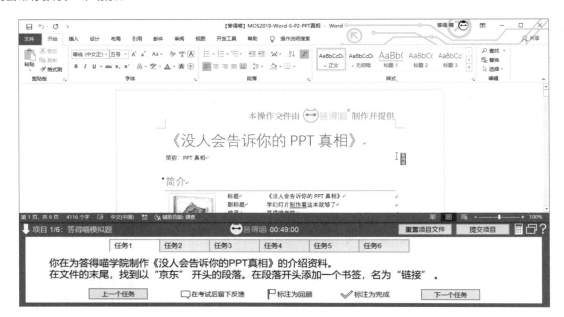

任务总览：请打开项目文件，依照任务描述，完成任务

本项目包含6个任务。

Step 01 打开项目文件，依照任务描述，完成任务。

Step 02 参考任务1—任务6的内容，核对自己的解题方法是否正确。

任务序号	任 务 描 述
1	你在为答得喵学院制作《没人会告诉你的PPT真相》的介绍资料。 在文件的末尾，找到以"京东"开头的段落。在段落开头添加一个书签，名为"链接"。
2	在"读者评价"部分的空白段落中，插入一个有五行和两列的表。在第一行中，在左单元格中插入"读者"，在右边单元格中插入"评价"。然后使表格大小匹配内容。
3	找到"特别服务"标题下方的编号列表，将列表编号开始值设置为"111"。
4	在第3页底部的空白空间中，插入一个包含"《没人会告诉你的PPT真相》"文本内容的卷形：水平形状。将形状位置设置为底端居中，四周型文字环绕。形状的大小无所谓。
5	在第1页中，将图片边框的颜色更改为蓝色，个性色1，深色25%。
6	更改SmartArt图形内容的显示，使大纲内容从1到9，从左到右。不要更改文本窗格中项目的顺序。

任务1：插入书签

考点提示： 插入【书签】

完成任务：

Step 01 将光标定位于文本"京东"前→
【插入】选项卡→【书签】按钮，如图 **A**
所示。

Step 02 在【书签名】处输入"链接"→
点击【添加】按钮，如图 **B** 所示。

举一反三

在隐藏编辑标记的情况下，插入书签后，文档
外观并不会发生立竿见影的变化。Word中的
书签，和你在一本实体书中插入的书签一样，
用于记录看到的位置和快速找到这个位置。对
于插入好的书签，你可以在书签对话框中找
到，将其选中然后点击【定位】，可快速跳转
到相应位置。

任务2：插入表格

考点提示： 插入【表格】

完成任务：

Step 01 将光标定位于"读者评价"部分
的空白段落中→【插入】选项卡→【表
格】下拉菜单，如图 **A** 所示。

Step 02 用鼠标选择一个2×5的五行两列的表格，如图 B 所示。

Step 03 在表格第一行的两个单元格分别输入"读者"和"评价"→【布局】选项卡→【自动调整】下拉菜单→选择【根据内容自动调整表格】，如图 C 所示。

Step 04 设置好的效果如图 D 所示。

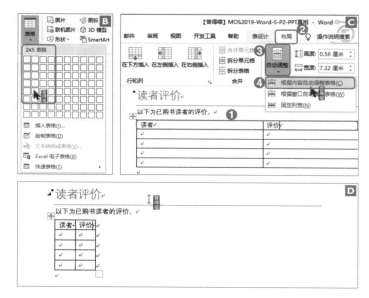

任务3：修改编号起始值

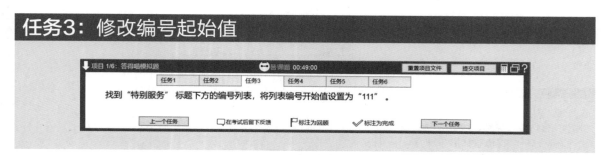

找到"特别服务"标题下方的编号列表，将列表编号开始值设置为"111"。

考点提示： 重新设置编号

完成任务：

Step 01 将光标定位于"特殊服务"标题下方的编号列表处，如图 A 所示。

Step 02 鼠标右键，选择【设置编号值】，如图 B 所示。

Step 03 在【值设置为】处，输入"111"→点击【确定】按钮，如图 C 所示。

Step 04 设置好的效果如图 D 所示。

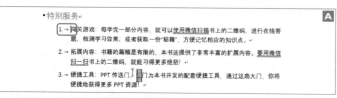

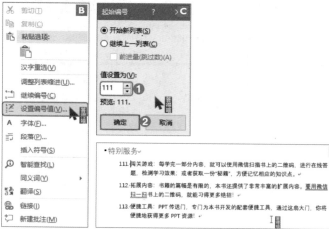

Chapter 01
Chapter 02
Chapter 03
Chapter 04
Chapter 05
Chapter 06

任务4：插入形状

考点提示： 插入【形状】

完成任务：

Step 01 将光标定位到第3页底部的结尾部分→【插入】选项卡→【形状】按钮，如图 **A** 所示。

Step 02 选择形状列表中的【卷行：水平】形状，如图 **B** 所示。

Step 03 在第三页的底部用鼠标点击一下，插入一个【卷行：水平】的形状，如图 **C** 所示。

Step 04 【形状格式】选项卡→选择【位置】下拉菜单，如图 **D** 所示。

Step 05 选择【位置】列表中的【底端居中，四周文字环绕】，如图 **E** 所示。

Step 06 在形状上单击鼠标右键，选择【添加文字】，如图 **F** 所示。

Step 07 在设置好位置的形状中输入文字"《没人会告诉你的PPT真相》"，最终效果如图 **G** 所示。

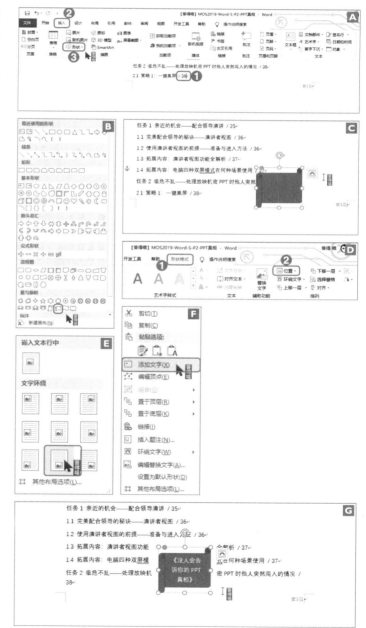

任务5：设置图片边框

在第1页中，将图片边框的颜色更改为蓝色，个性色1，深色25%。

上一个任务　　☐在考试后留下反馈　　⚑标注为回顾　　✓标注为完成　　下一个任务

考点提示：【图片边框】

完成任务：

Step 01 选择第一页上的图片→【图片格式】选项卡→点击【图片边框】下拉菜单，如图 A 所示。

Step 02 选择颜色菜单中的【蓝色，个性色1，深色25%】，如图 B 所示。

Step 03 设置好的效果如图 C 所示。

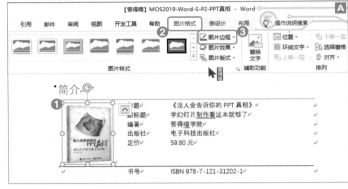

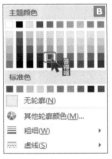

任务6：修改SmartArt图形的流程顺序

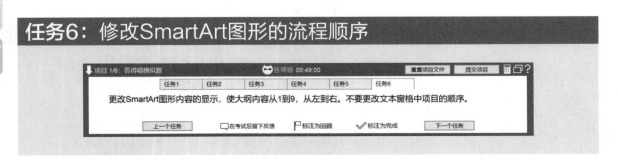

考点提示： 修改SmartArt图形的流程顺序

完成任务：

Step 01 选择第2页上的SmartArt图形→
【SmartArt设计】选项卡→取消选择
【从右到左】，如图 **A** 所示。

Step 02 设置好的效果如图 **B** 所示。

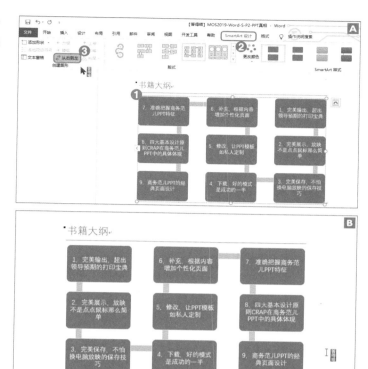

项目

03 一页备忘

对应项目文件（【答得喵】MOS2019-Word-S-P3-一页备忘.zip），进入考题界面如下图所示，系统会帮你预设一个场景。

任务总览：请打开项目文件，依照任务描述，完成任务

本项目仅包含1个任务。

Step 01 打开项目文件，依照任务描述，完成任务。

Step 02 参考任务1的内容，核对自己的解题方法是否正确。

任务序号	任 务 描 述
1	您在Word中创建了一个备忘录，然后决定以文本消息的形式发送信息。 将文档的副本在文档文件夹中保存为一个名为"备忘"的纯文本文件。

任务1：以纯文本格式保存文档

考点提示： 以纯文本格式保存文档

完成任务：

Step 01 选择文档左上角的【文件】选项卡，如图 A 所示。

Step 02 点击【另存为】→选择【这台电脑】，如图 B 所示。

Step 03 将保存路径选择为【文档】文件夹→【文件名】处输入为"备忘"→【保存类型】设置为【纯文本】→点击【保存】按钮，如图 C 所示。

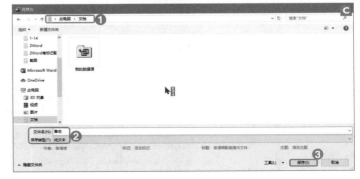

Chapter 01
Chapter 02
Chapter 03
Chapter 04
Chapter 05
Chapter 06

Step 04 点击【确定】按钮，效果如图 **D** 所示。

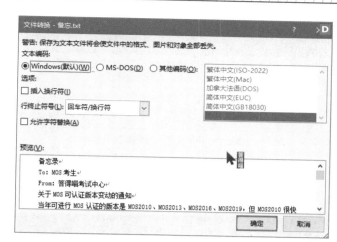

<table><tr><td>项 目</td></tr><tr><td><h1>04 MOS成绩</h1></td></tr></table>

对应项目文件（【答得喵】MOS2019-Word-S-P4-MOS成绩.zip），进入考题界面如下图所示，系统会帮你预设一个场景。

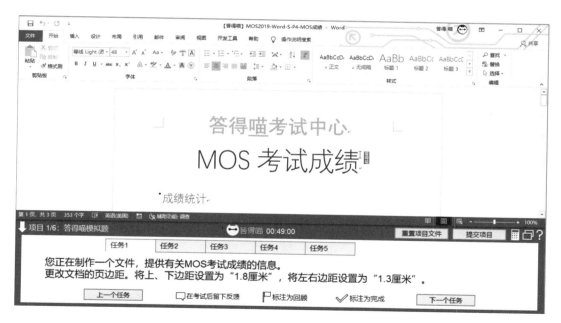

任务总览：请打开项目文件，依照任务描述，完成任务

本项目包含5个任务。

Step 01 打开项目文件，依照任务描述，完成任务。

Step 02 参考任务1—任务5的内容，核对自己的解题方法是否正确。

任务序号	任务描述
1	您正在制作一个文件，提供有关MOS考试成绩的信息。 更改文档的页边距。将上、下边距设置为"1.8厘米"，将左右边距设置为"1.3厘米"。
2	检查文档中的可访问性问题。使用第一个建议的操作来纠正检查结果报告中的问题。
3	在"关于MOS考试"部分中，清除以"什么是MOS考试"为段落开头的这个段落的所有格式。
4	在第一个表格中，将单元格间距设置为"0.05 cm"。
5	将文档中的所有尾注转换为脚注。

任务1：自定义页边距

考点提示： 自定义【页边距】

完成任务：

Step 01 选择【布局】选项卡→【页边距】下拉按钮→【自定义页边距】选项，如图 **A** 所示。

Step 02 在【页边距】选项卡，按照题目要求设置好页边距数值→点击【确定】，如图 **B** 所示。

Step 03 设置好的效果如图 **C** 所示。

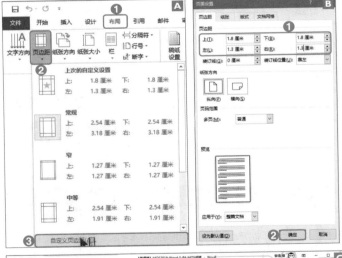

Chapter 01
Chapter 02
Chapter 03
Chapter 04
Chapter 05
Chapter 06

任务2: 检查文档中可访问性问题

考点提示: 检查文档中可访问性问题

完成任务:

Step 01 选择【审阅】选项卡→选择【检查辅助功能】按钮,如图 **A** 所示。

Step 02 选择【辅助功能检查器】中【错误】下的【无标题行】→选择弹出的【表】右边的下拉菜单→按照题目要求使用第一个建议的操作【将第一行用作标题】,如图 **B** 所示。

Step 03 设置好的效果如图 **C** 所示。

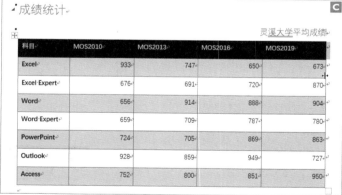

成绩统计

科目	MOS2010	MOS2013	MOS2016	MOS2019
Excel	933	747	650	673
Excel Expert	676	691	720	870
Word	656	914	888	904
Word Expert	659	709	787	780
PowerPoint	724	705	869	863
Outlook	928	859	949	727
Access	752	800	851	950

灵溪大学平均成绩

任务3: 清除文本格式

考点提示:【清除所有格式】

完成任务:

`Step 01` 选择文档中"什么是MOS考试"为段落开头的段落文本→【开始】选项卡→选择【清除所有格式】按钮,如图 **A** 所示。

`Step 02` 清除格式后的效果如图 **B** 所示。

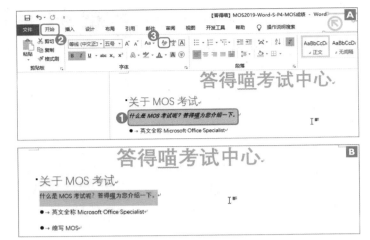

任务4: 修改单元格边距

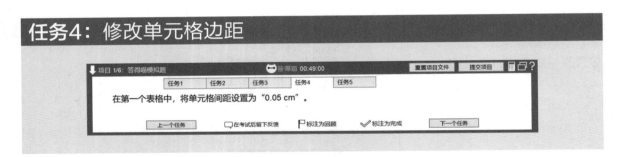

考点提示:【单元格边距】

完成任务:

`Step 01` 将光标置于第一个表格的任意一个单元格中(比如图中所示位置)→点击表格【布局】选项卡→选择【单元格边距】按钮,如图 **A** 所示。

`Step 02` 勾选上【允许调整单元格间距】→将数值设置为"0.05厘米"→点击【确定】,如图 **B** 所示。

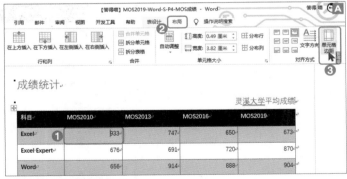

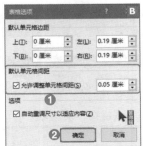

Step 03 设置好的效果如图 **C** 所示。

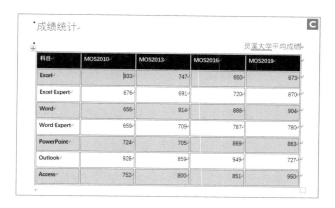

图 **C** 成绩统计

科目	MOS2010	MOS2013	MOS2016	MOS2019
Excel	933	747	650	673
Excel Expert	676	691	720	870
Word	656	914	888	904
Word Expert	659	709	787	780
PowerPoint	724	705	869	863
Outlook	928	859	949	727
Access	752	800	851	950

任务5：尾注转换为脚注

将文档中的所有尾注转换为脚注。

考点提示： 尾注转换为脚注

完成任务：

Step 01 我们观察到文档最后，即第二页上有2个尾注。点击【引用】选项卡→选择【脚注】功能组的右下角的箭头，如图 **A** 所示。

Step 02 点击【转换】按钮→选择【尾注全部转换为脚注】（如果已经选到则无须操作）→点击【确定】按钮→关闭脚注和尾注对话框，如图 **B** 所示。

Step 03 设置好后第二页的尾注会转换成脚注，并移动到第一页，其效果如图  所示。

项目

05 MOS 2016高分必看

对应项目文件（【答得喵】MOS 2019-Word-S-P5-MOS 2016高分必看.zip），进入考题界面如下图所示，系统会帮你预设一个场景。

任务总览：请打开项目文件，依照任务描述，完成任务

本项目仅包含1个任务。

Step 01 打开项目文件，依照任务描述，完成任务。

Step 02 参考任务1的内容，核对自己的解题方法是否正确。

任务序号	任务描述
1	您正在为答得喵审阅所著书籍《MOS Office2016 七合一高分必看》的介绍文档。 请修改文档，使其离开兼容模式。

任务1：设置文档兼容模式

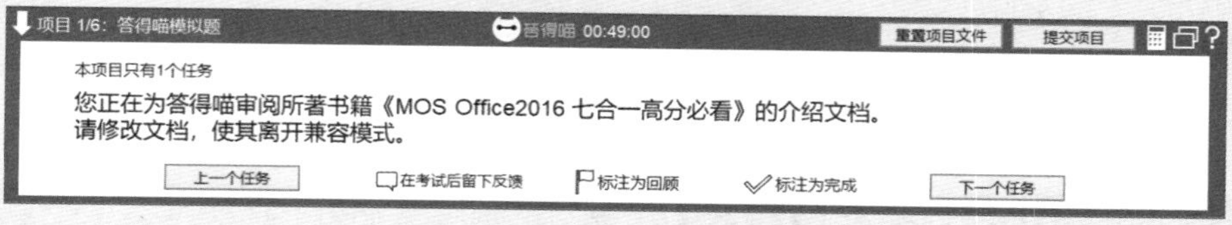

考点提示： 设置文档【兼容模式】

完成任务：

Step 01 通过文档上方的文件名，我们观察到文档处于【兼容模式】，点击【文件】选项卡，如图 **A** 所示。

Step 02 在【信息】页面→点击【兼容模式】的【转换】按钮，如图 **B** 所示。

Step 03 然后点击【确定】按钮，如图 **C** 所示。

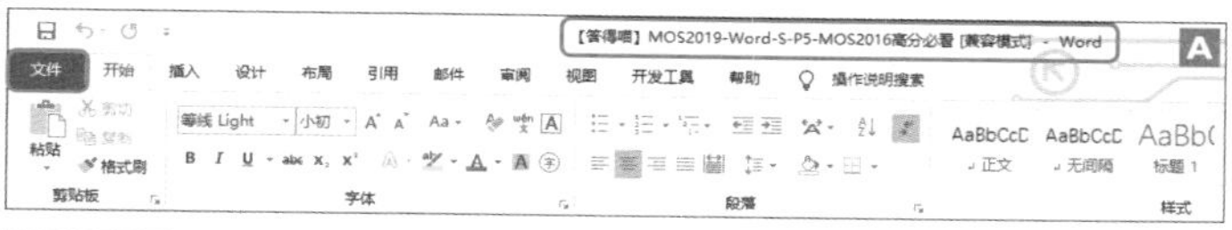

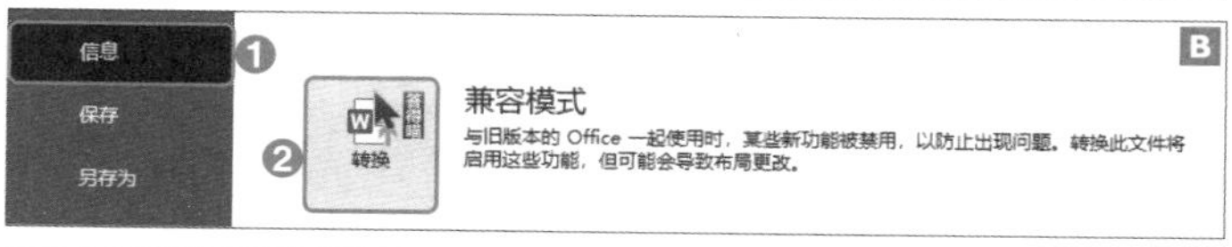

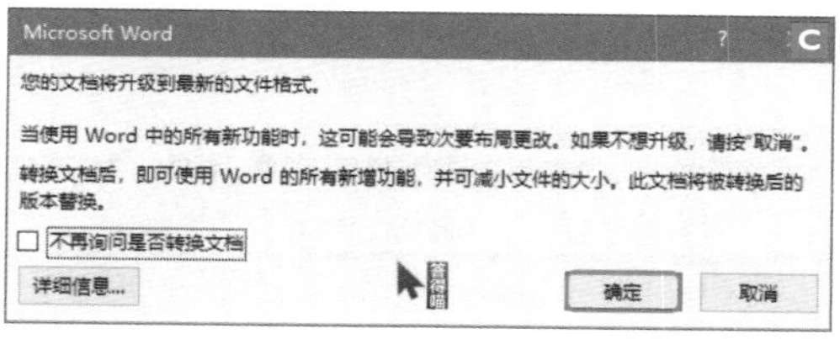

举一反三

Word中部分功能是根据文档的实际情况来出现或隐藏的。比如，信息页面的兼容模式转换功能，只有当文档处于兼容模式时，这个功能才会显示出来。

项目 06 招聘计划

对应项目文件（【答得喵】MOS2019-Word-S-P6-招聘计划.zip），进入考题界面如下图所示，系统会帮你预设一个场景。

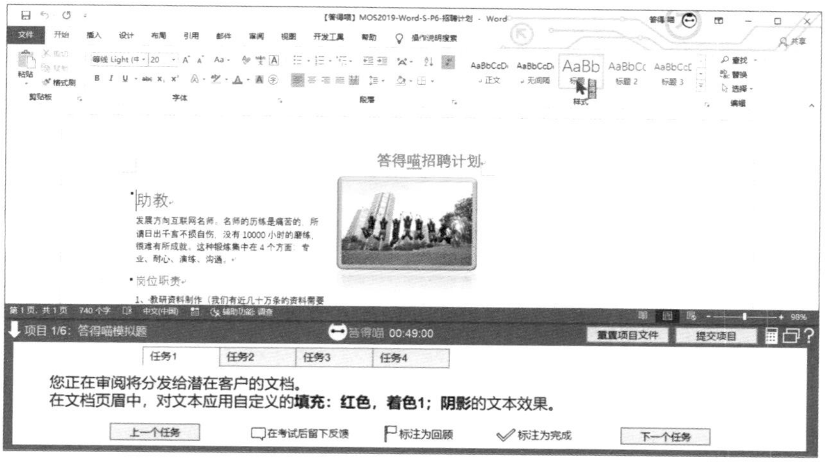

任务总览：请打开项目文件，依照任务描述，完成任务

本项目包含4个任务。

Step 01 打开项目文件，依照任务描述，完成任务。

Step 02 参考任务1—任务4的内容，核对自己的解题方法是否正确。

任务序号	任 务 描 述
1	您正在审阅将分发给潜在客户的文档。 在文档页眉中，对文本应用自定义的填充：红色，着色1；阴影的文本效果。
2	在"答得喵联系方式"部分中，将项目列表更改为使用自定义项目符号字符。自定义项目符号使用Segoe UI Emoji字体和字符代码"274A"（八泪珠形轮辐推进器星号）。
3	在"任职资格"标题后的第5行中，在"课程"一词后插入脚注"《零基础直达MOS大师级》等"。
4	接受文档中的所有插入和删除，并拒绝所有格式更改。

任务1：设置文本效果

考点提示：【文本效果和版式】

完成任务：

Step 01 双击文档的页眉文字位置，进入页眉和页脚编辑模式，选中文档的页眉文本"答得喵招聘计划"→点击【开始】选项卡→选择【文本效果和版式】按钮，如图 **A** 所示。

Step 02 选择题目要求的文本效果，如图 **B** 所示。

Step 03 【页眉和页脚】选项卡→选择【关闭页眉和页脚】按钮，退出页眉和页脚编辑模式，如图 **C** 所示。

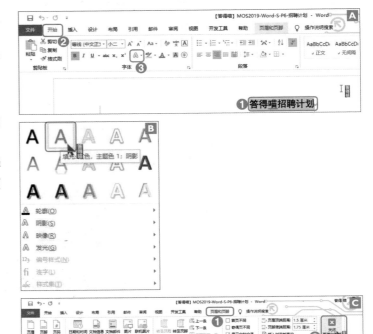

Step 04 设置好的效果如图 **D** 所示。

任务2：自定义项目符号

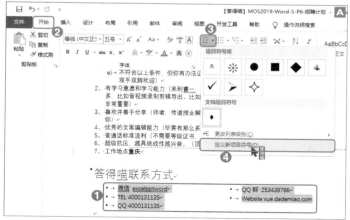

考点提示： 自定义项目符号

完成任务：

Step 01 选择"答得喵联系方式"标题下面的项目列表→【开始】选项卡→选择【项目符号】→【定义新项目符号】，如图 **A** 所示。

Step 02 选择【符号】按钮，如图 **B** 所示。

Step 03 将【字体】设置为【Segoe UI Emoji】→【字符代码】处输入"274A"→确认选中的符号是题目要求的【八泪珠形轮辐推进器星号】→选择【确定】按钮，如图 **C** 所示。

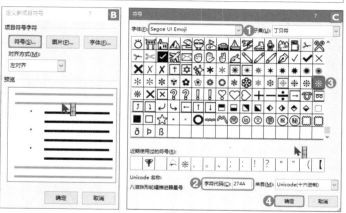

Step 04 点击【确定】按钮，如图 **D** 所示。

Step 05 设置好的效果如图 **E** 所示。

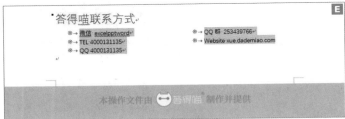

任务3：插入脚注

在"任职资格"标题后的第5行中，在"课程"一词后插入脚注"《零基础直达MOS大师级》等"。

考点提示:【插入脚注】

完成任务:

Step 01 将光标定位于"课程"后面→【引用】选项卡→选择【插入脚注】按钮，如图 **A** 所示。

Step 02 输入脚注内容"《零基础直达MOS大师级》等"，如图 **B** 所示。

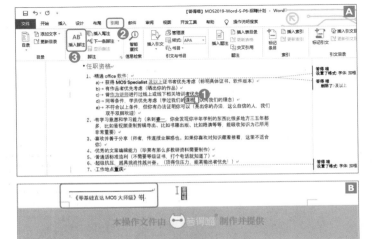

任务4：接受或拒绝修订

考点提示： 接受或拒绝指定类型的修订

完成任务：

Step 01 先将光标移动到正文中（正文中任意位置都可以）→【审阅】选项卡→确认显示的是【所有标记】→【显示标记】下拉菜单→取消对其他标记的勾选，确保只勾选了【插入和删除】，如图 **A** 所示。

Step 02 【接受】下拉菜单→选择【接受所有显示的修订】选项，如图 **B** 所示。

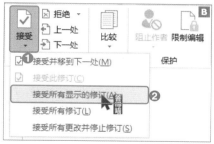

Step 03 重新设置【显示标记】，取消掉其他标记的勾选，确保只勾选了【设置格式】，如图 **C** 所示。

Step 04 【拒绝】下拉菜单→选择【拒绝所有显示的修订】，如图 **D** 所示。

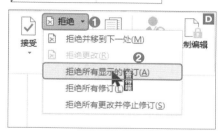

07 PPT真相目录

对应项目文件（【答得喵】MOS2019-Word-S-P7-PPT真相目录.zip），进入考题界面如下图所示，系统会帮你预设一个场景。

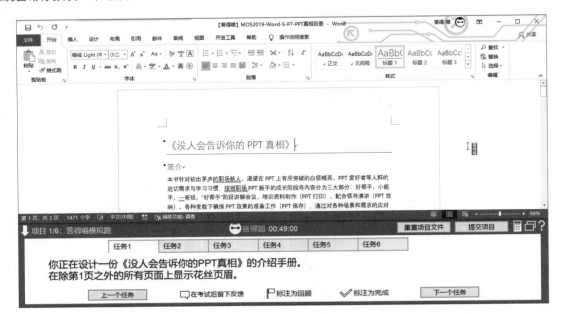

任务总览：请打开项目文件，依照任务描述，完成任务

Chapter 01
Chapter 02
Chapter 03
Chapter 04
Chapter 05
Chapter 06

本项目包含6个任务。

Step 01 打开项目文件，依照任务描述，完成任务。

Step 02 参考任务1—任务6的内容，核对自己的解题方法是否正确。

任务序号	任 务 描 述
1	你正在设计一份《没人会告诉你的PPT真相》的介绍手册。在除第1页之外的所有页面上显示花丝页眉。
2	在"第二张地图 龙战于野"部分，在句子"一份精致大气条理分明的PPT会为工作加分不少。"之前插入一个奖杯符号。使用Webdings字体和字符代码"37"（奖杯符号）。
3	将整个文档的行距设置为1.3行。
4	在"特别服务"部分中，继续对第二列顶部的列表进行编号，使得列表项显示为从1到3的编号。
5	在"简介"部分中，将柔圆形状效果应用于SmartArt图形。（请确保选择整个SmartArt图形）
6	在"第三张地图 双龙出海"部分，将图片的环绕文字设置为四周型。

任务1：设置页眉

↓ 项目 1/6：答得喵模拟题　　　⏱ 答得喵 00:49:00　　　重置项目文件　提交项目

| 任务1 | 任务2 | 任务3 | 任务4 | 任务5 | 任务6 |

你正在设计一份《没人会告诉你的PPT真相》的介绍手册。
在除第1页之外的所有页面上显示花丝页眉。

上一个任务　　□在考试后留下反馈　⚑标注为回顾　✓标注为完成　　下一个任务

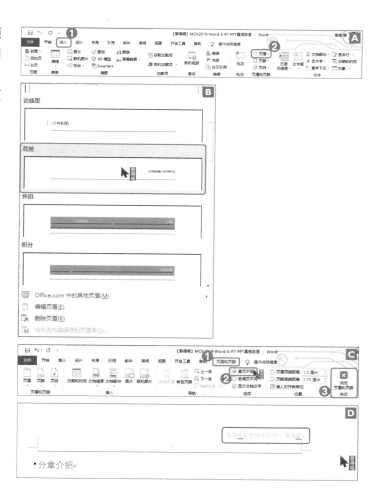

考点提示： 插入【页眉】

完成任务：

Step 01 【插入】选项卡→【页眉和页脚】功能组的【页眉】按钮，如右图 **A** 所示。

Step 02 在页眉列表里选择【花丝】页眉，如图 **B** 所示。

Step 03 【页眉和页脚】选项卡→勾选上【首页不同】→选择【关闭页眉和页脚】，如图 **C** 所示。

Step 04 设置好后，第1页不显示页眉，其他页显示页眉，效果如图 **D** 所示。

任务2：插入符号

↓ 项目 1/6：答得喵模拟题　　　⏱ 答得喵 00:49:00　　　重置项目文件　提交项目

| 任务1 | 任务2 | 任务3 | 任务4 | 任务5 | 任务6 |

在"第二张地图 龙战于野"部分，在句子"一份精致大气条理分明的PPT会为工作加分不少。"之前插入一个奖杯符号。使用Webdings字体和字符代码"37"（奖杯符号）。

上一个任务　　□在考试后留下反馈　⚑标注为回顾　✓标注为完成　　下一个任务

考点提示： 插入【符号】

完成任务：

Step 01 将光标定位到题目要求的文本前→【插入】选项卡→【符号】→【其他符号】，如图 **A** 所示。

Step 02 将【字体】设置为【Webdings】→【字符代码】处输入"37"→点击【插入】按钮，如图 **B** 所示。

Step 03 关闭符号对话框，设置好的效果如图 **C** 所示。

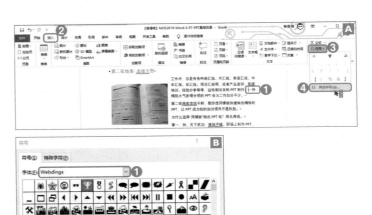

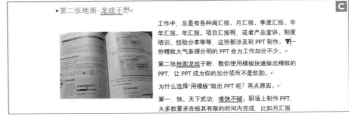

任务3：修改文本行间距

考点提示：【行距】设置

完成任务：

Step 01 使用键盘上的【Ctrl+A】全选整个文档→【布局】选项卡→【段落】功能组的对话框启动器按钮，如图 **A** 所示。

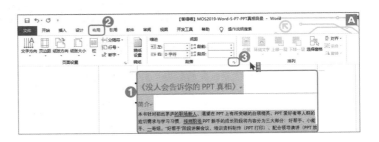

Chapter 01
Chapter 02
Chapter 03
Chapter 04
Chapter 05
Chapter 06

Step 02 将【行距】设置为【多倍行距】→【设置值】输入"1.3"→点击【确定】按钮，如图 **B** 所示。

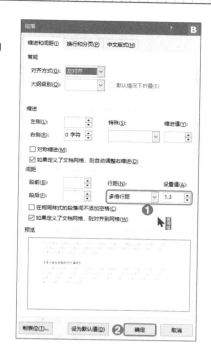

任务4：设置列表编号

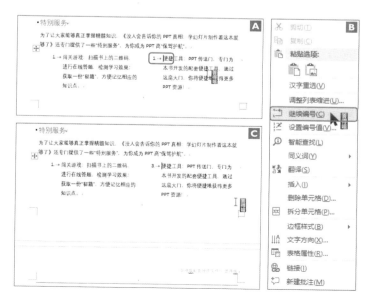

考点提示： 设置列表编号

完成任务：

Step 01 将光标定位于第二列顶部的列表，鼠标右键，如图 **A** 所示。

Step 02 选择【继续编号】，如图 **B** 所示。

Step 03 设置好的效果如图 **C** 所示。

任务5：设置SmartArt图形

考点提示：【形状效果】

完成任务：

Step 01 选择整个SmartArt图形（注意不要选择其中的一个）→【SmartArt格式】选项卡→【形状效果】下拉菜单，如图 **A** 所示。

Step 02 选择【棱台】形状效果，如图 **B** 所示。

Step 03 在【棱台】效果列表中选择【柔圆】效果，如图 **C** 所示。

Step 04 设置好的效果如图 **D** 所示。

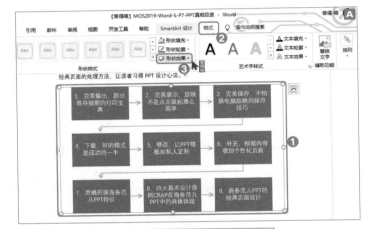

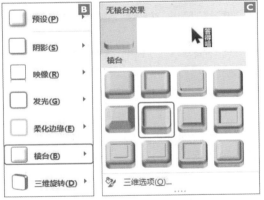

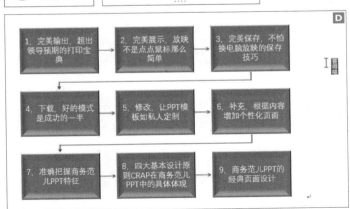

Chapter 01
Chapter 02
Chapter 03
Chapter 04
Chapter 05
Chapter 06

- 242 -

任务6：设置图片环绕文字效果

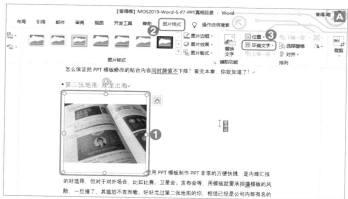

考点提示：【环绕文字】

完成任务：

Step 01 选择"第三张地图 双龙出海"部分的图片→【图片格式】选项卡→选择【环绕文字】下拉菜单，如图 **A** 所示。

Step 02 选择【四周型】环绕效果，如图 **B** 所示。

Step 03 设置好的效果如图 **C** 所示。

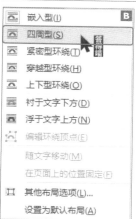

项目

08 PPT真相介绍

对应项目文件（【答得喵】MOS2019-Word-S-P8-PPT真相介绍.zip），进入考题界面如下图所示，系统会帮你预设一个场景。

任务总览：请打开项目文件，依照任务描述，完成任务

本项目包含6个任务。

Step 01 打开项目文件，依照任务描述，完成任务。

Step 02 参考任务1—任务6的内容，核对自己的解题方法是否正确。

任务序号	任 务 描 述
1	你为答得喵工作。你正在准备一份文件，介绍《没人会告诉你的PPT真相》这本书。在文件属性中，添加类别为"PPT真相"。
2	使用Word功能将文档中的所有"PPT"替换为"POWERPOINT"。
3	在"内容安排"部分，合并表格第一行的单元格。
4	重新生成目录以仅显示1级标题。
5	在"第二张地图 龙战于野"部分，将图片的环绕文字设置为四周型。
6	在"第三张地图 双龙出海"部分中，将批注标记为已解决。

任务1: 文档属性管理

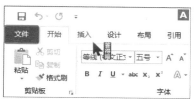

考点提示: 文档属性管理

完成任务:

Step 01 点击【文件】选项卡,如图 **A** 所示。

Step 02 选择【信息】选项→点击【属性】处的【高级属性】,如图 **B** 所示。

Step 03 在【类别】处输入文本"PPT真相"→点击【确定】按钮如图 **C** 所示。

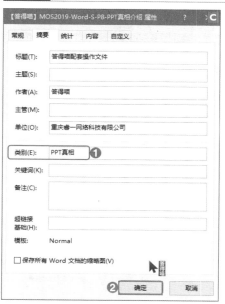

任务2：替换文本

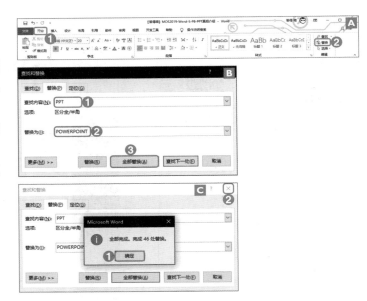

考点提示：【查找】和【替换】

完成任务：

Step 01 【开始】选项卡→【替换】按钮，如图 **A** 所示。

Step 02 【查找和替换】对话框的【替换】选项卡→【查找内容】文本框输入文本"PPT"，【替换为】文本框输入"PO-WERPOINT"→点击【全部替换】按钮，如图 **B** 所示。

Step 03 在替换结果处点击【确定】→点击右上角的关闭，如图 **C** 所示。

任务3：合并单元格

考点提示：【合并单元格】

完成任务：

Step 01 选择表格的第一行单元格→表格【布局】选项卡→选择【合并单元格】按钮，如图 **A** 所示。

Step 02 设置好的效果如图 **B** 所示。

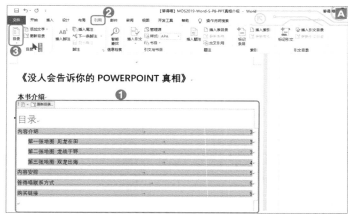

内容安排

介绍"每张地图"包括哪些"关卡"。

内容安排	
模块	章标题
第一张地图·见龙在田	• → 第一关 完美输出——超出领导预期的打印宝典
	• → 第二关 完美展示——放映不是点鼠标那么简单
	• → 第三关 完美保存——不怕换电脑放映的保存技法

任务4：设置目录显示级别

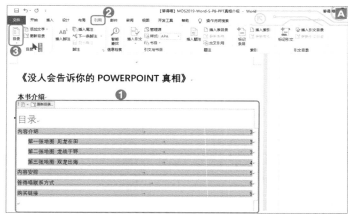

考点提示： 设置目录显示级别

完成任务：

Step 01 选择目录→【引用】选项卡→点击【目录】下拉菜单，如图 **A** 所示。

Step 02 选择【自定义目录】，如图 **B** 所示。

Step 03 【显示级别】设置为"1"→点击【确定】，如图 **C** 所示。

Step 04 点击【确定】，如图 **D** 所示。

Step 05 设置好的效果如图 **E** 所示。

任务5：设置图片环绕文字效果

在"第二张地图 龙战于野"部分，将图片的环绕文字设置为四周型。

考点提示：【环绕文字】

完成任务：

Step 01 选择"第二张地图 龙战于野"部分的图片→【图片格式】选项卡→选择【环绕文字】下拉菜单，如图 **A** 所示。

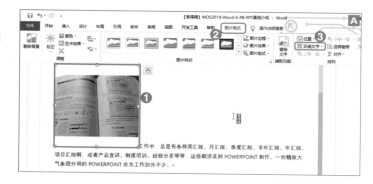

Step 02 选择【四周型】环绕效果，如图
B 所示。

Step 03 设置好的效果如图 **C** 所示。

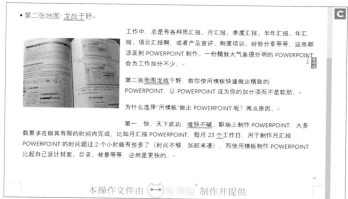

任务6：标记批注为已解决

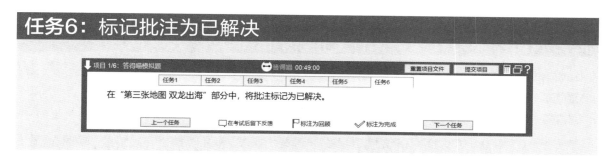

考点提示： 标记批注

完成任务：

将光标定位到"第三张地图 双龙出海"部分的批注→点击【解决】按钮，如图 **A** 所示。

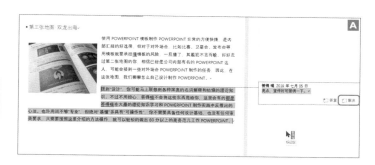

举一反三

若批注未显示，可以打开【审阅】选项卡，【修订】功能组，将标记改为【所有标记】。早期版本不会在批注窗格中直接显示出【解决】按钮。此时可以选中批注，点击右键，在右键菜单中选择【将批注标记为已解决】。

对应项目文件（【答得喵】MOS2019-Word-S-P9-答得喵出版物.zip），进入考题界面如下图所示，系统会帮你预设一个场景。

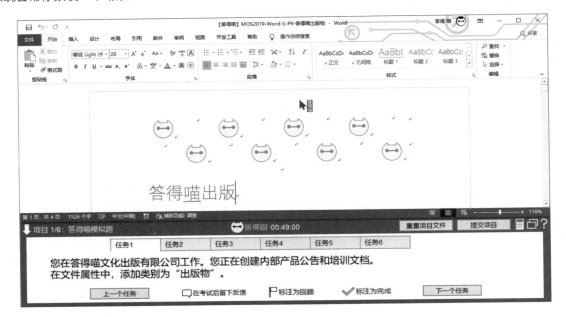

任务总览：请打开项目文件，依照任务描述，完成任务

本项目包含6个任务。

Step 01 打开项目文件，依照任务描述，完成任务。

Step 02 参考任务1—任务6的内容，核对自己的解题方法是否正确。

任务序号	任 务 描 述
1	您在答得喵文化出版有限公司工作。您正在创建内部产品公告和培训文档。 在文件属性中，添加类别为"出版物"。
2	在"答得喵名师团队"一节中，复制第一段的格式并将其应用于第二段。
3	在"MOS2019高分必看"部分，排序表格数据，先按"软件"升序排序，再按"考试科目"升序排序。
4	在"MOS2016高分必看"部分，将"MOS认证考试在线购买、预约及服务平台"的列表级别更改为级别2。
5	在"答得喵联系方式"部分，在页面末尾的空白段落中，使用3D模型功能插入3D对象文件夹中的雷克斯暴龙模型。将模型与文本放在一行中。
6	在"PPT真相"部分，对PPT真相书籍图片应用铅笔素描艺术效果。

任务1：文档属性管理

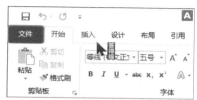

↓ 项目 1/6：答得喵模拟题　　答得喵 00:49:00　　重置项目文件　提交项目

任务1　任务2　任务3　任务4　任务5　任务6

您在答得喵文化出版有限公司工作。您正在创建内部产品公告和培训文档。
在文件属性中，添加类别为"出版物"。

上一个任务　☐ 在考试后留下反馈　⚑ 标注为回顾　✓ 标注为完成　下一个任务

考点提示： 文档属性管理

完成任务：

Step 01 点击【文件】选项卡，如图 A 所示。

Step 02 选择【信息】选项→点击【属性】处的【高级属性】，如图 B 所示。

Step 03 在【类别】处输入文本"出版物"→点击【确定】按钮如图 C 所示。

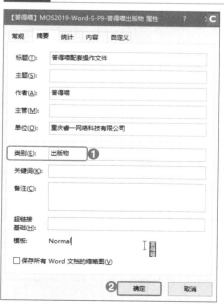

任务2：复制文本格式

考点提示：【格式刷】

完成任务：

Step 01 选中第一段文本→【开始】选项卡→单击【格式刷】工具，鼠标进入格式刷模式，如图 **A** 所示。

Step 02 用鼠标选中整个第二段文本，将格式刷给第二段文本，同时自动结束格式刷模式，如图 **B** 所示。

Step 03 设置好的效果如图 **C** 所示。

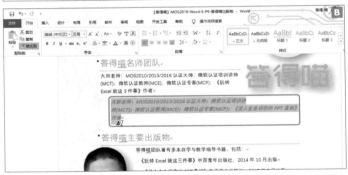

Chapter 01

Chapter 02

Chapter 03

Chapter 04

Chapter 05

Chapter 06

举一反三

除了本任务使用过的单击【格式刷】，还有双击【格式刷】。当我们需要为多个不连续的内容进行刷格式动作时，可以考虑使用双击【格式刷】，双击【格式刷】后，如果想要鼠标退出格式刷模式，可以通过再次单击【格式刷】功能即可退出。

任务3：对表格排序

在"MOS2019高分必看"部分，排序表格数据，先按"软件"升序排序，再按"考试科目"升序排序。

考点提示： 表格排序

完成任务：

Step 01 将鼠标光标定位于表格的任意单元格中→表格【布局】选项卡→【排序】按钮，如图 **A** 所示。

Step 02 【主要关键字】设置为【软件】，并且设置为【升序】→【次要关键字】设置为【考试科目】，并且设置为【升序】→点击【确定】，如图 **B** 所示。

Step 03 设置好的效果如图 **C** 所示。

考试科目↵	软件↵	**C**
Access·Expert↵	Access↵	
Excel·Associate↵	Excel↵	
Excel·Expert↵	Excel↵	
Outlook·Associate↵	Outlook↵	
PPT·Associate↵	PowerPoint↵	
Word·Associate↵	Word↵	
Word·Expert↵	Word↵	

任务4：修改列表级别

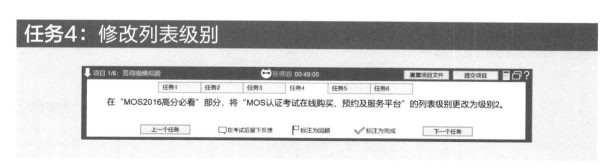

考点提示： 修改列表级别

完成任务：

Step 01 将光标定位到"MOS认证考试在线购买、预约及服务平台"的项目列表→【开始】选项卡→【项目符号】下拉菜单，如图 **A** 所示。

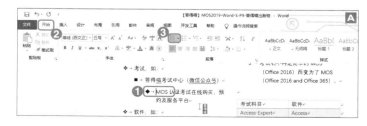

Step 02 选择【更改列表级别】，如图 **B** 所示。

Step 03 更改为第【2级】，如图 **C** 所示。

Step 04 设置好的效果如图 **D** 所示。

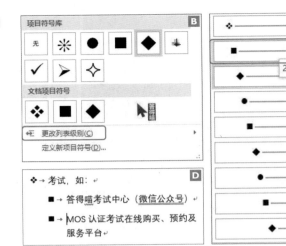

任务5：插入3D模型

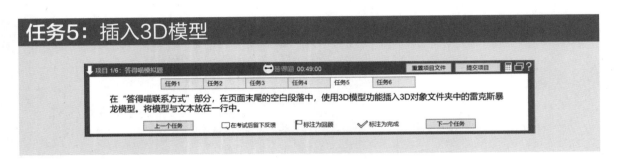

考点提示： 插入【3D模型】

完成任务：

Step 01 将光标定位于页面末尾的空白段落中→【插入】选项卡→【3D模型】选项，如图 **A** 所示。

Step 02 选择【雷克斯暴龙】的3D模型→点击【插入】按钮，如图 **B** 所示。

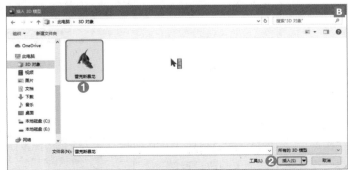

Step 03 【3D模型】选项卡→【位置】下拉菜单→选择【嵌入文本行中】，如图 C 所示。

Step 04 设置好的效果如图 D 所示。

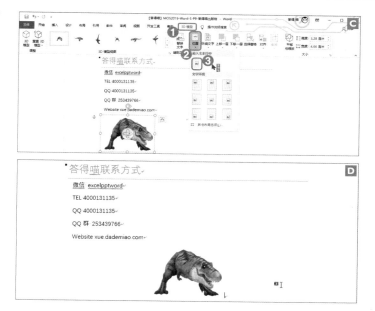

任务6：设置图片艺术效果

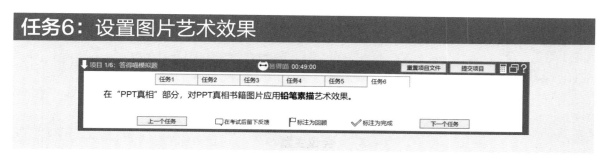

考点提示： 图片【艺术效果】

完成任务：

Step 01 选中PPT真相书籍图片→【图片格式】选项卡→【艺术效果】选项，如图 A 所示。

Step 02 选择【铅笔素描】艺术效果，如图 B 所示。

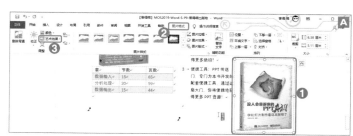

Step 03 设置好的效果如图 **C** 所示。

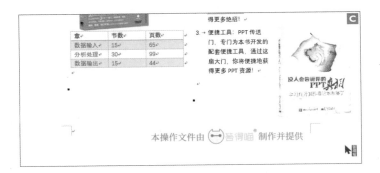

项 目
10 会议记录

对应项目文件（【答得喵】MOS2019-Word-S-P10-会议记录.zip），进入考题界面如下图所示，系统会帮你预设一个场景。

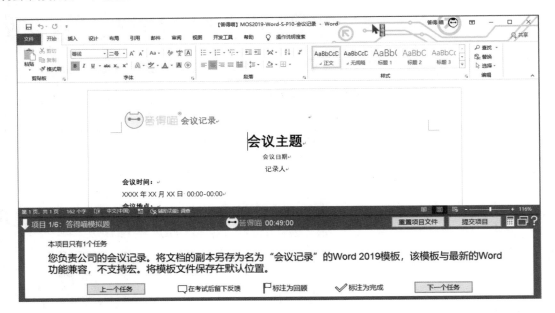

任务总览：请打开项目文件，依照任务描述，完成任务

本项目仅包含1个任务。

Step 01 打开项目文件，依照任务描述，完成任务。

Step 02 参考任务1的内容，核对自己的解题方法是否正确。

任务序号	任 务 描 述
1	您负责公司的会议记录。将文档的副本另存为名为"会议记录"的Word 2019模板，该模板与最新的Word功能兼容，不支持宏。将模板文件保存在默认位置。

任务1：检查文档中可访问性问题

考点提示： 文件另存为模板

完成任务：

Step 01 选择【文件】选项卡，如图 **A** 所示。

Step 02 选择【另存为】选项→点击【浏览】，如图 **B** 所示。

Step 03 【文件名】输入"会议记录"→【保存类型】设置为【Word模板】→点击【保存】按钮，如图 **C** 所示。

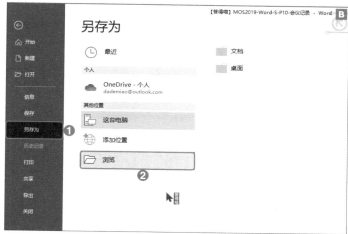

举一反三

1. 【保存类型】选择【Word模板】之后，文件的保存位置会自动变为"自定义Office模板"文件夹，这个文件夹是Word软件保存模板文件的默认位置。根据题目的要求"将模板文件保存到默认位置"，不要更改保存位置。

2. 【Word模板】文件拓展名为dotx，与最新的Word功能兼容，不支持宏。【启用宏的Word模板】文件拓展名为dotm，与最新的Word功能兼容，支持宏。【Word97-2003模板】文件拓展名为dot，与最新的Word功能不兼容，不支持宏。

11 PPT真相概述

对应项目文件（【答得喵】MOS2019-Word-S-P11-真相概述.zip），进入考题界面如下图所示，系统会帮你预设一个场景。

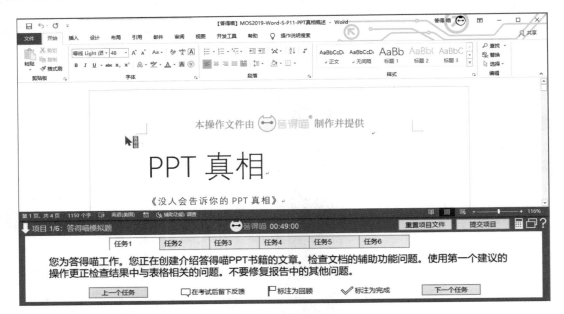

任务总览：请打开项目文件，依照任务描述，完成任务

本项目包含6个任务。

Step 01 打开项目文件，依照任务描述，完成任务。

Step 02 参考任务1—任务6的内容，核对自己的解题方法是否正确。

任务序号	任 务 描 述
1	您为答得喵工作。您正在创建介绍答得喵PPT书籍的文章。检查文档的辅助功能问题。使用第一个建议的操作更正检查结果中与表格相关的问题。不要修复报告中的其他问题。
2	仅将第3页的纸张方向更改为横向。
3	在"第一张地图 见龙在田"部分中，调整表格的大小，使每一列都是6.5厘米宽。
4	在"特别服务"部分，在第一段的末尾插入一个新的占位符源，名称为"答得喵"。
5	在"特别服务"部分，使用3D模型功能将3D对象文件夹中的风车模型插入到空白段落中。将模型与文本放在一行中。
6	在"大纲"部分，为SmartArt图形设置替换文字"本书大纲"。（确保选择整个SmartArt图形）

任务1: 检查文档中可访问性问题

考点提示: 检查文档中可访问性问题

完成任务:

Step 01 选择【审阅】选项卡→选择【检查辅助功能】按钮,如图 A 所示。

Step 02 选择【辅助功能检查器】中与表格有关的错误→选择弹出的【表】右边的下拉菜单→按照题目要求使用第一个建议的操作【将第一行用作标题】,如图 B 所示。

Step 03 设置好的效果如图 C 所示。

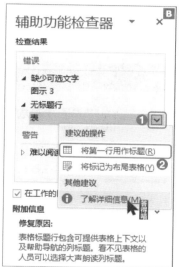

举一反三

辅助功能检查器的建议操作,是Office2019更新的功能。如果你使用的是早期版本的软件,可能无法看到这样的提示。

关	技能
完美输出-超出领导预期的打印宝典	PPT 打印
完美展示-放映不是点鼠标那么简单	PPT 放映
完美保存-不怕换电脑放映的保存技法	PPT 保存

任务2: 更改纸张方向

仅将第3页的纸张方向更改为横向。

考点提示：【纸张方向】

完成任务：

Step 01 将光标定位到第三页的任意位置 →【布局】选项卡→将【纸张方向】设置为【横向】，如图 **A** 所示。

Step 02 设置好后会发现与上一页明显的差异，效果如图 **B** 所示。

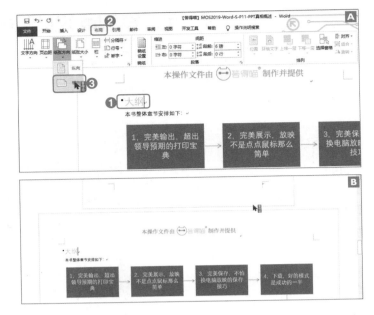

任务3：设置表格列宽

考点提示： 设置表格列宽

完成任务：

Step 01 选择"第一张地图，见龙在田"的整个表格→表格【布局】选项卡→将【宽度】设置为"6.5厘米"，如图 **A** 所示。

Step 02 设置好的效果如图 **B** 所示。

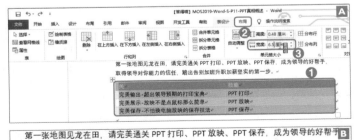

任务4： 插入占位符源

考点提示： 插入占位符源

完成任务：

Step 01 将光标定位到"特别服务"部分的第一段末尾→【引用】选项卡→【插入引文】下拉菜单→选择【添加新占位符】，如图 **A** 所示。

Step 02 在【占位符名称】处输入"答得喵"→然后点击【确定】按钮，如图 **B** 所示。

Step 03 设置好的效果如图 **C** 所示。

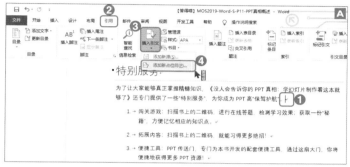

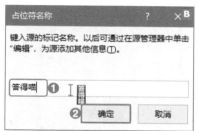

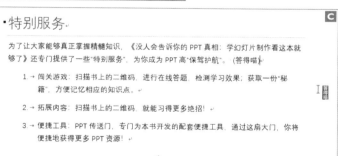

任务5： 插入3D模型

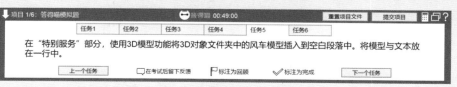

考点提示： 插入【3D模型】

完成任务：

Step 01 将光标定位于页面末尾的空白段落中→【插入】选项卡→【3D模型】选项，如图 **A** 所示。

Step 02 选择【风车】的3D模型→点击【插入】按钮，如图 **B** 所示。

Step 03 【3D模型】选项卡→【位置】下拉菜单，如图 **C** 所示。

Step 04 选择【嵌入文本行中】，如图 **D** 所示。

Step 05 设置好的效果如图 **E** 所示。

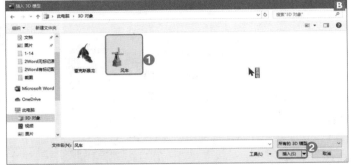

任务6：替换文字

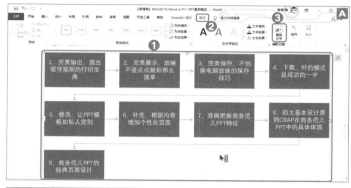

考点提示：【替换文字】

完成任务：

Step 01 选择"大纲"部分的SmartArt图形→SmartArt【格式】选项卡→【替换文字】功能，如图 **A** 所示。

Step 02 在替换文字窗格的【替换文字】处输入文本"本书大纲"，如图 **B** 所示。

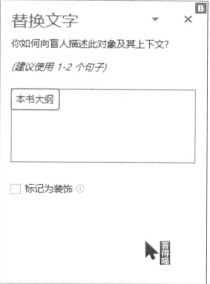

举一反三

三点说明：其一，"替换文字"又称"可选文字"，你可能会看到不同的翻译，无须过多在意，知道它们并没有区别就好。其二，Office2019中，【替换文字】功能会直接出现在SmartArt【格式】选项卡中，但对于早期版本却不会出现。如果你使用的是早期版本Office，可以选择SmartArt后单击鼠标右键，选择【编辑替换文字】。其三，替换文字窗格在不同Office版本中发生了一些变化。如果你使用的早期版本的Office，替换文字窗格中可能会出现【标题】【内容】两个输入框，此种情况，在【标题】输入框中输入文本。

12 宣传册

对应项目文件（【答得喵】MOS2019-Word-S-P12-宣传册.zip），进入考题界面如下图所示，系统会帮你预设一个场景。

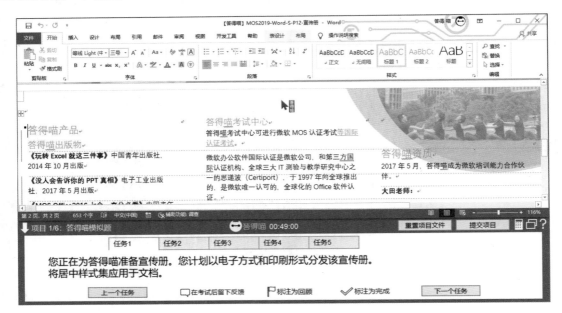

任务总览：请打开项目文件，依照任务描述，完成任务

本项目包含5个任务。

Step 01 打开项目文件，依照任务描述，完成任务。

Step 02 参考任务1—任务5的内容，核对自己的解题方法是否正确。

任务序号	任务描述
1	您正在为答得喵准备宣传册。您计划以电子方式和印刷形式分发该宣传册。将居中样式集应用于文档。
2	在"联系我们"部分中，合并表格第一个行的单元格。
3	在"可靠的答得喵团队"部分中，将以"教材"开头的四个段落转换为项目符号列表。将项目符号与左侧页边距对齐。（不要更改悬挂缩进距离）
4	在"答得喵产品"部分，在标题右侧插入脚注。输入脚注文本"更多信息，请访问答得喵官网查看"。
5	接受所有跟踪的插入和删除。拒绝所有格式更改。

Chapter 01
Chapter 02
Chapter 03
Chapter 04
Chapter 05
Chapter 06

任务1: 应用文档样式集

考点提示:【文档格式】
完成任务:

Step 01【设计】选项卡→点击【文档格式】功能组的【其他】下拉按钮,如图 **A** 所示。

Step 02 在内置的选项列表中选择【居中】文档格式,如图 **B** 所示。

Step 03 最终的文档效果如图 **C** 所示。

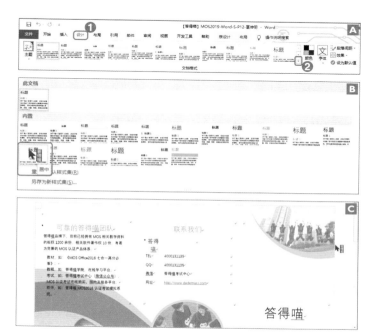

任务2: 合并单元格

考点提示:【合并单元格】
完成任务:

Step 01 选择表格的第一行单元格→表格【布局】选项卡→选择【合并单元格】按钮,如图 **A** 所示。

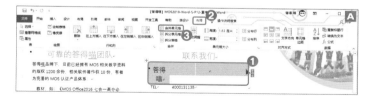

Step 02 设置好的效果如图 **B** 所示。

任务3：设置项目符号列表

在"可靠的答得喵团队"部分中，将以"教材"开头的四个段落转换为项目符号列表。将项目符号与左侧页边距对齐。(不要更改悬挂缩进距离。)

考点提示：【项目符号】列表

完成任务：

Step 01 选择"可靠的答得喵团队"部分的四个段落→【开始】选项卡→【项目符号】按钮，如图 **A** 所示。

Step 02 鼠标右键，选择【调整列表缩进】，如图 **B** 所示。

Step 03 将【项目符号位置】设置为"0厘米"→点击【确定】，如图 **C** 所示。

Step 04 设置好的效果如图 **D** 所示。

Chapter 01
Chapter 02
Chapter 03
Chapter 04
Chapter 05
Chapter 06

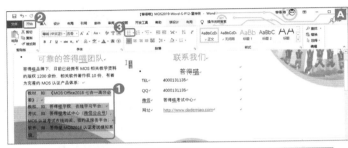

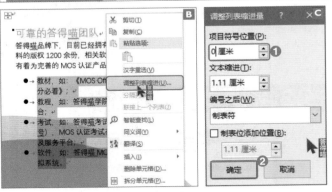

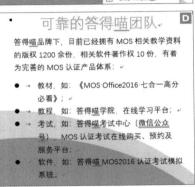

任务4：插入脚注

考点提示：【插入脚注】

完成任务：

Step 01 把光标定位于"答得喵产品"标题右侧→【引用】选项卡→选择【插入脚注】按钮，如图 **A** 所示。

Step 02 输入脚注内容"更多信息，请访问答得喵官网查看"，如图 **B** 所示。

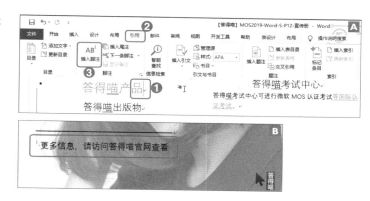

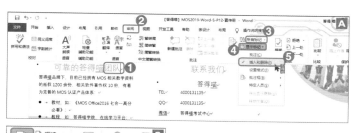

任务5：接受或拒绝修订

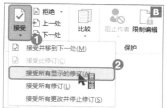

考点提示： 接受或拒绝指定类型的修订

完成任务：

Step 01 先将光标移动到正文中（正文中任意位置都可以）→【审阅】选项卡→确认显示的是【所有标记】→【显示标记】下拉菜单→取消对其他标记的勾选，确保只勾选了【插入和删除】，如图 **A** 所示。

Step 02【接受】下拉菜单→选择【接受所有显示的修订】选项，如图 **B** 所示。

Step 03 重新设置【显示标记】，取消掉其他标记的勾选，确保只勾选了【设置格式】，如图 C 所示。

Step 04 【拒绝】下拉菜单→选择【拒绝所有显示的修订】，如图 D 所示。

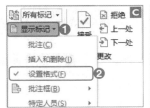

项 目

13 MOS 2016高分必看介绍

对应项目文件（【答得喵】MOS2019-Word-S-P13-MOS2016高分必看介绍.zip），进入考题界面如下图所示，系统会帮你预设一个场景。

任务总览：请打开项目文件，依照任务描述，完成任务

本项目包含5个任务。

Step 01 打开项目文件，依照任务描述，完成任务。

Step 02 参考任务1—任务5的内容，核对自己的解题方法是否正确。

任务序号	任 务 描 述
1	您正在为MOS2016高分必看的介绍文档设置格式。为整个文档添加3磅、蓝色，个性色1的方框页面边框。
2	检查文档并删除找到的所有页眉、页脚和水印。请勿删除其他信息。
3	在文档末尾，将最后两个段落的行距更改为恰好20磅。
4	在图片后面的段落上应用明显强调样式。
5	将图片前的六个段落分成两列，列间距为2字符。

任务1： 添加页面边框

考点提示：【页面边框】

完成任务：

Step 01【设计】选项卡→选择【页面边框】功能，如图 A 所示。

Step 02 将页面边框设置为【方框】→颜色设置为【蓝色，个性色1】→宽度设置为【3磅】→应用于【整篇文档】→点击【确定】，如图 B 所示。

Step 03 设置好的效果如图 C 所示。

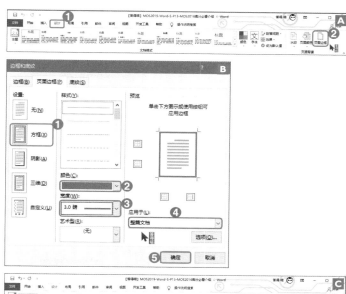

任务2： 检查文档

考点提示:【检查文档】

完成任务:

`Step 01`【文件】选项卡→【信息】选项→【检查问题】下拉菜单→【检查文档】选项,如图 **A** 所示。

`Step 02` 点击【是】,如图 **B** 所示。

`Step 03`【文档检查器】对话框,点击【检查按钮】,如图 **C** 所示。

`Step 04` 点击【页眉、页脚和水印】旁边的【全部删除】按钮,然后点击【关闭】按钮关闭对话框,如图 **D** 所示。

任务3: 设置段落行距

考点提示: 设置段落行距

完成任务:

Step 01 选中文档末尾的最后两个段落文本，如图 **A** 所示。

Step 02 【开始】选项卡→点击【段落】功能组的【其他】按钮，如图 **B** 所示。

Step 03 将【行距】设置为【固定值】，值设置为"20磅"→点击【确定】，如图 **C** 所示。

Step 04 设置好的效果如图 **D** 所示。

任务4: 对文本应用样式

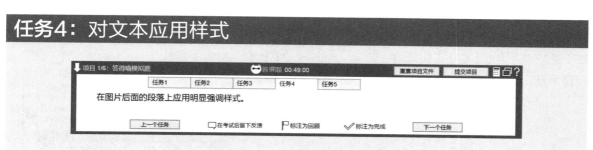

考点提示：【样式】套用
完成任务：

`Step 01` 选择图片后面的段落文本，如图 **A** 所示。

`Step 02` 【开始】选项卡→点击【样式】功能组的【其他】下拉按钮，如图 **B** 所示。

`Step 03` 选择【明显强调】样式选项，如图 **C** 所示。

`Step 04` 设置好的效果如图 **D** 所示。

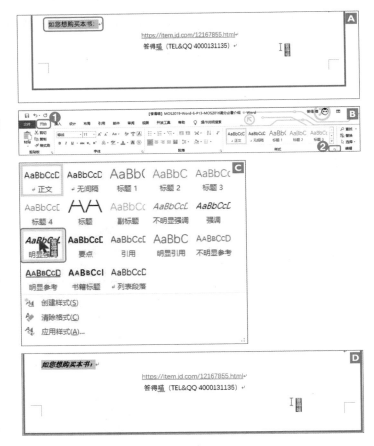

任务5：分栏

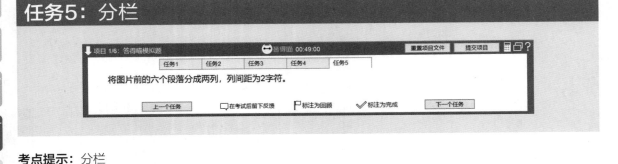

考点提示： 分栏
完成任务：

`Step 01` 选择图片前的六段文本→【布局】选项卡→点击【栏】下拉菜单，如图 **A** 所示。

Step 02 在分栏列表中选择【更多栏】，如图 **B** 所示。

Step 03 【预设】处设置为【两栏】→【间距】处设置为【2字符】→点击【确定】，如图 **C** 所示。

Step 04 设置好的效果如图 **D** 所示。

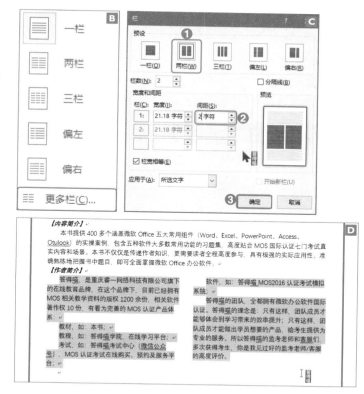

项 目

14 答得喵出品

对应项目文件（【答得喵】MOS2019-Word-S-P14-答得喵出品.zip），进入考题界面如下图所示，系统会帮你预设一个场景。

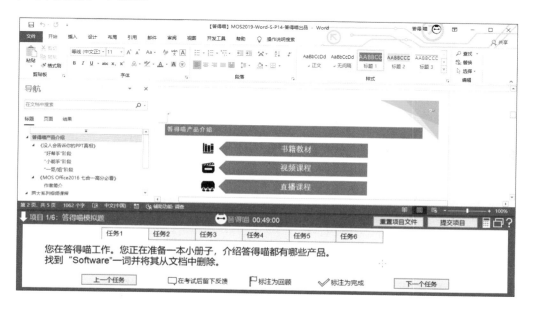

任务总览：请打开项目文件，依照任务描述，完成任务

本项目包含6个任务。

Step 01 打开项目文件，依照任务描述，完成任务。

Step 02 参考任务1—任务6的内容，核对自己的解题方法是否正确。

任务序号	任 务 描 述
1	您在答得喵工作。您正在准备一本小册子，介绍答得喵都有哪些产品。找到"Software"一词并将其从文档中删除。
2	使用Word功能将所有的"母版"替换为"模板"。
3	在"答得喵联系方式"部分中，将制表符分隔开的文本转换为两列的表格。接受默认的自动设置。
4	在文档标题后的空白段落中，插入目录。使用自动目录1。
5	在"答得喵产品介绍"部分的深灰色文本框中，插入文本"更多产品敬请期待"。
6	在"两大系列视频课程"部分，删除附加在文本"扎实学习型课程"上的注释。

任务1：定位并删除文本

考点提示： 定位并删除文本

完成任务：

Step 01 【开始】选项卡→【查找】功能→【高级查找】选项，如图 **A** 所示。

Step 02 【查找内容】输入"Software"→点击【查找下一处】，如图 **B** 所示。

Step 03 定位到"Software"这一词后，关闭查找对话框，按下键盘上的【Delete】键，如图 **C** 所示。

Step 04 删除后的界面如图 **D** 所示。

举一反三

Microsoft Office Software Specialist每两个单词间是有一个空格的，也就是Software左右各有一个空格。删除选中的Software，如果仅删除单词本身，Office和Specialist之间会变为两个空格，这就不符合英文的书写标准，所以在Word文档中，按下【Delete】键，删除某个英文词组中的英文单词时，会自动删掉多余的空格。而其他方法不能自动修正空格数量。

任务2： 替换文本

考点提示：【查找】和【替换】

完成任务：

Step 01【开始】选项卡→【替换】按钮，如图 **A** 所示。

Step 02【查找内容】文本框输入文本"母版"，【替换为】文本框输入"模板"→点击【全部替换】按钮，如图 **B** 所示。

Step 03 点击【确定】，如图 **C** 所示。

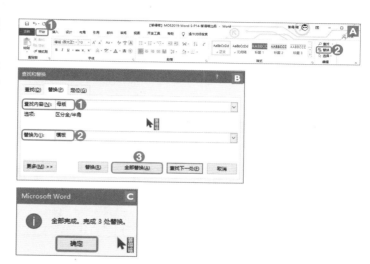

任务3： 文本转换成表格

考点提示：【文本转换成表格】

完成任务：

Step 01 选择"答得喵联系方式"部分的段落文本→【插入】选项卡→【表格】下拉菜单，如图 **A** 所示。

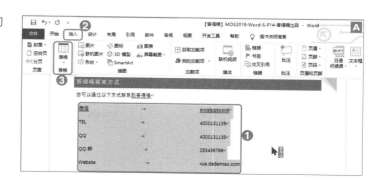

Step 02 选择【文本转换成表格】功能，如图 B 所示。

Step 03 题目要求接受默认的自动设置，所以直接点击【确定】就可以了，如图 C 所示。

Step 04 设置好的效果如图 D 所示。

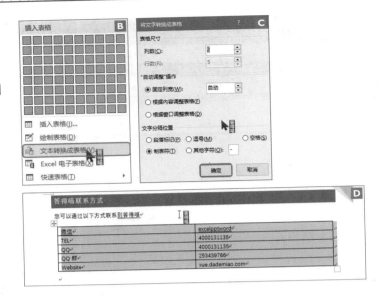

任务4：插入目录

在文档标题后的空白段落中，插入目录。使用自动目录1。

考点提示： 插入【目录】

完成任务：

Step 01 将光标定位到文档标题的空白段落中→【引用】选项卡→点击【目录】下拉菜单，如图 A 所示。

Step 02 选择【自动目录1】，如图 B 所示。

Step 03 设置好的效果如图 C 所示。

任务5：插入文本

考点提示： 插入文本

完成任务：

选中深灰色的文本框，直接输入文本"更多产品敬请期待"，如图 A 所示。

任务6：删除批注

考点提示： 删除批注

完成任务：

Step 01 选择附加在"扎实学习型课程"上的批注→【审阅】选项卡→【批注】功能组的【删除】功能，如图 A 所示。

Step 02 设置好的效果如图 B 所示。

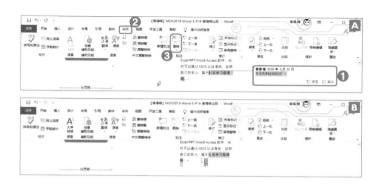

4.2 MOS Word 2019 Expert

MOS Word 2019 Expert每次考试从题库中抽取若干个项目。每个项目包含若干个任务，共计**25个任务**。

为了让你感觉身临其境，本书采取和考试一样的方式。以项目为单位安排任务，讲解题型。每个项目处会注明对应项目文件的名字（在本书配套光盘里可找到所有项目文件），给出任务总览（便于依照任务描述作答）和各任务解题方法（以核对作答是否正确）。

软件是练会的，不是看会的。

为保证最佳的学习效果，请按下列步骤进行。

Step 01 在本书的配套光盘中找到【对应项目文件】，打开。

Step 02 依照本书【任务总览】小节列出的任务描述，操作项目文件，完成任务。

Step 03 参考本书【任务1】等各小节内容，核对自己的解题方法是否正确。

项 目

01 答得喵学院

对应项目文件（【答得喵】MOS2019-Word-E-P1-答得喵学院.zip），进入考题界面如下图所示，系统会帮你预设一个场景。

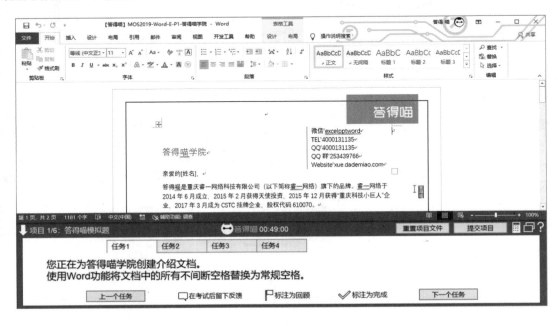

任务总览：请打开项目文件，依照任务描述，完成任务

本项目包含4个任务。

Step 01 打开项目文件，依照任务描述，完成任务。

Step 02 参考任务1—任务4的内容，核对自己的解题方法是否正确。

任务序号	任 务 描 述
1	您正在为答得喵学院创建介绍文档。使用Word功能将文档中的所有不间断空格替换为常规空格。
2	在"图表1"的右侧，选择以"【作者简介】"开头的段落。配置分页选项，使段落的所有行始终保持在同一页上。
3	将文档中的样式另存为名为"答得喵"的样式集，将样式集文件保存在默认位置。
4	在文档中的第二张图片下方显示题注图表2 "PPT真相"。温馨提示：文本图表2由Word自动添加。

任务1：定位并替换特殊符号

考点提示： 高级查找与替换-特殊符号

完成任务：

Step 01 【开始】选项卡→【替换】按钮，如图 **A** 所示。

Step 02 【查找与替换】对话框→点击【更多】，如图 **B** 所示。

Step 03 将光标定位到【查找内容】处→点击【特殊格式】，如图 **C** 所示。

Step 04 选择【不间断空格】，如图 **D**
所示。

Step 05 将光标定位到【替换为】处→输
入一个常规空格（键盘上按下空格键）
→取消勾选【区分全/半角】→点击【全
部替换】，如图 **E** 所示。

Step 06 在替换结果处点击【确定】，如
图 **F** 所示。

举一反三

【特殊格式】是Word高级查找与替换的重要功
能。除本任务外，利用【特殊格式】，还可以
完成将【手动换行符】替换为【段落标记】
（常用于处理从网页粘贴来的文字）等很多批
量、智能操作。请尽量熟悉【特殊格式】中包
含的所有格式。

任务2：设置段落分页选项

考点提示： 段落分页选项

完成任务：

Step 01 将光标定位到"【作者简介】"
开头的段落中的任意位置→点击【开
始】选项卡→选择【段落】功能组的右
下角下拉按钮，如图 **A** 所示。

Step 02 选择【换行和分页】→勾选上【段中不分页】→点击【确定】按钮，如图 **B** 所示。

Step 03 设置好后，光标所在段落会自动移动到下一页，如图 **C** 所示。

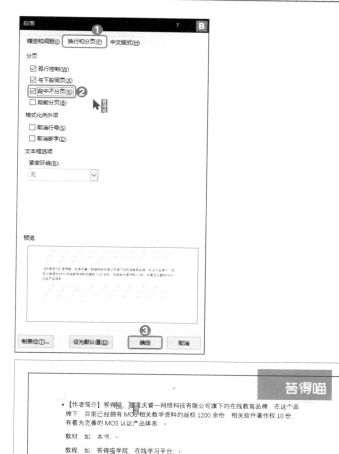

任务3：创建自定义样式集

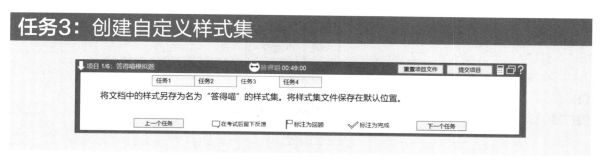

考点提示： 自定义样式集

完成任务：

Step 01 选择【设计】选项卡→点击【文档格式】功能组【其他】下拉按钮，如图 **A** 所示。

Step 02 点击【另存为新样式集】，如图 **B** 所示。

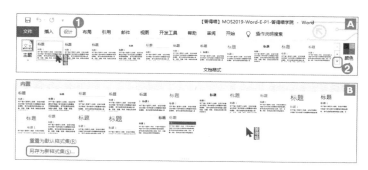

Step 03 在弹出的默认保存窗口【文件名】处输入文本"答得喵"→点击【保存】按钮，如图 **C** 所示。

任务4: 插入题注

项目 1/6：答得喵模拟题　　　　答得喵 00:49:00　　　重置项目文件　　提交项目

| 任务1 | 任务2 | 任务3 | 任务4 |

在文档中的第二张图片下方显示题注图表2 "PPT真相"。
温馨提示：文本图表2由Word自动添加。

上一个任务　　在考试后留下反馈　　标注为回顾　　标注为完成　　下一个任务

考点提示：【插入题注】

完成任务：

Step 01 选择文档中的第二张图片→【引用】选项卡→点击【插入题注】，如图 **A** 所示。

Step 02 在题注处输入" PPT真相"（因为文档中第一张图片的题注中间有空格，所以这里输入时要先输入一个空格再输入"PPT真相"）→点击【确定】，如图 **B** 所示。

Step 03 设置好的效果如图 **C** 所示。

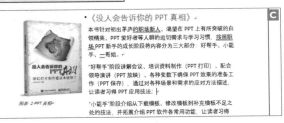

图表 2 PPT 真相

Chapter 01
Chapter 02
Chapter 03
Chapter 04
Chapter 05
Chapter 06

举一反三

根据经验与考试结果验证，MOS考试在考察【插入题注】知识点时，其任务描述中关于是否有空格的部分常常是不够准确的，所以我们在完成此类任务时，一定要特别注意原文档中已有题注的格式，并与其保持一致。此外，如果你在插入题注时（本题第2步），标签中没有"图表"选项卡，可以点击【新建标签】自行创建一个。

02 答得喵实验室

对应项目文件（【答得喵】MOS2019-Word-E-P2-答得喵实验室.zip），进入考题界面如下图所示，系统会帮你预设一个场景。

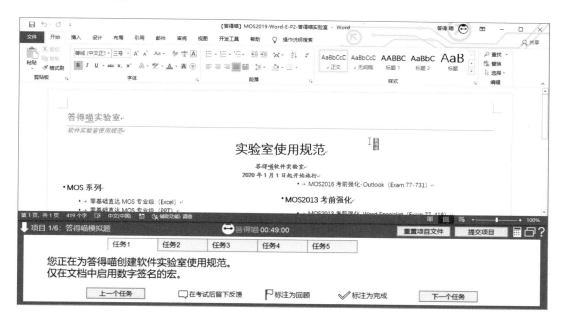

任务总览：请打开项目文件，依照任务描述，完成任务

本项目包含5个任务。

Step 01 打开项目文件，依照任务描述，完成任务。

Step 02 参考任务1—任务5的内容，核对自己的解题方法是否正确。

任务序号	任务描述
1	您正在为答得喵创建软件实验室使用规范。仅在文档中启用数字签名的宏。
2	配置格式限制以允许用户仅应用标题1、标题2、普通（网站）和正文缩进样式。如果出现提示，选择"否"，保留文档中当前的所有样式。为避免影响你之后的答题，不要启动强制保护。
3	创建一个名为"警告"的字符样式，使用楷体和深红色（来自"标准颜色"调色板）。仅在此文档中保存该样式。
4	将此文档的设计元素保存在一个名为"答得喵实验室"的自定义主题中，将主题文件保存在默认位置。
5	在页面底部，在文本"日期："右侧插入日期选取器内容控件。

任务1: 启用数字签名的宏

考点提示: 设置宏安全性

完成任务:

Step 01 选择【文件】选项卡,如图 **A** 所示。

Step 02 点击【选项】,如图 **B** 所示。

Step 03 选择【信任中心】→点击【信任中心设置】,如图 **C** 所示。

Step 04 选择【宏设置】→勾选【禁用无数字签署的所有宏】→点击【确定】,如图 **D** 所示。

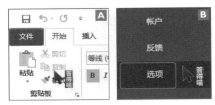

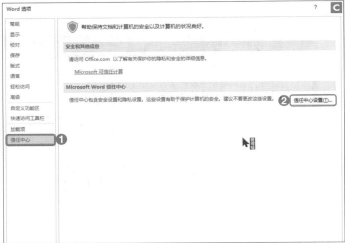

任务2: 限制编辑

考点提示:【限制编辑】

完成任务:

Step 01 选择【审阅】选项卡→点击【限制编辑】,如图 **A** 所示。

Step 02 勾选【限制对选定的样式设置格式】→点击【设置】,如图 **B** 所示。

Step 03 首先选择【无】,取消所有样式的勾选→依次勾选题目要求的【标题1】【标题2】【普通(网站)】【正文缩进】样式→点击【确定】,如图 **C** 所示。

Step 04 点击【否】,如图 **D** 所示。

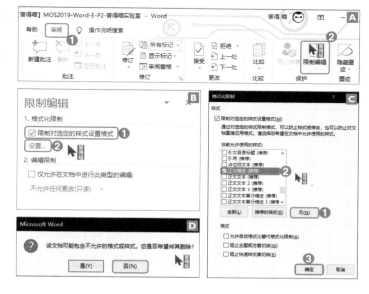

任务3: 新建字符样式

考点提示: 新建字符【样式】

完成任务:

Step 01 将光标置于正文中任意位置,不要选中任何文本,点击【开始】选项卡→点击【样式】功能组【其他】下拉按钮,如图 **A** 所示。

Step 02 选择【创建样式】，如图 **B** 所示。

Step 03 在【名称】处输入"警告"→点击【修改】，如图 **C** 所示。

Step 04 将【样式类型】设置为【字符】→【字体】设置为【楷体】→【字体颜色】设置为【深红色】→点击【确定】，如图 **D** 所示。

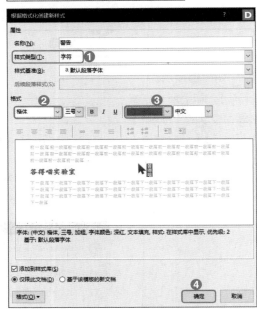

任务4：创建自定义主题

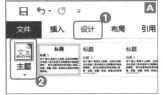

考点提示： 自定义【主题】

完成任务：

Step 01 选择【设计】选项卡→点击【主题】下拉菜单，如图 **A** 所示。

Step 02 选择【保存当前主题】，如图 **B** 所示。

Step 03 在【文件名】处输入"答得喵实验室"→点击【保存】，如图 C 所示。

任务5：插入日期选取器内容控件

考点提示： 插入【日期选取器内容控件】

完成任务：

Step 01 将光标定位在文本"日期："后面→【开发工具】选项卡→选择【日期选取器内容控件】，如图 A 所示。

Step 02 设置好的效果如图 B 所示。

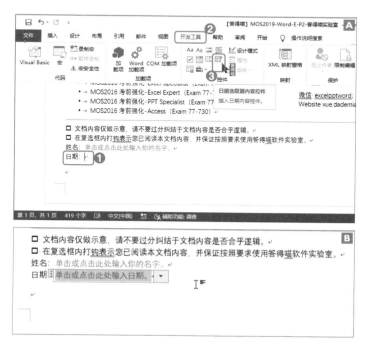

03 实验室规范

对应项目文件（【答得喵】MOS2019-Word-E-P3-实验室规范.zip），进入考题界面如下图所示，系统会帮你预设一个场景。

任务总览：请打开项目文件，依照任务描述，完成任务

本项目包含1个任务。

Step 01 打开项目文件，依照任务描述，完成任务。

Step 02 参考任务1的内容，核对自己的解题方法是否正确。

任务序号	任 务 描 述
1	修改电子签名构建基块，使其在独自的段落中插入内容。

任务1：管理构建基块

考点提示： 管理构建基块

完成任务：

Step 01 【插入】选项卡→点击【文档部件】→选择已有的【电子签名】构建基块，鼠标右键→选择【编辑属性】，如图A所示。

Step 02 将【选项】设置为【插入自身的段落中的内容】→点击【确定】，如图B所示。

项目 04 答得喵团队

对应项目文件（【答得喵】MOS2019-Word-E-P4-答得喵团队.zip），进入考题界面如下图所示，系统会帮你预设一个场景。

任务总览：请打开项目文件，依照任务描述，完成任务

本项目包含4个任务。

Step 01 打开项目文件，依照任务描述，完成任务。

Step 02 参考任务1—任务4的内容，核对自己的解题方法是否正确。

任务序号	任 务 描 述
1	您正在为答得喵学院制作小册子。在"答得喵考试中心可进行微软MOS认证考试"部分，将单词"Microsoft Office Specialist"的校对语言设置为英语(美国)。
2	将连字设置配置为自动断字。将行号配置为在每页顶部重新启动。
3	紧随着标题"关于答得喵"之后，为其标记索引条目。
4	在"答得喵团队"部分中，选择"管理员"的第一个实例，并记录名为"职能"的宏，该宏对所选文本应用粗体和斜体格式。停止录制宏。将宏存储在当前文档中。

任务1：设置校对语言

项目 1/6: 答得喵模拟题　　　答得喵 00:49:00　　　重置项目文件　提交项目

任务1　任务2　任务3　任务4

您正在为答得喵学院制作小册子。在"答得喵考试中心可进行微软MOS认证考试"部分，将单词"Microsoft Office Specialist"的校对语言设置为英语(美国)。

上一个任务　　在考试后留下反馈　　标注为回顾　　标注为完成　　下一个任务

考点提示：【设置校对语言】

完成任务：

Step 01 选择文本"Microsoft Office Specialist"→【审阅】选项卡→点击【语言】→选择【设置校对语言】，如图 **A** 所示。

Step 02 选择【英语（美国）】→点击【确定】，如图 **B** 所示。

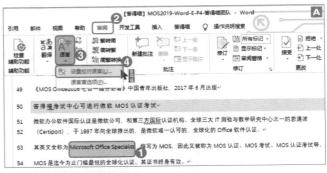

任务2：设置断字方式和行号

考点提示： 设置【断字】方式和【行号】

完成任务：

Step 01 【布局】选项卡→选择【断字】
→设置为【自动】，如图 **A** 所示。

Step 02 选择【行号】→设置为【每页重
编行号】，如图 **B** 所示。

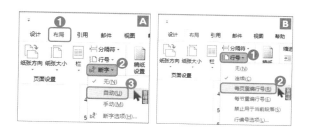

任务3：标记索引条目

考点提示： 标记索引条目

完成任务：

Step 01 选择标题【关于答得喵】（注意
仅选中这个几个文字，不要选到后面的
编辑标记）→【引用】选项卡→点击
【标记条目】，如图 **A** 所示。

Step 02 点击【标记】→点击【关闭】按
钮，如图 **B** 所示。

Step 03 设置好的效果如图 **C** 所示。

举一反三

点击【开始】选项卡【段落】功能区的【显示/隐藏编辑标记】功能，可以将{XE "关于答得喵"}等编辑标记隐藏起来。

任务4: 录制宏

考点提示:【录制宏】

完成任务:

Step 01【开发工具】选项卡→点击【录制宏】，如图 **A** 所示。

Step 02 在【宏名】处输入"职能"→【将宏保存在】设置为当前的文档→点击【确定】，如图 **B** 所示。

Step 03 选择第一个【管理员】实例→【开始】选项卡→设置好【加粗】和【倾斜】文本格式，如图 **C** 所示。

Step 04 切换回【开发工具】选项卡→点击【停止录制】，如图 **D** 所示。

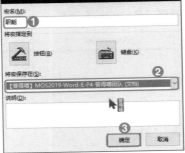

举一反三

在实际工作中，先选择【管理员】实例，再点击【录制宏】，还是先点击【录制宏】，再选择【管理员】实例，录制出来的宏代码是一模一样的。

Chapter 01
Chapter 02
Chapter 03
Chapter 04
Chapter 05
Chapter 06

项 目

05 MOS 2016

对应项目文件（【答得喵】MOS2019-Word-E-P5-MOS2016.zip），进入考题界面如下图所示，系统会帮你预设一个场景。

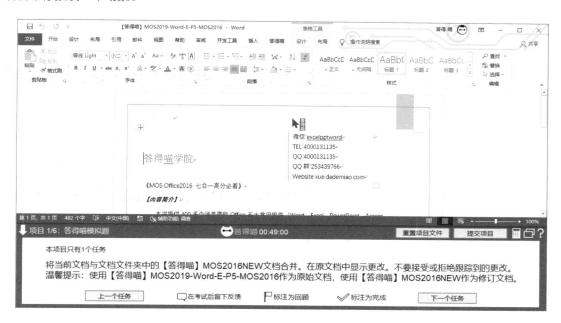

任务总览：请打开项目文件，依照任务描述，完成任务

本项目包含1个任务。

Step 01 打开项目文件，依照任务描述，完成任务。

Step 02 参考任务1的内容，核对自己的解题方法是否正确。

任务序号	任 务 描 述
1	将当前文档与文档文件夹中的【答得喵】MOS2016NEW文档合并。在原文档中显示更改。不要接受或拒绝跟踪到的更改。温馨提示：使用【答得喵】MOS2019-Word-E-P5-MOS2016作为原始文档，使用【答得喵】MOS2016NEW作为修订文档。

任务1：合并文档

考点提示：【合并】文档

完成任务：

Step 01【审阅】选项卡→点击【比较】→选择【合并】，如图 **A** 所示。

Step 02 在【原文档】处设置为当前操作的文档→在【修订的文档】处设置为【【答得喵】MOS2016NEW】→点击【更多】，如图 **B** 所示。

Step 03 将修订的显示位置设置为【原文档】→点击【确定】，如图 **C** 所示。

Step 04 最终效果如图 **D** 所示。

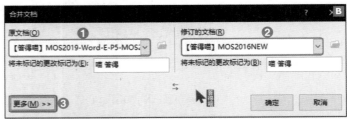

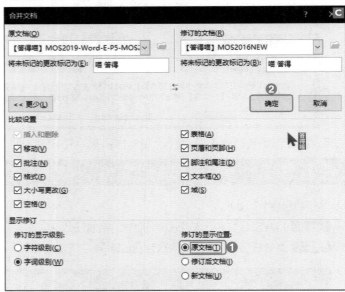

举一反三

【合并】功能常用于如下情况：同样一个文档（初始文档）复制多份发送给不同的人→每个人在文档上使用修订和批注功能留下自己的意见，并保存为不同的文件名（修订后的文档*N个）→收集所有修订后的文档，使用【合并】功能将两个人的修订意见合并到同一个文档上（合并到哪个文档，由【修订的显示位置】决定），保存后，再将第三个人的修订意见也合并到这个文档上，如此操作，最终将所有人的修订意见全部合并到同一个文档上，以便于意见的整合、文档根据意见进行修订。

Chapter 01
Chapter 02
Chapter 03
Chapter 04
Chapter 05
Chapter 06

项 目
06 PPT真相

对应项目文件（【答得喵】MOS2019-Word-E-P6-PPT真相.zip），进入考题界面如下图所示，系统会帮你预设一个场景。

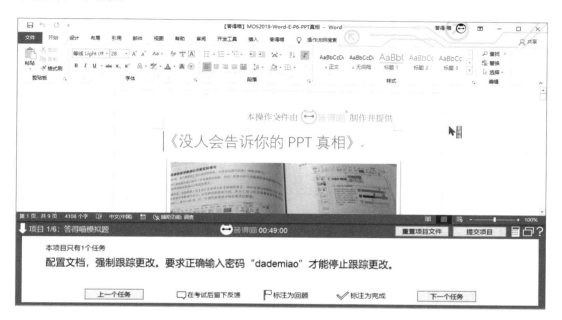

任务总览：请打开项目文件，依照任务描述，完成任务

本项目包含1个任务。

Step 01 打开项目文件，依照任务描述，完成任务。

Step 02 参考任务1的内容，核对自己的解题方法是否正确。

任务序号	任 务 描 述
1	配置文档，强制跟踪更改。要求正确输入密码"dademiao"才能停止跟踪更改。

任务1：锁定修订

考点提示：【锁定修订】

完成任务：

Step 01 【审阅】选项卡→点击【修订】
→选择【锁定修订】，如图 A 所示。

Step 02 分别在【输入密码】与【重新输入以确认】处输入密码"dademiao"→
点击【确定】，如图 B 所示。

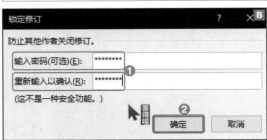

举一反三
【锁定修订】的同时会开启修订模式，无须先开启修订模式，再【锁定修订】。

项 目

07 实验室准则

对应项目文件（【答得喵】MOS2019-Word-E-P7-实验室准则.zip），进入考题界面如下图所示，系统会帮你预设一个场景。

本项目只有1个任务

选择"答得喵实验室"和"软件实验室使用规范"段落。将所选文本另存为一个名为"实验室标题"的文档部件。将文档部件保存在答得喵实验室模板、"标题"自定义类别中。

任务总览：请打开项目文件，依照任务描述，完成任务

本项目包含1个任务。

Step 01 打开项目文件，依照任务描述，完成任务。

Step 02 参考任务1的内容，核对自己的解题方法是否正确。

任务序号	任务描述
1	选择"答得喵实验室"和"软件实验室使用规范"段落。将所选文本另存为一个名为"实验室标题"的文档部件。将文档部件保存在答得喵实验室模板、"标题"自定义类别中。

任务1：创建自定义文档部件

考点提示： 创建自定义【文档部件】

完成任务：

Step 01 选择"答得喵实验室"和"软件实验室使用规范"段落→【插入】选项卡→点击【文档部件】，如图 A 所示。

Step 02 选择【将所选内容保存到文档部件库】，如图 B 所示。

Step 03 在【名称】处输入"实验室标题"→在【类别】处选择【创建新类别】，如图 C 所示。

Step 04 在【名称】处输入"标题"→点击【确定】，如图 D 所示。

Step 05 在【保存位置】处选择【答得喵实验室】→然后点击【确定】，如图 E 所示。

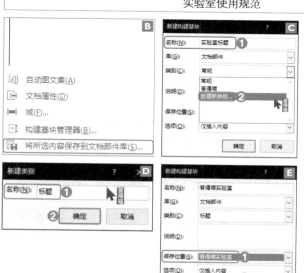

08 PPT真相目录

对应项目文件（【答得喵】MOS2019-Word-E-P8-PPT真相目录.zip），进入考题界面如下图所示，系统会帮你预设一个场景。

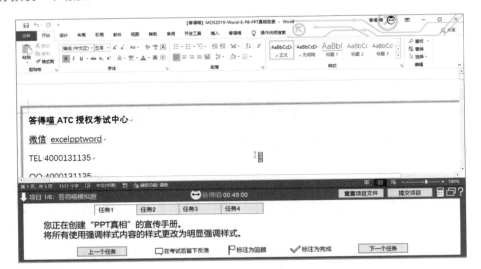

任务总览：请打开项目文件，依照任务描述，完成任务

本项目包含4个任务。

Step 01 打开项目文件，依照任务描述，完成任务。

Step 02 参任务1—任务4的内容，核对自己的解题方法是否正确。

任务序号	任务描述
1	您正在创建"PPT真相"的宣传手册。将所有使用强调样式内容的样式更改为明显强调样式。
2	修改副标题样式，应用绿色、个性色6、深色25%文本填充效果和黑色、文本1、淡色25%文本轮廓效果。仅在此文档中保存样式更改。
3	编辑"答得喵强调"宏，将宏名修改为"答得喵高亮"。
4	连接到文档文件夹中的答得喵联系人邮件合并数据源。预览记录1的合并结果。

任务1：定位并替换样式

考点提示： 高级【查找与替换】-【样式】

完成任务：

Step 01 【开始】选项卡→【替换】按钮，如图 **A** 所示。

Step 02 【查找与替换】对话框→点击【更多】，如图 **B** 所示。

Step 03 取消勾选【区分全/半角】→将光标定位到【查找内容】处→点击【格式】→选择【样式】选项，如图 **C** 所示。

Step 04 【查找样式】对话框→选择【强调】样式→点击【确定】按钮，如图 **D** 所示。

Step 05 将光标定位到【替换为】处，同样的方法选择【明显强调】样式→点击【全部替换】，如图 **E** 所示。

Step 06 在替换结果窗口选择【确定】，如图 **F** 所示。

任务2：修改样式

考点提示： 修改文档中已有的样式

完成任务：

Step 01 【开始】选项卡→点击【样式】功能组的【其他】下拉按钮，如图 **A** 所示。

Step 02 选择【副标题】样式→鼠标右键选择【修改】，如图 **B** 所示。

Step 03 点击【格式】→选择【文字效果】，如图 **C** 所示。

Step 04 点开【文本填充】→选择【纯色填充】→将颜色设置为【绿色，个性色6、深色25%】，如图 **D** 所示。

Step 05 点开【文本轮廓】→颜色设置为【黑色、文本1、淡色25%】→点击【确定】，如图 **E** 所示。

Step 06 点击【确定】，如图 **F** 所示。

Step 07 修改后的【副标题】样式，如图 **G** 所示。

任务3：修改宏名

项目 1/6：答得喵模拟题　　⏱ 答得喵 00:49:00　　　　重置项目文件　　提交项目

任务1　　任务2　　任务3　　任务4

编辑"答得喵强调"宏，将宏名修改为"答得喵高亮"。

上一个任务　　☐ 在考试后留下反馈　　⚑ 标注为回顾　　✓ 标注为完成　　下一个任务

考点提示： 编辑已有宏的宏名

完成任务：

Step 01 选择【开发工具】选项卡→点击【宏】，如图 **A** 所示。

Step 02 选择【答得喵强调】宏→选择【编辑】，如图 **B** 所示。

Step 03 在代码对话框中，在Sub后找到宏名"答得喵强调"，如图 **C** 所示。

Step 04 将"答得喵强调"修改为"答得喵高亮"→点击左上角【文件】→选择【关闭并返回到Microsoft Word】，如图 **D** 所示。

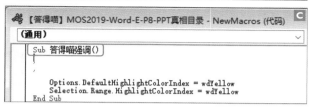

```
Sub 答得喵强调()

    Options.DefaultHighlightColorIndex = wdYellow
    Selection.Range.HighlightColorIndex = wdYellow
End Sub
```

任务4: 为邮件合并选择收件人

连接到文档文件夹中的答得喵联系人邮件合并数据源。
预览记录1的合并结果。

考点提示: 邮件合并-【选择收件人】

完成任务:

Step 01 【邮件】选项卡→点击【选择收件人】→选择【使用现有列表】,如图 A 所示。

Step 02 【文档】文件夹→选择【答得喵联系人】数据源→点击【打开】,如图 B 所示。

Step 03 确认为第【1】条记录→点击【预览结果】,如图 C 所示。

Step 04 设置好的效果如图 D 所示。

项目 09 PPT真相简介

对应项目文件（【答得喵】MOS2019-Word-E-P9-PPT真相简介.zip），进入考题界面如下图所示，系统会帮你预设一个场景。

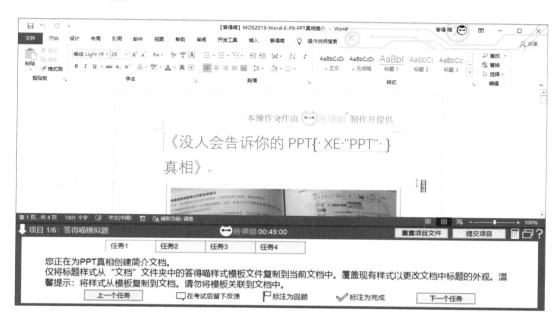

任务总览：请打开项目文件，依照任务描述，完成任务

本项目包含4个任务。

Step 01 打开项目文件，依照任务描述，完成任务。

Step 02 参考任务1—任务4的内容，核对自己的解题方法是否正确。

任务序号	任 务 描 述
1	您正在为PPT真相创建简介文档。 仅将标题样式从"文档"文件夹中的答得喵样式模板文件复制到当前文档中。覆盖现有样式以更改文档中标题的外观。温馨提示：将样式从模板复制到文档。请勿将模板关联到文档中。
2	在"索引"部分中，更新索引以包括文档中所有标记的索引条目。
3	在"文档页脚"中，配置"文件名"域，以在文件名前面显示文件路径。温馨提示：修改域属性。请勿添加其他域。
4	创建一个邮件合并收件人列表，其中包含一个名字为"天骄"、姓氏为"答得喵"的条目。在列表取名"人员"保存在默认文件夹中。保持收件人列表的字段结构不变。

任务1：引用样式

考点提示： 自定义样式复制到其他文档

完成任务：

Step 01 【开发工具】选项卡→点击【文档模板】，如图 **A** 所示。

Step 02 【模板和加载项】对话框→【管理器】按钮，如图 **B** 所示。

Step 03 选择右侧的【关闭文件】，如图 **C** 所示。

Step 04 点击【打开文件】，如图 D 所示。

Step 05【文档】文件夹→选择【答得喵样式】模板文件→点击【打开】，如图 E 所示。

Step 06 找到【标题】样式→选择【复制】，如图 F 所示。

Step 07 选择【是】→【管理器】对话框→点击【关闭】按钮，如图 G 所示。

Step 08 设置好之后，应用标题样式的文本会发生明显变化，效果如图 H 所示。

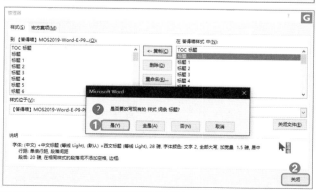

《没人会告诉你的 PPT 真相》

任务2：更新索引

考点提示： 更新【索引】

完成任务：

Step 01 选中"索引"标题下方索引列表 →鼠标右键，选择【更新域】，如图 **A** 所示。

Step 02 设置好的效果如图 **B** 所示。

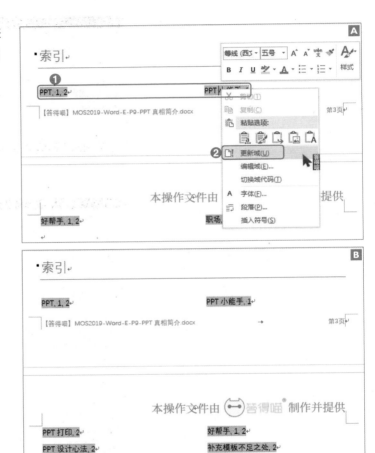

任务3：设置域属性

考点提示：【编辑域】

完成任务：

Step 01 在页脚区域双击，进入页眉页脚模式，选中左侧【文件名域】→单击鼠标右键，选择【编辑域】，如图 **A** 所示。

Step 02 在【域选项】处勾选上"添加路径到文件名"→点击【确定】，如图 **B** 所示。

Step 03 【页眉和页脚工具设计】选项卡→选择【关闭页眉和页脚】，如图 **C** 所示。

Step 04 设置好的效果如图 **D** 所示。（路径名部分可能有所不同，以实际为准）

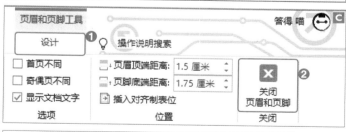

任务4：创建新收件人列表

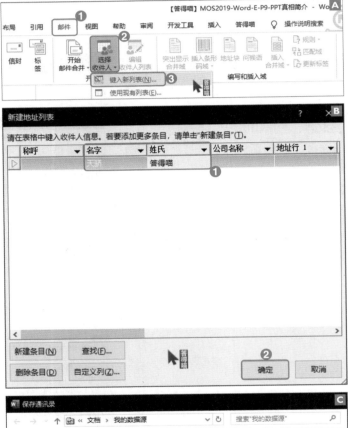

考点提示： 创建【新收件人列表】

完成任务：

Step 01 【邮件】选项卡→【选择收件人】下拉按钮→【键入新列表】选项，如图 **A** 所示。

Step 02 【新建地址列表】对话框→【名字】输入"天骄"、【姓氏】输入"答得喵"→然后点击【确定】按钮，如图 **B** 所示。

Step 03 在【保存通讯录】对话框中，默认为我的数据源文件夹→【文件名】设置为"人员"→点击【保存】按钮，如图 **C** 所示。

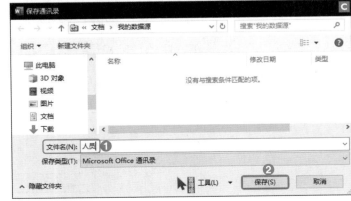

Chapter 01
Chapter 02
Chapter 03
Chapter 04
Chapter 05
Chapter 06

项 目

10 答得喵出版物

对应项目文件（【答得喵】MOS2019-Word-E-P10-答得喵出版物.zip），进入考题界面如下图所示，系统会帮你预设一个场景。

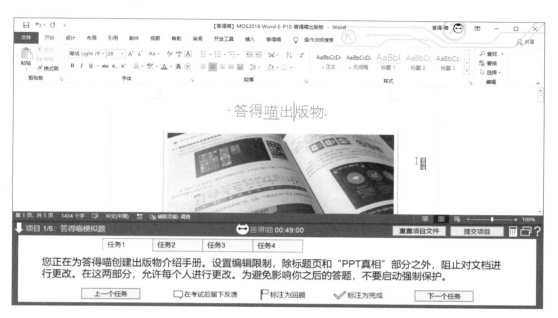

任务总览：请打开项目文件，依照任务描述，完成任务

本项目包含4个任务。

Step 01 打开项目文件，依照任务描述，完成任务。

Step 02 参考任务1—任务4的内容，核对自己的解题方法是否正确。

任务序号	任 务 描 述
1	您正在为答得喵创建出版物介绍手册。设置编辑限制，除标题页和"PPT真相"部分之外，阻止对文档进行更改。在这两部分，允许每个人进行更改。为避免影响你之后的答题，不要启动强制保护。
2	创建一个名为"答得喵强调"的字符样式，应用蓝色，个性色6字体颜色和斜体格式。仅在此文档中保存样式。在"PPT真相"部分，将"答得喵强调"样式应用于第一个项目符号列表项的前四个字上。
3	基于当前颜色集创建并应用自定义颜色集。将已访问的超链接颜色更改为深红色(标准颜色)。将颜色集命名为"答得喵出版物"。
4	在文档标题页的"最后更新"段落的末尾，插入一个使用日期格式"MMMM d,yyyy"的SaveDate域。

任务1: 为限制编辑设置例外项

考点提示:【限制编辑】

完成任务:

Step 01 【审阅】选项卡→点击【限制编辑】,如图 **A** 所示。

Step 02 在【限制编辑】窗格→勾选【仅允许在文档中进行此类型的编辑】→选中标题页全部内容→在【例外项】处勾选上【每个人】,如图 **B** 所示。

Step 03 选择"PPT真相"部分→勾选【例外项】处的【每个人】,如图 **C** 所示。(完成操作后,可以关闭限制编辑窗格,也可以不关闭)

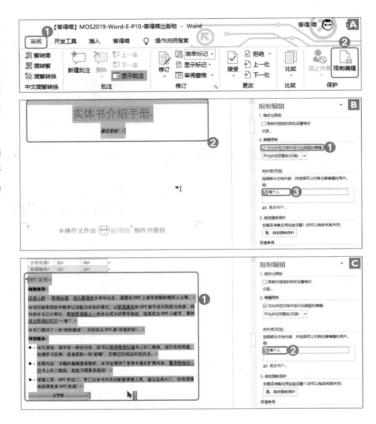

任务2: 创建字符样式并应用

考点提示： 创建字符样式

完成任务：

Step 01 将光标定位到"PPT真相"部分第一个项目符号列表项→【开始】选项卡→【样式】功能组右下角的【其他】下拉按钮，如图 **A** 所示。

Step 02 选择【创建样式】，如图 **B** 所示。

Step 03 在样式【名称】处输入"答得喵强调"→点击【修改】，如图 **C** 所示。

Step 04 将【样式类型】设置为【字符】→字体颜色设置为【蓝色，个性色6】→应用【倾斜】格式→点击【确定】，如图 **D** 所示。

Step 05 拖动鼠标勾选上"PPT真相"部分第一个项目符号列表项的前四个字→应用新创建的【答得喵强调】样式，如图 **E** 所示。

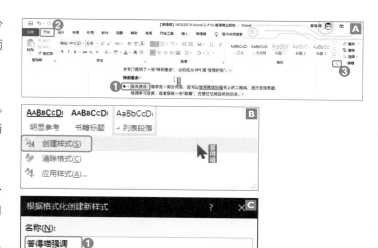

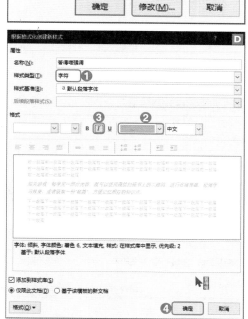

任务3: 创建自定义主题颜色

考点提示: 创建自定义主题颜色

完成任务:

Step 01 【设计】选项卡→点击【颜色】下拉按钮,如图 **A** 所示。

Step 02 选择【自定义颜色】选项,如图 **B** 所示。

Step 03 【新建主题颜色】对话框→【已访问的超链接】选择【深红色】(标准颜色)→【名称】处输入"答得喵出版物"→点击【保存】,如图 **C** 所示。

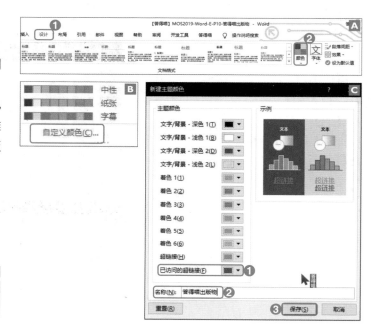

> **举一反三**
>
> 创建自定义主题颜色的同时,就会应用该自定义主题颜色,无须单独做应用的操作。

任务4: 插入保存日期域

考点提示: 插入保存日期域

完成任务:

Step 01 光标定位到文档标题页的"最后更新"段落的末尾→【插入】选项卡→点击【文档部件】→选择【域】,如图 **A** 所示。

Step 02 选择【SaveDate】域→在【日期格式】处输入"MMMM d,yyyy"→点击【确定】，如图 **B** 所示。

Step 03 设置好的效果如图 **C** 所示。

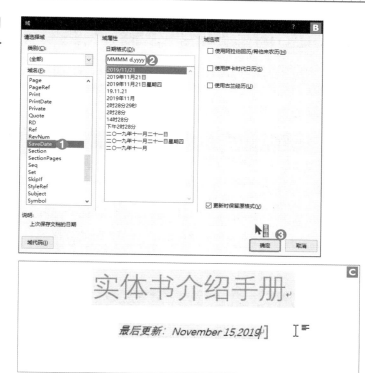

实体书介绍手册

最后更新：November 15,2019

项目

11 答得喵FAQ

对应项目文件（【答得喵】MOS2019-Word-E-P11-答得喵FAQ.zip），进入考题界面如下图所示，系统会帮你预设一个场景。

您正在撰写答得喵的常见问题集。
在第2页底部的文本框中，对文本应用小型大写字母效果。

任务总览：请打开项目文件，依照任务描述，完成任务

本项目包含4个任务。

Step 01 打开项目文件，依照任务描述，完成任务。

Step 02 参考任务1—任务4的内容，核对自己的解题方法是否正确。

任务序号	任务描述
1	您正在撰写答得喵的常见问题集。在第2页底部的文本框中，对文本应用小型大写字母效果。
2	在"答得喵考试中心可进行微软MOS认证考试"部分中，选择以"微软办公软件国际认证"开头的段落。配置分页选项，使段落的所有行始终保持在同一页上。
3	创建并应用名为"答得喵"的字体集。使用Arial Black作为标题字体，Candara作为正文字体。
4	将宏从文档文件夹的答得喵宏文件中复制到当前文档中。

任务1：设置文本字体格式

考点提示： 设置文本字体格式

完成任务：

Step 01 选择第2页底部的文本框中的文本→【开始】选项卡→点击【字体】功能组右下角的【其他】下拉按钮，如图 **A** 所示。

Step 02 勾选【小型大写字母】→点击【确定】，如图 **B** 所示。

Step 03 设置好的效果如图 **C** 所示。

任务2：设置段中不分页

考点提示： 设置段落分页选项

完成任务：

Step 01 将光标定位到"答得喵考试中心可进行微软MOS认证考试"部分中→【开始】选项卡→点击【段落】功能组右下角的【其他】下拉按钮，如图 **A** 所示。

Step 02 选择【换行和分页】→勾选【段中不分页】→点击【确定】，如图 **B** 所示。

Step 03 设置好后段落位置发生了变化，整体变动到了下一页，效果如图 **C** 所示。

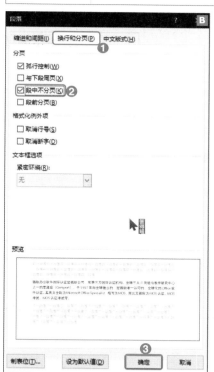

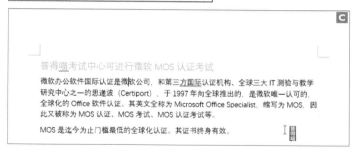

任务3：创建自定义主题字体

考点提示： 创建自定义主题字体

完成任务：

Step 01 【设计】选项卡→【文档格式】功能组→【字体】下拉按钮，如图 **A** 所示。

Step 02 选择【自定义字体】，如图 **B** 所示。

Step 03 【新建主题字体】对话框→【标题字体（西文）】选择Arial Black→【正文字体（西文）】选择Candara→名称修改为"答得喵"→点击【保存】，如图 **C** 所示。

举一反三

创建自定义主题字体的同时，就会应用该自定义主题字体，无须单独做应用的操作。

任务4：导入宏

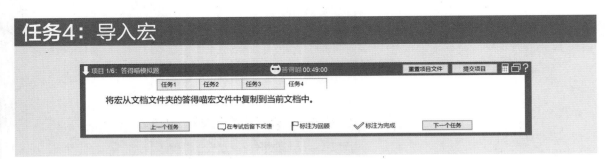

考点提示： 导入宏

完成任务：

Step 01 【开发工具】选项卡→【文档模板】，如图 **A** 所示。

Step 02 【模板和加载项】对话框，点击【管理器】，如图 **B** 所示。

Step 03 选择【宏方案项】→点击右侧的【关闭文件】→在相同位置再点击一次【打开文件】，如图 **C** 所示。

Step 04 找到文档文件夹→文件类型选择【所有文件】→选择【答得喵宏】→点击【打开】，如图 **D** 所示。

Step 05 选择答得喵宏中的【NewMacros】→点击【复制】→【关闭】对话框，如图 **E** 所示。

12 答得喵通讯

对应项目文件（【答得喵】MOS2019-Word-E-P12-答得喵通讯.zip），进入考题界面如下图所示，系统会帮你预设一个场景。

任务总览：请打开项目文件，依照任务描述，完成任务

本项目包含4个任务。

Step 01 打开项目文件，依照任务描述，完成任务。

Step 02 参考任务1—任务4的内容，核对自己的解题方法是否正确。

任务序号	任 务 描 述
1	您正在完成答得喵的月度通讯。配置断字设置以关闭文档内容的断字。
2	修改标题2样式，使字体为14号的楷体，并且段落具有1磅黑色下边框。仅在此文档中保存样式更改。
3	修改"修改字体"宏，使其应用"Calibri"字体而不是Arial字体。
4	在文档顶部的信封中，预览记录1的合并结果。

任务1：设置断字方式

考点提示：设置断字方式
完成任务：

　　【布局】选项卡→点击【断字】→将断字方式设置为【无】，如图 **A** 所示。

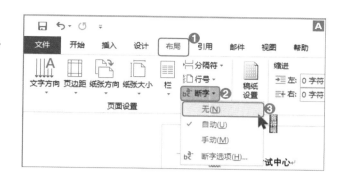

任务2：修改样式

修改标题2样式，使字体为14号的楷体，并且段落具有1磅黑色下边框。仅在此文档中保存样式更改。

考点提示：修改文档中已有的样式
完成任务：

Step 01 【开始】选项卡→将光标放在【标题2】上（注意只是放在这里，不要点击鼠标左键！！！）→点击鼠标右键，点击【修改】，如图 **A** 所示。

Step 02 字体设置为【楷体】→字体字号设置为【14】→点击【格式】选择【边框】，如图 **B** 所示。

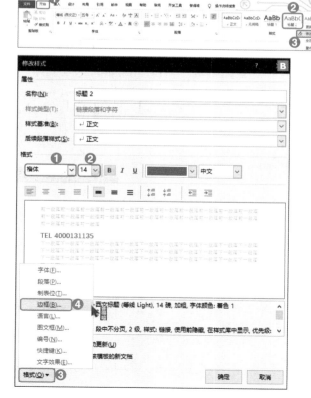

Step 03 将边框颜色设置为【黑色】→边框宽度设置为【1磅】→应用为【下边框】→点击【确定】，如图 C 所示。

Step 04 修改后可以看到【标题2】样式发生了明显变化，如图 D 所示。

任务3: 修改宏

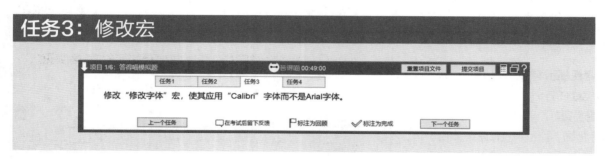

修改"修改字体"宏，使其应用"Calibri"字体而不是Arial字体。

考点提示: 修改【宏】

完成任务:

Step 01【开发工具】选项卡→点击【宏】，如图 A 所示。

Step 02 选择【修改字体】宏→点击【编辑】，如图 B 所示。

Chapter 01

Chapter 02

Chapter 03

Chapter 04

Chapter 05

Chapter 06

Step 03 在代码对话框中，找到"Arial"，如图 **C** 所示。

Step 04 将"Arial"修改为"Calibri"，点击左上角的【文件】→选择【关闭并返回到Microsoft Word】，如图 **D** 所示。

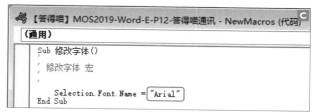

任务4：预览合并结果

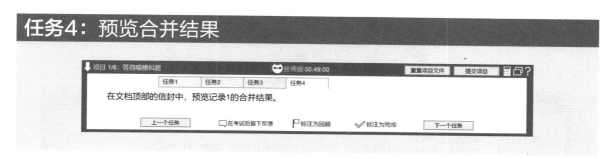

考点提示： 预览合并结果

完成任务：

Step 01 【邮件】选项卡→【记录】设置为【1】→点击【预览结果】，如图 **A** 所示。

Step 02 设置好的效果如图 **B** 所示。

13 PPT真相

对应项目文件（【答得喵】MOS2019-Word-E-P13-PPT真相.zip），进入考题界面如下图所示，系统会帮你预设一个场景。

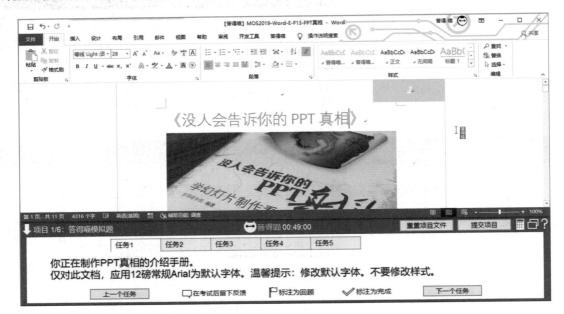

任务总览：请打开项目文件，依照任务描述，完成任务

本项目包含5个任务。

Step 01 打开项目文件，依照任务描述，完成任务。

Step 02 参考任务1—任务5的内容，核对自己的解题方法是否正确。

任务序号	任 务 描 述
1	你正在制作PPT真相的介绍手册。 仅对此文档，应用12磅常规Arial为默认字体。温馨提示：修改默认字体。不要修改样式。
2	将应用了答得喵A样式的所有内容的样式更改为答得喵B样式。
3	仅将标题样式从文档文件夹中的答得喵模板文件复制到当前文档中。覆盖现有样式以更改文档中标题的外观。 温馨提示：将样式从模板复制到文档。请勿将模板关联到文档中。
4	为术语"白领"标记索引条目，仅在第一个出现后的术语后面进行标记。温馨提示：请勿更新索引。
5	在"图表目录"标题后面的空白段落中，插入一个使用优雅格式的图表目录。

任务1：修改文档默认字体

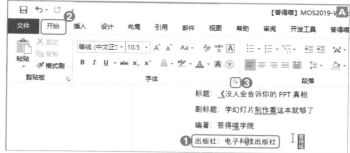

考点提示： 修改文档默认字体

完成任务：

`Step 01` 将光标定位到正文任意位置→
【开始】选项卡→点击【字体】功能组右
下角的【其他】选项，如图 **A** 所示。

`Step 02` 将【西文字体】设置为【Arial】
→字形设置为【常规】→字号设置为
【12】→选择【设为默认值】，如图 **B**
所示。

`Step 03` 选择【仅此文档】→点击【确定】，
如图 **D** 所示。

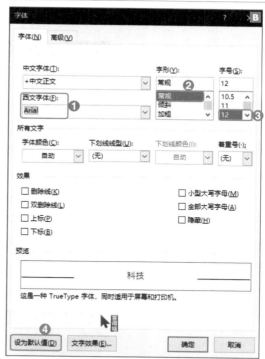

任务2: 定位并替换样式

| 任务1 | 任务2 | 任务3 | 任务4 | 任务5 |

将应用了答得喵A样式的所有内容的样式更改为答得喵B样式。

上一个任务　　☐ 在考试后留下反馈　　🚩 标注为回顾　　✓ 标注为完成　　下一个任务

考点提示: 高级【查找和替换】-【样式】

完成任务:

Step 01 选择【替换】功能, 如图 **A** 所示。

Step 02 【查找和替换】对话框→点击【更多】, 如图 **B** 所示。

Step 03 取消勾选【区分全/半角】→光标选到【查找内容】→点击【格式】→选择【样式】, 如图 **C** 所示。

Step 04 选择【答得喵A样式】→点击【确定】, 如图 **D** 所示。

Step 05 使用同样的方法在【替换为】处添加【答得喵B样式】→点击【全部替换】→点击【确定】→关闭对话框，如图 **E** 所示。

任务3：导入样式

仅将标题样式从文档文件夹中的答得喵模板文件复制到当前文档中。覆盖现有样式以更改文档中标题的外观。温馨提示：将样式从模板复制到文档。请勿将模板关联到文档中。

考点提示： 导入导出样式

完成任务：

Step 01 【开发工具】选项卡→选择【文档模板】，如图 **A** 所示。

Step 02 选择【管理器】，如图 **B** 所示。

Step 03 点击右侧的【关闭文件】→在相同位置再点击一次【打开文件】，如图 **C** 所示。

Step 04 选择【答得喵】模板文件→点击【打开】，如图 **D** 所示。

Step 05 选择【答得喵】中的【标题】样式→点击【复制】→选择【是】→【关闭】对话框，如图 **E** 所示。

Step 06 设置好后，第一页的标题会有明显变化，效果如图 **F** 所示。

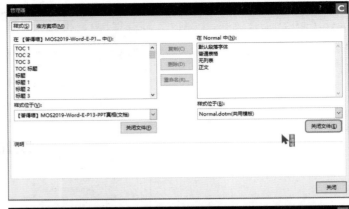

任务4：标记索引条目

考点提示： 标记索引条目

完成任务：

Step 01 【开始】选项卡→点击【查找】→在【导航】窗格输入"白领"→查找结束后，点击【结果】选项卡→选择第一个结果，会自动选中文档中的第一个"白领"，如图 A 所示。

Step 02 【引用】选项卡→点击【标记条目】，如图 B 所示。

Step 03 点击【标记】，如图 C 所示。

Step 04 设置好的效果如图 D 所示。

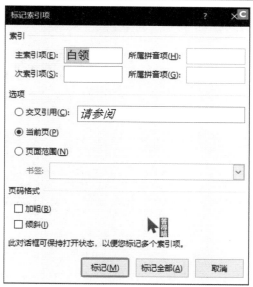

举一反三

点击【开始】选项卡【段落】功能区的【显示/隐藏编辑标记】功能，可以将{XE "白领"}等编辑标记隐藏起来。

书籍信息
编辑推荐
适读人群：职场白领{ XE "白领" }、初入职场的大学毕业生、渴望在 PPT 上有所突破的精英人士等。

为了把成为 PPT 高手的真相公诸于众，让大家真的能够受用，从内容安排上，

任务5：插入图表目录

| 任务1 | 任务2 | 任务3 | 任务4 | 任务5 |

在"图表目录"标题后面的空白段落中，插入一个使用优雅格式的图表目录。

上一个任务　　□在考试后留下反馈　　▷标注为回顾　　√标注为完成　　下一个任务

考点提示： 插入【图表目录】

完成任务：

Step 01 光标定位到"图表目录"标题下面→【引用】选项卡→点击【插入表目录】，如图 **A** 所示。

Step 02 格式设置为【优雅】→题注标签设置为【图表】→点击【确定】，如图 **B** 所示。

Step 03 设置好的效果如图 **C** 所示。

图表目录

1 PPT 真相封面特写 1
2 PPT 真相大纲 6

温馨提示

由于篇幅有限且MOS2019题库具有更新性，本书将采用"互联网+"的方式来为你带来增补内容（增补内容中包含的模拟题和书上的不同，两者同等重要，都需要学习）。

增补内容领取方法：扫描本书封底涂层下二维码领取。

如操作中遇到困难，可访问https://dademiao.cn/doc/30，或者手机扫描**此二维码**查看图文。

手机扫一扫，
获取更新内容

05

Chapter

MOS
Outlook 2019

我们将通过MOS-Outlook 2019的实战模拟练习，来学习
Outlook软件的相关考点。

MOS-Outlook 2019只有一个级别：Exam MO-400:MOS:
Microsoft Office Outlook 2019 Associate（以下简称Outlook
2019 Associate）。

MOS Outlook 2019 Associate

MOS Outlook 2019 Associate每次考试从题库中抽取**35**个项目。每个项目包含1个任务，共计**35**个任务。每个任务考察若干个考点。

为了让你感觉身临其境，本书采取和正式考试一样的方式。以项目为单位安排任务，讲解题型。每个项目处会注明对应项目文件的名字（在本书配套光盘里可找到所有项目文件），给出任务总览（便于依照任务描述作答）和各任务解题方法（以核对作答是否正确）。

软件是练会的，不是看会的。

为保证最佳的学习效果，请按下列步骤进行。

Step 01 在本书的配套光盘中找到【对应项目文件】，打开。

Step 02 依照本书【任务总览】小节列出的任务描述，操作项目文件，完成任务。

Step 03 参考本书【任务1】等各小节内容，核对自己的解题方法是否正确。

说　明

01 练习前准备工作

MOS2019-Outlook模拟题不同于其他科目，需要先配置模拟环境，再进行练习。

配置方法如下：

1. 创建配置文件

Step 01 进入【控制面板】，将查看方式更改为【大图标】，双击【控制面板】中的【Mail】图标，如图 A 所示。（温馨提示：1.进入控制面板的方法各系统有所不同，如不会操作请自行搜索；2.即使电脑中安装的是Office 2019、Office 365，也可能如图所示显示为2016，这是Windows系统的一个小bug，无须在意，正常设置即可）

Step 02 在弹出的对话框中，点击【显示配置文件】（注意：阅读本书前，从未设置过Office Outlook邮箱的，系统会自动跳过此步，直接显示下一步的界面），如图 B 所示。

Step 03 【启动Microsoft Outlook时使用此配置文件：】处选择【提示要使用的配置文件】→点击【添加】，如图 C 所示。

Step 04 输入【配置文件名称】"dademiaoMOS2019"，点击【确定】，如图 D 所示。

Step 05 在弹出的对话框中，选择【手动设置或其他服务器类型】→点击【下一步】，如图 E 所示。

Step 06 选择【POP或IMAP(P)】→点击【下一步】，如图 F 所示。

Step 07 【用户信息】处,【您的姓名】输入"答得喵"→【电子邮件地址】输入"mostest@dademiao.com"→【服务器信息】处的【接收邮件服务器】和【发送邮件服务器】都输入"dademiao.mos.com"→【登录信息】处,保持默认无须更改→【测试账户设置】处,切记取消勾选【单击"下一步"时自动测试账户设置】→单击【下一步】,如图 **G** 所示。

Step 08 单击【完成】,如图 **H** 所示。

Step 09 【添加账户】对话框自动关闭,回到【邮件】对话框,单击【确定】,【邮件】对话框自动关闭,完成创建配置文件。

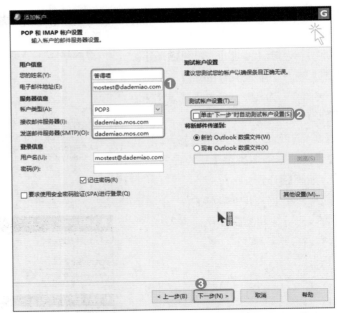

2. 启动Outlook软件,选择配置文件

Step 01 启动Outlook软件。

Step 02 在自动弹出的【选择配置文件】对话框,【配置文件名称】处选择【da-demiaoMOS2019】→单击【确定】,如图 **A** 所示。

3. 导入Outlook数据文件

Step 01 在打开的Outlook软件中，点击【文件】进入后台视图，如图 **A** 所示。

Step 02 点击【打开和导出】→点击【导入/导出】，如图 **B** 所示。

Step 03 在弹出的【导入和导出向导】对话框中，选择【从另一程序或文件导入】→点击【下一步】，如图 **C** 所示。

Step 04 选择【Outlook 数据文件(.pst)】→点击【下一步】，如图 **D** 所示。

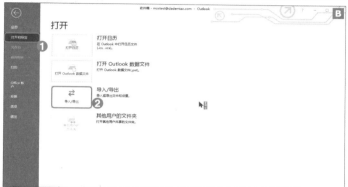

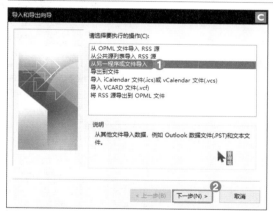

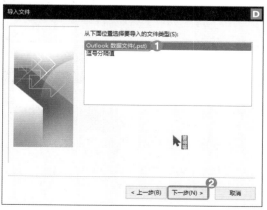

Step 05 点击【浏览】，如图 **E** 所示。

Step 06 找到并选择答得喵提供的文件——"dademiaoMOS2019A.pst"（本书所有Outlook模拟题均使用此文件）→点击【打开】，如图 **F** 所示。

Step 07 点击【下一步】，如图 **G** 所示。

Step 08 点击【完成】，如图 **H** 所示。

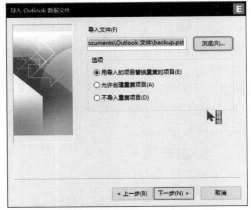

Chapter 01
Chapter 02
Chapter 03
Chapter 04
Chapter 05
Chapter 06

以上，模拟环境搭建完成，正式开始练习吧。

注意

Outlook软件很特别，由于素材在固定的时间点制作，所以在使用本素材进行练习时，**部分任务中原本应位于"未来"某个时间点的会议、约会，变成处在"过去"的某个时间点。**

1. 每次打开软件时，可能会出现如图提醒，关闭对话框即可（不要点击【清除】或【全部清除】）。

2. 练习操作时会弹出对话框提示该会议发生在过去的时间，是否仍然发送等。此时点击确定即可！

除此之外，模拟题的操作均与正式考试一致。时间的问题并不会影响到模拟练习，请放心！

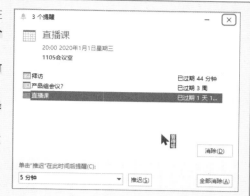

说 明

02 多次练习的方法

参照上一节内容，重新导入Outlook数据文件即可。

如果导入不成功，那么按下列步骤进行。

Step 01 删除配置文件，如图 **A** 所示。

Step 02 按照练习前准备工作，再次创建配置文件→启动Outlook、选择配置文件→导入Outlook数据文件即可。

任务总览：请打开项目文件，依照任务描述，完成任务

本科目包含50个任务。

Step 01 按照练习前准备工作进行准备。

Step 02 依照任务描述，完成任务。

Step 03 参考本书随后项目1—项目50小节内容，核对自己的解题方法是否正确。

任务序号	任 务 描 述
1	在草稿文件夹，打开"答得喵官网新UI设计"邮件。设置邮件选项，使邮件仅仅回复给"天骄老师"。发送邮件。

（续表）

任务序号	任务描述
2	配置Outlook，设置新邮件的默认文字为绿色14号Candara。
3	创建一个名为"答得喵周年活动"的日历组，包含"CC老师""归尘老师"和"天骄老师"的日历。
4	创建一个名为"答得喵宣传册印刷"的任务，开始日期和截止日期是今天，状态是进行中。保存和关闭任务。
5	定位到收件箱的"MOS疑问"邮件。将其标记为请打电话，时间为今天到明天。设置一个明天上午9点半的提醒。
6	配置Outlook以标记出最明显的垃圾邮件并将其移动到垃圾邮件文件夹。保持默认推荐设置。
7	使用功能区创建一个名为"本日工作"的规则，将收到的自动回复邮件标记为同一天的需后续工作。保留所有默认设置。保存规则。
8	创建一个搜索文件夹，以展示当前邮箱所有未读或标有后续标记的邮件。
9	使用高级查找定位到在邮件正文包含"MOS考试"词汇且敏感度为个人的邮件。将该邮件移动到垃圾邮件文件夹。关闭高级查找对话框。
10	在日历，定位到发生在周一的"答得喵运营会议"会议。增加"运营"组除了"CC"之外的成员为必须与会者。使"CC"为可选与会者。将会议邀请发给所有与会者。
11	在日历，定位到每周三发生的"直播课"会议。更新系列会议使其在明年一月份的第三个周三结束。发送会议更新。
12	在日历，打开周四发生的"员工体检沟通"约会。配置提醒，使其不播放声音。保存并关闭约会。
13	创建一个名为"远程办公"的约会。设置约会，使其从下一年的第一个周六开始，每隔一周的周六9:30 AM到12:00 AM（早9点半到11点整）重复。在此约会期间，你的时间显示为在其他地方工作。保存并关闭约会。
14	将已删除邮件文件夹及其子文件夹的内容导出为一个.pst文件。将文件以"删除存档.pst"的文件名保存到文档文件夹。不要输入密码。
15	将你整个日历，包含过去的项目，邮件发送给"大田老师"。保持所有其他设置的默认状态。
16	关闭导航窗格的紧凑型模式。
17	修改收件箱的紧凑视图，使得在紧凑模式下的列最大限度的呈现为三行。
18	配置Outlook，使得所有发出去的邮件是Rich Text格式。
19	在草稿文件夹，定位到标题为"报告"的邮件。将Outlook便签"记得上线前进行内测."作为附件增加到邮件中。发送邮件。
20	在草稿文件夹，打开"新联系方式"邮件。将敏感度更改为个人。发送邮件。
21	在草稿文件夹，定位到标题为"在哪里进行MOS考试"的邮件。应用基本(时尚)样式集。发送邮件。
22	在草稿文件夹，定位到标题"MOS考试情况"的邮件。将词"数量"和"50%"设置为加粗文本。发送邮件。
23	创建一个联系人，姓名为"陈梦"，email地址为"chenmeng@dademiao.com"。保存和关闭联系人。
24	将"鲁殿"的联系人项目标记为私人。
25	创建一个名为"答得喵学院"的联系人组并将"天骄老师"和"桔子老师"增加为成员。保存和关闭此新联系人组。
26	将"天骄老师"增加到"设计"联系人组。保存和关闭联系人组。
27	创建一个名为"拜访"的一小时约会。约会开始在下一年的第一个周五的10:00 AM（早10点整）。在此约会期间，你的时间显示为外出。保存并关闭约会。
28	在日历，定位到周五的"团建"约会。改变时间，使得约会在9:00AM 莫斯科时间开始，并在04:00PM 大阪、札幌、东京时间结束。不要改变日期。保存和关闭约会。
29	定位到发生在周二的"答得喵学院课程创意"日历事件，并将其标记为高重要性。

任务序号	任 务 描 述
30	定位到发生在周五的"销售回顾"会议，并将其转发给"CC老师"。
31	对发生在周六的"二季度计划"会议应用橙色分类。不要重命名分类。
32	在收件箱，定位到"PPT模板"邮件。将此邮件作为一个txt文件，保存到文档文件夹。保持默认文件名。
33	在收件箱，定位到"产品组会议？"邮件。从此邮件，创建一个自动包含邮件内容并将邮件收件人作为与会者的会议邀请。将会议安排到明天9:30AM到11:00AM，在"小花园"。发送会议邀请。
34	在日历。配置视图以显示当前工作周的日程。
35	配置Outlook，使其当你答复邮件时包含并缩进邮件原件文本。
36	重置导航窗格按钮到默认设置。
37	创建一个名为"含有重要附件"的搜索文件夹，以展示当前邮箱所有被标记为高重要性并包含至少一个附件的邮件。
38	使用高级查找定位到在邮件正文中包含"答得喵"短语且敏感度为机密的邮件。删除该邮件。关闭高级查找对话框。
39	在草稿文件夹，打开"新网站地址"邮件。对单词"地址"插入一个超链接，地址是"http://www.dademiao.com"。发送邮件。
40	在草稿文件夹，定位到标题为"答得喵logo确认"的邮件。在正文的下方插入来自文档文件夹的答得喵logo文件。发送邮件。
41	在任务文件夹，定位到"撰写回顾报告"任务。将任务分配给"桔子老师"。设置状态为正在等待其他人。不要在我的任务列表中保存此任务的更新副本。发送任务。
42	配置Outlook以使得来自联系人的邮件永远不会被发到垃圾邮件文件夹。
43	使用功能区创建一个名为"必读"的规则，当你收到一个只发送给你并被标记为高重要性的邮件时，在新邮件通知窗口显示"重要邮件，请查看"。保留所有默认设置。
44	对"全员"联系人组发送标题为"答得喵工装尺寸调查"和投票按钮"小""中"和"大"的邮件。
45	对收件箱的邮件排序，高重要性的在上面、低重要性的在下面。对相同重要性等级的邮件，根据接收邮件日期排序，最近的邮件第一个显示。
46	对"天骄老师"联系人增加安排会议的后续标志。设置开始日期是今天，截止日期是明天。设置提醒是今天10:00 AM。
47	从位于文档文件夹的dademiaoCONTACT.CSV文件导入联系人到联系人文件夹。
48	将"在在"的联系人项目作为名片发送给"栗子"。
49	从"考试"联系人组中移除"桔子老师"和"喵老师"。保存和关闭联系人组。
50	设置你的日历工作时间是星期二、星期三、星期四和星期六的9:00 AM 到 6:00 PM。设置星期二是每工作周的第一天。

项目01：设置邮件回复选项

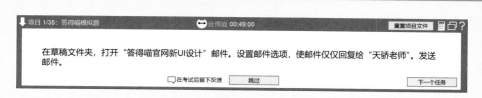

考点提示： 邮件回复选项

完成任务：

Step 01 定位到【草稿】文件夹的【答得喵官网新UI设计】邮件，双击，如图 **A** 所示。

Step 02 在【答得喵官网新UI设计－邮件】对话框中→【选项】选项卡→【发送答复至】，如图 **B** 所示。

Step 03 在【属性】对话框中→点击【选择姓名】，如图 **C** 所示。

Step 04 在【将答复发送给：联系人】对话框中→【答复到】处删除"答得喵"→选择"天骄老师"→点击【答复到】按钮→点击【确定】，如图 **D** 所示。

Chapter 01
Chapter 02
Chapter 03
Chapter 04
Chapter 05
Chapter 06

Step 05 点击【关闭】，如图 **E** 所示。

Step 06 在【答得喵官网新UI设计-邮件】对话框中→点击【发送】，如图 **F** 所示。

项目02：配置新邮件默认字体

配置Outlook，设置新邮件的默认文字为绿色14号Candara。

考点提示：【字体】设置

完成任务：

Step 01 点击【文件】选项卡进入后台视图，如图 **A** 所示。

Step 02 点击【选项】，如图 **B** 所示。

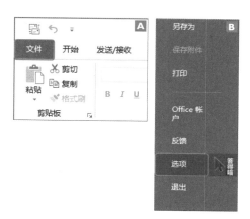

Step 03 在【Outlook选项】对话框中→【邮件】→【信纸和字体】，如图 **C** 所示。

Step 04 在【签名和信纸】对话框中→【字体】，如图 **D** 所示。

Step 05 在【字体】对话框中→【西文字体】处选择【Candara】【字号】处选择【14】【字体颜色】处选择【绿色】→点击【确定】，如图 **E** 所示。

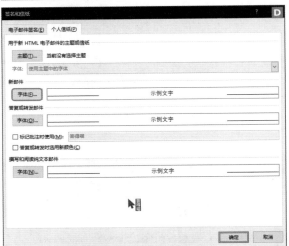

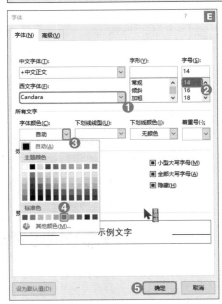

Step 06 点击【确定】，如图 **F** 所示。

Step 07【Outlook选项】对话框，点击【确定】。

项目03：新建日历组

考点提示：【日历组】

完成任务：

Step 01 在导航处选择【日历】→【开始】选项卡→点击【日历组】→选择【新建日历组】，如图 **A** 所示。

Step 02 在【新建日历组】对话框中→【键入新日历组的名称】处输入"答得喵周年活动"→点击【确定】，如图 **B** 所示。

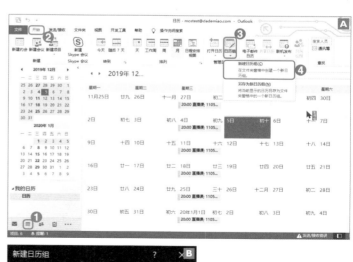

Step 03 在【选择姓名：联系人】对话框中→依次鼠标左键双击"CC老师""归尘老师""天骄老师"将其增加到【组成员】处→点击【确定】，如图 **C** 所示。

Step 04 设置好后效果如图 **D** 所示。

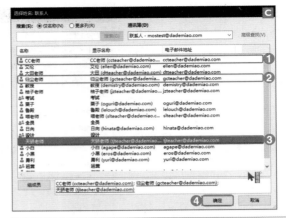

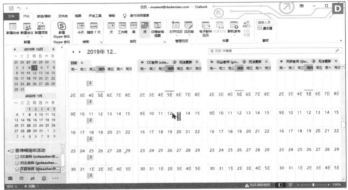

举一反三

此功能在实际工作中，用于团队成员之间的日历共享。

项目04：创建任务

项目 1/35：答得喵模拟题　　　答得喵 00:49:00　　　重置项目文件

创建一个名为"<u>答得喵宣传册印刷</u>"的任务，开始日期和截止日期是今天，状态是进行中。保存和关闭任务。

☐ 在考试后留下反馈　　　跳过　　　　下一个任务

考点提示： 创建任务

完成任务：

Step 01 在导航处选择【任务】→【开始】选项卡→选择【新建任务】，如图 **A** 所示。

Step 02 在弹出的对话框中→【主题】处输入"答得喵宣传册印刷"→【开始日期】和【截止日期】处选择"今天"的日期→【状态】处选择【进行中】→点击【保存并关闭】，如图 **B** 所示（注：图片中日期仅为示例，请以操作时真实的"今天"日期为准）。

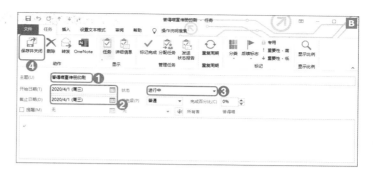

项目05：标记邮件并设置提醒

定位到收件箱的"MOS疑问"邮件。将其标记为请打电话，时间为今天到明天。设置一个明天上午9点半的提醒。

考点提示： 标记邮件

完成任务：

Step 01 在【导航】处选择【邮件】→选择【收件箱】→找到【MOS疑问】邮件，双击打开，如图 **A** 所示。

Step 02 在【MOS疑问-邮件】对话框中→【邮件】选项卡→点击【后续标志】→选择【添加提醒】，如图 **B** 所示。

Step 03 在【自定义】对话框中→【标志】处选择【请打电话】→【开始日期】处选择"今天"的日期、【截止日期】处选择"明天"的日期→勾选【提醒】,日期设置为"明天",时间设置为【09:30】→点击【确定】,如图 **C** 所示(注:图片中日期仅为示例,请以操作时真实的"今天""明天"日期为准)。

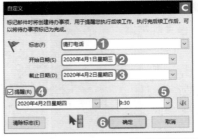

Step 04 设置好的效果如图 **D** 所示,关闭【MOS疑问-邮件】对话框。

项目06: 配置垃圾邮件规则

考点提示:【垃圾邮件选项】

完成任务:

Step 01【开始】选项卡→【垃圾邮件】按钮→选择【垃圾邮件选项】,如图 **A** 所示。

Step 02 在【垃圾邮件选项】对话框中【选项】选项卡下→选择【低】→点击【确定】,如图 **B** 所示。

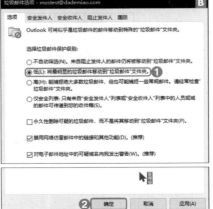

Chapter 01
Chapter 02
Chapter 03
Chapter 04
Chapter 05
Chapter 06

项目07: 创建规则

使用功能区创建一个名为"本日工作"的规则，将收到的自动回复邮件标记为同一天的需后续工作。保留所有默认设置。保存规则。

考点提示：【创建规则】

完成任务：

Step 01 【开始】选项卡→【规则】→【创建规则】，如图 **A** 所示。

Step 02 在【创建规则】对话框中→点击【高级选项】，如图 **B** 所示。

Step 03 在【规则向导】对话框中→在【步骤1：选择条件】处勾选【是自动答复】→点击【下一步】，如图 **C** 所示。

Step 04 在【步骤1：选择操作】处勾选【将邮件标记为在以下时间完成后续工作】→在弹出【Microsoft Outlook】对话框（如有），点击【是(Y)】，在【步骤2：编辑规则说明（点击带下划线的值）】中单击【在以下时间完成后续工作】，如图 **D** 所示。

Step 05 在【标记邮件】对话框中→【标志】为【需后续工作】→点击【确定】，如图 **E** 所示。

Step 06 单击【下一步】，如图 **F** 所示。

Step 07 在【规则向导】是否有例外对话框，单击【下一步】，如图 **G** 所示。

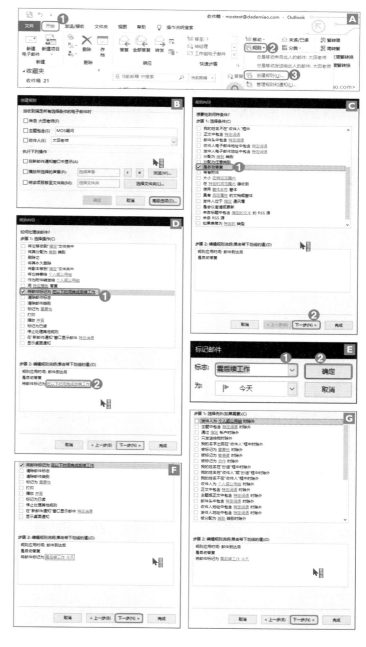

Step 08 在【步骤1：指定规则的名称】
处输入"本日工作"→单击【完成】，
如图 H 所示。

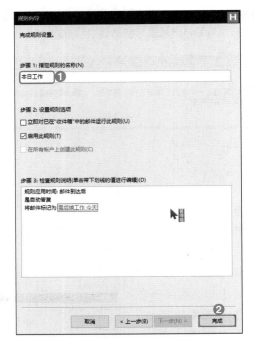

举一反三

通过设置规则，让所有有规律可循的操作都能
够自动化起来。

项目08：创建搜索文件夹

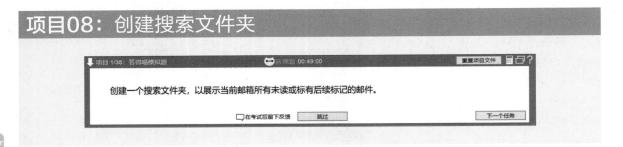

创建一个搜索文件夹，以展示当前邮箱所有未读或标有后续标记的邮件。

考点提示：【搜索文件夹】

完成任务：

Step 01 在【导航】处选择【邮件】→选
择【收件箱】→点击【搜索文件夹】→
【新建搜索文件夹】，如图 A 所示。

Step 02 在【新建搜索文件夹】对话框中
→选择【未读或标有后续标记的邮件】
→点击【确定】，如图 B 所示。

Step 03 设置好的效果，如图 **C** 所示。

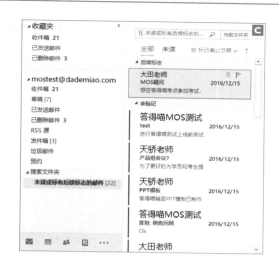

项目09：高级查找邮件

考点提示： 查找邮件

完成任务：

Step 01 选中收件箱，点击【搜索栏】→【搜索工具搜索】选项卡→【搜索工具】→【高级查找】，如图 **A** 所示。

Step 02 在【高级查找】对话框中→【查找文字】处输入"MOS考试"→【位置】处选择【主题字段及邮件正文】，如图 **B** 所示。

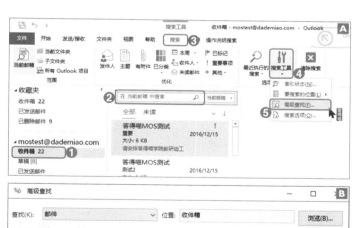

Step 03 选择【高级】选项卡→【字段】→【常用字段】→【敏感度】，如图 **C** 所示。

Step 04 【值】处选择【个人】→点击【添加到列表】→点击【立即查找】，如图 **D** 所示。

Step 05 搜索需要些时间，请稍等。查找结束后，在对话框下方找到的邮件上单击鼠标右键→【移动】→【其他文件夹】，如图 **E** 所示。

Step 06 在【移动项目】对话框中选择【垃圾邮件】→点击【确定】，如图 **F** 所示。

Chapter 01
Chapter 02
Chapter 03
Chapter 04
Chapter 05
Chapter 06

Step 07 关闭对话框，如图**G**所示。

项目10：发送会议邀请

项目 1/35：答得喵模拟题   **答得喵 00:49:00**   **重置项目文件**   **?**

在日历，定位到发生在周一的"答得喵运营会议"会议。增加"运营"组除了"CC"之外的成员为必须与会者。使"CC"为可选与会者。将会议邀请发给所有与会者。

□在考试后留下反馈   **跳过**   **下一个任务**

考点提示： 会议邀请
完成任务：

Step 01 导航处选择【日历】→只选择【我的日历】→双击周一的答得喵运营会议（在答得喵模拟题中，你可在2020年4月找到此会议。正式考试时，会议日期会根据你考试的实际日期发生变化，一般出现在你考试日期后的1-2个月内），如图**A**所示。

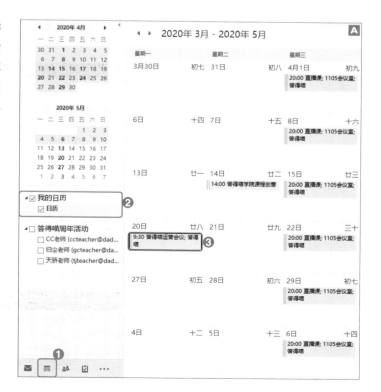

Step 02 在【答得喵运营会议-会议】对话框中→单击【收件人】(部分版本显示为【必需】),如图 **B** 所示。

Step 03 在【选择与会者及资源:联系人】对话框中→双击"运营"将其增加到【必选】处→单击"CC老师"→单击【可选】→单击【确定】,如图 **C** 所示。

Step 04 单击【收件人】处"运营"前的加号,如图 **D** 所示。

Step 05 如果显示【展开列表】对话框,单击【确定】,如图 **E** 所示。

Step 06 选中【收件人】处的"CC老师"→按下键盘上的【Delete】键,如图 **F** 所示。

Step 07 点击【发送】,如图 **G** 所示。

Step 08 如果弹出对话框提示,单击【仍然发送】,如图 **H** 所示。

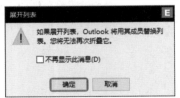

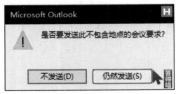

项目11：更新会议信息

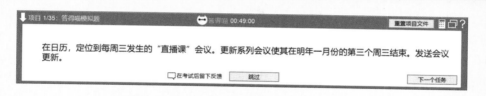

考点提示： 更新会议

完成任务：

Step 01 导航处选择【日历】→双击任意一个周三的直播课会议（在答得喵模拟题中，你可在2020年4月找到此会议。正式考试时，会议日期会根据你考试的实际日期发生变化，一般出现在你考试日期后的1-2个月内），如图 **A** 所示。

Step 02 在【打开定期项目】对话框中→选择【整个序列】→点击【确定】，如图 **B** 所示。

Step 03 在【直播课-会议系列】对话框中→单击【重复周期】，如图 **C** 所示。

Step 04 在【约会周期】对话框中→选择【结束日期】并选择【2021/1/20】(答得喵截图时，假设操作日期为2020年4月1日，此时明年一月份的第三个周三是2021年1月20日，考试时以实际操作日期为准进行判断)→点击【确定】，如图**D**所示。

Step 05 单击【发送】，如图**E**所示。

项目12：设置约会提醒

考点提示： 设置提醒

完成任务：

Step 01 导航处选择【日历】→双击周四的"员工体验沟通"的约会，如图**A**所示。(在答得喵模拟题中，你可在2020年4月找到此约会。正式考试时，约会日期会根据你考试的实际日期发生变化，一般出现在你考试日期后的1-2个月内)

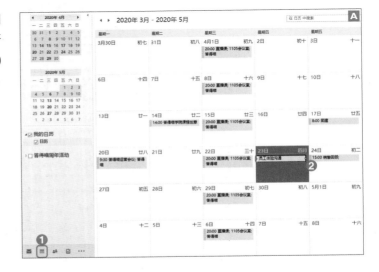

Chapter 01
Chapter 02
Chapter 03
Chapter 04
Chapter 05
Chapter 06

Step 02 在【员工体验沟通-事件】对话框中→单击【事件】选项卡【选项】处的【其他】按钮，如图 **B** 所示。（温馨提示：如你的软件版本没有【其他】按钮，可点击【提醒】右侧的下拉菜单底部的【声音】）

Step 03 在【提醒声音】对话框中→取消勾选【播放该声音】→点击【确定】，如图 **C** 所示。

Step 04 单击【保存并关闭】，如图 **D** 所示。

项目13：创建约会

考点提示： 创建约会

完成任务：

Step 01 导航处选择【日历】→【开始】选项卡→【新建约会】，如图 **A** 所示。

Step 02 在弹出的【未命名-约会】对话框中→【约会】选项卡→【重复周期】,如图 **B** 所示。

Step 03 在【约会周期】对话框中→【约会时间】处依照任务描述要求选择【开始】和【结束】时间→【定期模式】处选择【按周】、重复间隔为【2】周后、勾选【星期六】→【重复范围】处【开始】选择【2021/1/2】(答得喵截图时,假设操作日期为2020年4月1日,此时下一年的第一个周六是2021年1月6日,考试时以实际操作日期为准进行判断)→勾选【无结束日期】→点击【确定】,如图 **C** 所示。

Step 04【主题】处输入"远程办公"→【显示为】处选择【在其他地方工作】→点击【保存并关闭】,如图 **D** 所示。

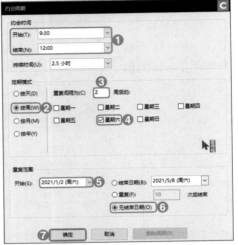

项目14: 导出pst文件

> 项目 1/35: 答得喵模拟题　　　00:49:00　　　重置项目文件
>
> 将已删除邮件文件夹及其子文件夹的内容导出为一个 .pst文件。将文件以"删除存档.pst"的文件名保存到文档文件夹。不要输入密码。
>
> □ 在考试后留下反馈　　跳过　　　　　　下一个任务

考点提示: 导出pst
完成任务:
Step 01【文件】选项卡,如图 **A** 所示。

Step 02 选择【打开和导出】选项→点击
【导入/导出】，如图 **B** 所示。

Step 03 在【导入和导出向导】对话框→
选择【导出到文件】→点击【下一步】，
如图 **C** 所示。

Step 04 选择【Outlook数据文件（.pst）】
→点击【下一步】，如图 **D** 所示。

Step 05 选择【已删除邮件】→勾选【包
括子文件夹】→点击【下一步】，如图
E 所示。

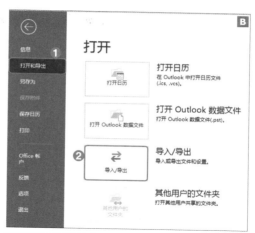

Step 06 单击【浏览】，如图 F 所示。
Step 07 在【文件名】处输入"删除存
档"→单击【确定】，如图 G 所示。
Step 08 单击【完成】，如图 H 所示。
Step 09 单击【确定】，如图 I 所示。

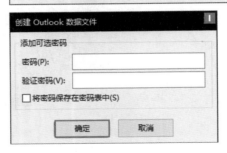

Chapter
01

Chapter
02

Chapter
03

Chapter
04

Chapter
05

Chapter
06

举一反三

这一招可以用于备份邮件，或者批量复制邮件
到别的地方。

项目15：发送日历

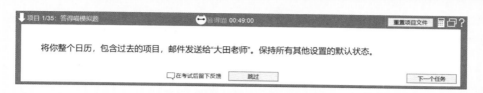

考点提示： 发送【日历】

完成任务：

Step 01 在导航处选择【日历】→在【我的日历】下方的【日历】上单击鼠标右键→【共享】→【电子邮件日历】，如图 **A** 所示。

Step 02 在【通过电子邮件发送日历】对话框中→【日期范围】处选择【整个日历】→【详细信息】处选择【完整详细信息】→单击【确定】，如图 **B** 所示。

Step 03 在弹出的对话框中单击【是】，如图 **C** 所示。

Step 04 在【答得喵日历-邮件】对话框中→单击【收件人】，如图 **D** 所示。

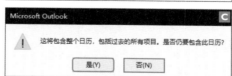

Step 05 在【选择姓名：联系人】对话框中→双击"大田老师"将其增加到收件人列表中→单击【确定】，如图 **E** 所示。

Step 06 单击【发送】，如图 **F** 所示。

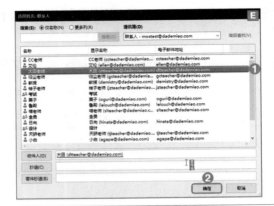

举一反三

Step02为什么选择【完整详细信息】

任务描述中未提到需要修改【详细信息】为【完整详细信息】，但是如果不修改则无法发送【整个日历】，因此需要选择【完整详细信息】。

项目16：更改导航显示方式

关闭导航窗格的紧凑型模式。

考点提示： 设置导航显示方式

完成任务：

Step 01 点击导航处的【其他】按钮→【导航选项】，如图 **A** 所示。

Step 02 在【导航选项】对话框中→取消
【紧凑型导航】的勾选→单击【确定】，
如图 **B** 所示。

Step 03 设置好的效果，如图 **C** 所示。

项目17：修改收件箱视图

修改收件箱的紧凑视图，使得在紧凑模式下的列最大限度的呈现为三行。

考点提示： 修改【视图】

完成任务：

Step 01 选择【邮件】中的【收件箱】→
【视图】选项卡→点击【视图设置】，如
图 **A** 所示。

Step 02 在【高级视图设置：压缩】对话框中→单击【列】，如图 B 所示。

Step 03 在【显示列】对话框中→【紧凑模式时的最大行数】处选择【3】→点击【确定】，如图 C 所示。

Step 04 单击【确定】，如图 D 所示。

(Chapter 01-06 side tabs)

项目18：修改发出邮件的格式

考点提示： 修改邮件格式

完成任务：

Step 01【文件】选项卡，如图 A 所示。

Step 02 选择【选项】，如图 **B** 所示。

Step 03 在【Outlook选项】对话框中→【邮件】→【使用此格式撰写邮件】处选择【RTF】→点击【确定】，如图 **C** 所示。

项目19：为邮件增加Outlook便签作为附件

在草稿文件夹，定位到标题为"报告"的邮件。将Outlook便签"记得上线前进行内测。"作为附件增加到邮件中。发送邮件。

☐ 在考试后留下反馈　　　跳过　　　　　　　　　　　下一个任务

考点提示： 添加便签

完成任务：

Step 01 定位到【草稿】中的【报告】邮件，双击打开该邮件，如图 **A** 所示。

Step 02 在【报告-邮件】对话框中→【插入】选项卡→【Outlook项目】，如图 **B** 所示。

Step 03 在【插入项目】对话框中→【查找范围】中选择【便签】→【项目】处选择【记得上线前进行内测】→【确定】，如图 C 所示。

Step 04 点击【发送】，如图 D 所示。

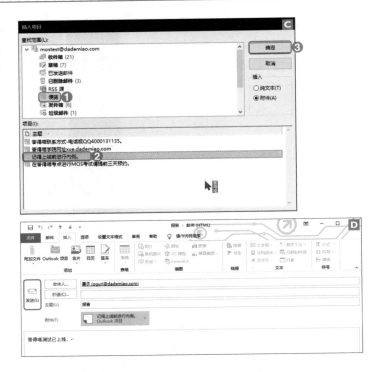

项目20：更改邮件敏感度

考点提示： 更改【敏感度】

完成任务：

Step 01 定位到【草稿】中的【新联系方式】邮件，双击打开，如图 A 所示。

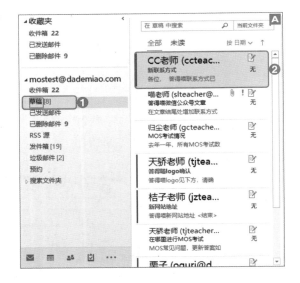

Step 02 在【新联系方式−邮件】对话框中→【邮件】选项卡→【标记】功能组的【其他】按钮，如图 **B** 所示。

Step 03 在【属性】对话框中→【敏感度】处选择【个人】→点击【关闭】，如图 **C** 所示。

Step 04 点击【发送】，如图 **D** 所示。

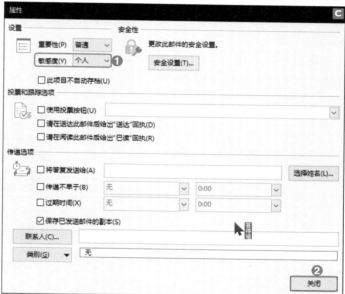

举一反三

通过邮件敏感度设置，可以防止由于疏忽导致的内容外泄，当然，如果是有人故意为之，是无法通过这种方式防范的。

项目21: 修改邮件样式集

项目 1/35：答得喵模拟题　　答得喵 00:49:00　　重置项目文件

在草稿文件夹，定位到标题为"在哪里进行MOS考试"的邮件。应用基本(时尚)样式集。发送邮件。

☐ 在考试后留下反馈　　跳过　　下一个任务

考点提示： 应用【样式集】

完成任务：

Step 01 定位到【草稿】中的【在哪里进行MOS考试】邮件，双击打开，如图 A 所示。

Step 02 在【在哪里进行MOS考试–邮件】对话框中→【设置文本格式】选项卡→【更改样式】→【样式集】，如图 B 所示。

Step 03 选择【基本（时尚）】样式集，如图 C 所示。

Step 04 点击【发送】，如图 D 所示。

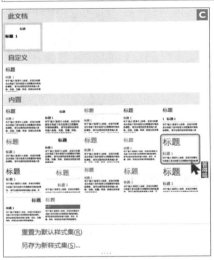

Chapter 01
Chapter 02
Chapter 03
Chapter 04
Chapter 05
Chapter 06

项目22：加粗文本

在草稿文件夹，定位到标题"MOS考试情况"的邮件。将词"数量"和"50%"设置为加粗文本。发送邮件。

□ 在考试后留下反馈　　跳过　　　　　　　　　下一个任务

考点提示：【加粗】文本

完成任务：

Step 01 定位到【草稿】中的【MOS考试情况】邮件，双击打开，如图**A**所示。

Step 02 在【MOS考试情况】对话框中→选中"数量"和"文本"文字→点击【邮件】选项卡的【加粗】按钮，如图**B**所示。

Step 03 点击【发送】，如图**C**所示。

举一反三

邮件正文中，增加不同的格式可以使得邮件突出重点。

项目23：新建联系人

考点提示：【新建联系人】

完成任务：

Step 01 导航处选择【联系人】→【开始】选项卡→【新建联系人】，如图 **A** 所示。

Step 02 在弹出的对话框中→【姓氏/名字】后的两个输入框中依次输入"陈""梦"→【电子邮件】处输入"chenmeng@dademiao.com"→点击【保存并关闭】，如图 **B** 所示。

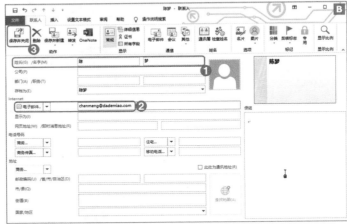

项目24：标记联系人为私人

考点提示： 标记【联系人】

完成任务：

`Step 01` 导航处选择【联系人】→双击【鲁殿】联系人，如图 **A** 所示。

`Step 02` 在弹出的【鲁殿-联系人】对话框中→点击【专用】→点击【保存并关闭】，如图 **B** 所示。（这里的"专用"和"私人"一样，只是翻译不同）

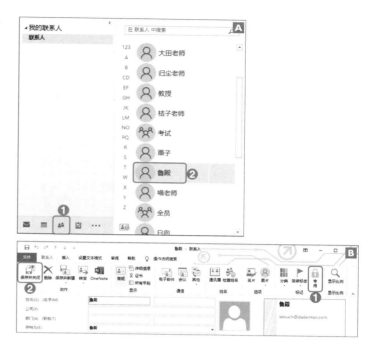

项目25：新建联系人组

项目 1/35：答得喵模拟题　答得喵 00:49:00　　重置项目文件

创建一个名为"答得喵学院"的联系人组并将"天骄老师"和"桔子老师"增加为成员。保存和关闭此新联系人组。

☐ 在考试后留下反馈　　跳过　　　　下一个任务

考点提示：【新建联系人组】

完成任务：

`Step 01` 在导航处选择【联系人】→【开始】选项卡→【新建联系人组】，如图 **A** 所示。

`Step 02` 在弹出的对话框中→【名称】处输入"答得喵学院"→【联系人组】选项卡→【添加成员】→【来自Outlook联系人】，如图 **B** 所示。

Step 03 在【选择成员：联系人】对话框中→依次双击"天骄老师""桔子老师"→点击【确定】，如图 **C** 所示。

Step 04 点击【保存并关闭】，如图 **D** 所示。

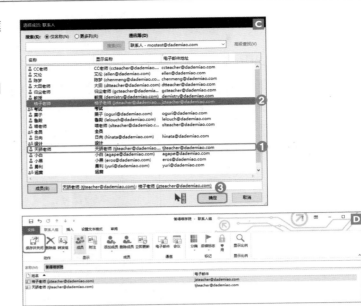

项目26：修改联系人组

将"天骄老师"增加到"设计"联系人组。保存和关闭联系人组。

考点提示： 修改联系人组

完成任务：

Step 01 导航处选择【联系人】→鼠标左键双击【设计】组，双击打开，如图 **A** 所示。

Step 02 在弹出的【设计-联系人组】对话框中→点击【添加成员】→【来自Outlook联系人】，如图 **B** 所示。

Step 03 在【选择成员：联系人】对话框中→双击"天骄老师"→点击【确定】，如图 **C** 所示。

Step 04 点击【保存并关闭】，如图 **D** 所示。

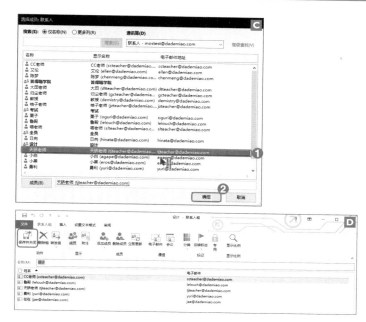

项目27：创建约会

创建一个名为"拜迈"的一小时约会。约会开始在下一年的第一个周五的10:00 AM（早10点整）。在此约会期间，你的时间显示为外出。保存并关闭约会。

项目 1/35：答得喵模拟题   答得喵 00:49:00   重置项目文件

☐ 在考试后留下反馈   跳过   下一个任务

考点提示： 创建约会

完成任务：

Step 01 在导航处选择【日历】→【开始】选项卡→点击【新建约会】，如图 **A** 所示。

Step 02 在弹出的对话框中→【主题】处输入"拜访"→【开始日期】的"日期"处选择【2021/1/1】(答得喵截图时，假设操作日期为2020年4月1日，此时下一年的第一个周五是2021年1月1日，考试时以实际操作日期为准进行判断)、"时间"处选择【10:00】→【结束日期】的"时间"处选择【11:00】→【约会】选项卡的【显示为】处选择【外出】→点击【保存并关闭】，如图 **B** 所示。

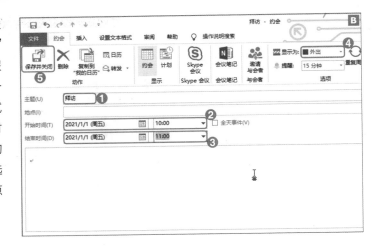

项目28：修改约会时间

在日历，定位到周五的"团建"约会。改变时间，使得约会在9:00AM 莫斯科时间开始，并在04:00PM 大阪，札幌，东京时间结束。不要改变日期。保存和关闭约会。

考点提示： 约会修改

完成任务：

Step 01 导航处选择【日历】→双击周五的"团建"约会，如图 **A** 所示。（在答得喵模拟题中，你可在2020年4月找到此约会。正式考试时，约会日期会根据你考试的实际日期发生变化，一般出现在你考试日期后的1-2个月内）

Step 02 在【团建-约会】对话框中→点击【约会】选项卡的【时区】按钮→依照任务描述要求选择【开始时间】与【结束时间】→单击【保存并关闭】，如图 **B** 所示。

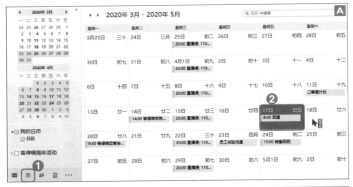

项目29：修改日历重要性

考点提示： 修改重要性

完成任务：

Step 01 导航处选择【日历】→双击周二的"答得喵学院课程创意"约会（在答得喵模拟题中，你可在2020年4月找到此约会。正式考试时，会议日期会根据你考试的实际日期发生变化，一般出现在你考试日期后的1-2个月内），如图 **A** 所示。

Step 02 在【答得喵学院课程创意-约会】对话框中→点击【约会】选项卡的【重要性-高】按钮→点击【保存并关闭】，如图 **B** 所示。

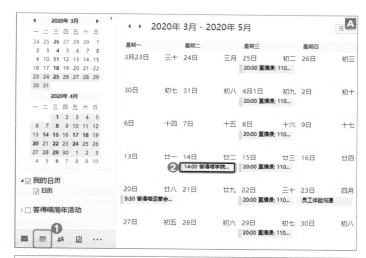

举一反三

完善重要性设置，可以利用Outlook做好时间管理。

项目30：转发会议

考点提示：转发会议

完成任务：

Step 01 导航处选择【日历】→在"销售回顾"约会上单击鼠标右键（在答得喵模拟题中，你可在2020年4月找到此约会。正式考试时，会议日期会根据你考试的实际日期发生变化，一般出现在你考试日期后的1-2个月内）→点击【转发】，如图 A 所示。

Step 02 在弹出的【转发：销售回顾-会议】对话框中→点击【收件人】，如图 B 所示。

Step 03 在【选择与会者及资源：联系人】对话框中→双击"CC老师"→点击【确定】，如图 C 所示。

Step 04 点击【发送】，如图 D 所示。

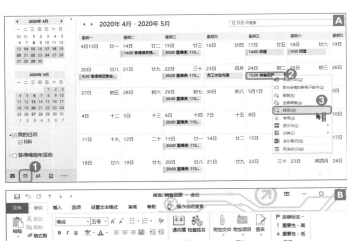

项目31：对会议分类

考点提示：会议分类

完成任务：

Step 01 导航处选择【日历】→双击周六的"二季度计划"约会（在答得喵模拟题中，你可在2020年4月找到此约会。正式考试时，会议日期会根据你考试的实际日期发生变化，一般出现在你考试日期后的1-2个月内），如图 **A** 所示。

Step 02 在【二季度计划-事件】对话框中→【事件】选项卡的【分类】→【橙色分类】，如图 **B** 所示。

Step 03 在【重命名类别】对话框中→点击【是】，如图 **C** 所示。

Step 04 点击【保存并关闭】，如图 **D** 所示。

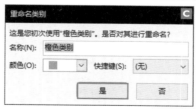

项目32：另存邮件

考点提示： 另存邮件

完成任务：

Step 01 导航处选择【邮件】→【收件箱】中选中【PPT模板】邮件→点击【文件】，如图 **A** 所示。

Step 02 点击【另存为】，如图 **B** 所示。

Step 03 在弹出的【另存为】对话框中→【保存类型】处选择【纯文本（ *.txt）】→点击【保存】，如图 **C** 所示。

项目33：从邮件创建会议

考点提示： 从邮件创建会议

完成任务：

Step 01 导航处选择【邮件】→在【收件箱】中选择【产品组会议？】邮件→点击【开始】选项卡的【会议答复】按钮，如图 **A** 所示。

Step 02 在弹出的【产品组会议？－会议】对话框中→【地点】处输入"小花园"→【开始时间】和【结束时间】处依照任务描述设置→点击【发送】，如图 **B** 所示。（注：图片中日期仅为示例，请以操作时的实际日期为准）

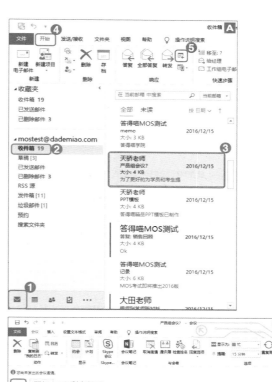

项目34：设置日历视图

考点提示：设置日历视图

完成任务：

　　导航处选择【日历】→【开始】选
项卡→【工作周】，如图 **A** 所示。

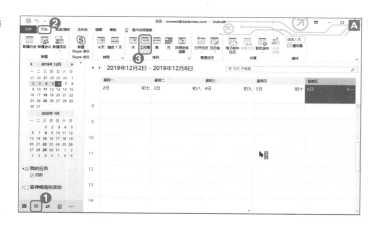

项目35：配置答复邮件显示方式

考点提示：答复邮件显示方式

完成任务：

Step 01 【文件】选项卡，如图 **A** 所示。

Step 02 点击【选项】，如图 **B** 所示。

Step 03 在【Outlook选项】对话框中→
【邮件】→【答复邮件时】选择【包含并
缩进邮件原文文本】→点击【确定】，如
图 **C** 所示。

项目36： 重置导航窗格

考点提示： 导航窗格

完成任务：

Step 01 导航处点击【其他】→点击【导航选项】，如图 **A** 所示。

Step 02 在【导航选项】对话框中→点击【重置】→点击【确定】，如图 **B** 所示。

项目37： 创建搜索文件夹

考点提示： 创建搜索文件夹

完成任务：

Step 01 导航处选择【邮件】→在【搜索文件夹】上右键单击→点击【新建搜索文件夹】，如图 **A** 所示。

Step 02 在【新建搜索文件夹】对话框中→【选择搜索文件夹】处选择【创建自定义搜索文件夹】→点击【选择】，如图 **B** 所示。

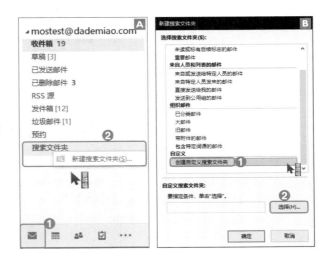

Step 03 在【自定义搜索文件夹】对话框中→【名称】处输入"含有重要附件"→点击【条件】，如图 **C** 所示。

Step 04 在【搜索文件夹条件】对话框中→选择【其他选择】选项卡→勾选【仅当项目具有】并选择【一个或多个附件】，勾选【重要性】并选择【高】→点击【确定】，如图 **D** 所示。

Step 05 点击【确定】，如图 **E** 所示。

Step 06 点击【确定】，如图 **F** 所示。

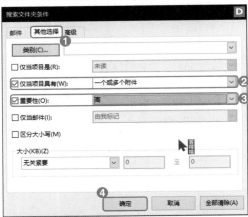

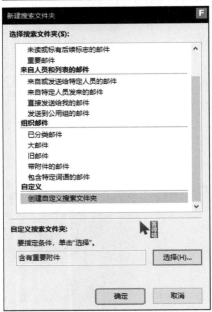

Chapter 01
Chapter 02
Chapter 03
Chapter 04
Chapter 05
Chapter 06

项目38: 高级查找

考点提示:【高级查找】

完成任务:

Step 01 选中【收件箱】→点击【搜索栏】→【搜索工具搜索】选项卡→【搜索工具】→【高级查找】,如图 A 所示。

Step 02 在【高级查找】对话框中→【查找文字】处输入"答得喵"→【位置】处选择【主题字段及邮件正文】,如图 B 所示。

Step 03 选择【高级】选项卡→【字段】→【常用字段】→【敏感度】,如图 C 所示。

Step 04 【值】处选择【机密】(注意不是【私密】)→点击【添加到列表】→点击【立即查找】,如图 D 所示。

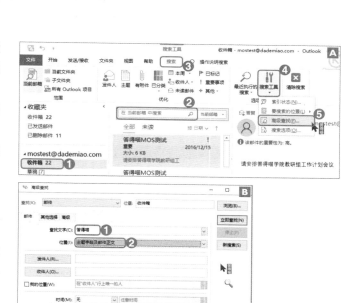

Step 05 稍等（等待的时间，根据电脑配置不同，会不同），查找结束后，将鼠标移动到对话框下方找到的邮件上→单击【删除】按钮→关闭对话框，如图 **E** 所示。

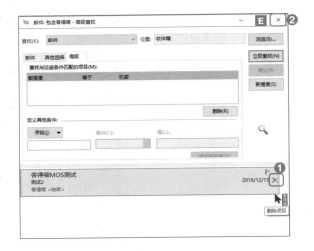

项目39：在邮件中插入超链接

在草稿文件夹，打开"新网站地址"邮件。对单词"地址"插入一个超链接，地址是 "http://www.dademiao.com"。发送邮件。

考点提示： 插入超链接

完成任务：

Step 01 在导航处选择【邮件】→【草稿】中找到【新网站网址】邮件，双击打开，如图 **A** 所示。

Step 02 在【新网站地址-邮件】对话框中→选中文本"地址"→【插入】选项卡→【链接】，如图 **B** 所示。

Chapter 01
Chapter 02
Chapter 03
Chapter 04
Chapter 05
Chapter 06

Step 03 在【插入超链接】对话框中→【地址】处输入 "http://www.dademiao.com" →点击【确定】，如图 **C** 所示。

Step 04 点击【发送】，如图 **D** 所示。

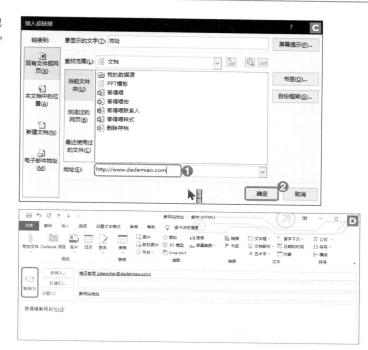

项目40：在邮件中增加图片

考点提示： 增加【图片】

完成任务：

Step 01 在导航处选择【邮件】→【草稿】中找到【答得喵logo确认】邮件，双击打开，如图 **A** 所示。

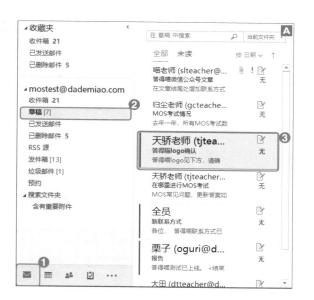

Chapter 01

Chapter 02

Chapter 03

Chapter 04

Chapter 05

Chapter 06

Step 02 在【答得喵logo确认–邮件】对话框汇总→将鼠标光标定位到正文的下方→【插入】选项卡→【图片】，如图 **B** 所示。

Step 03 选择【答得喵logo.png】→点击【插入】，如图 **C** 所示。

Step 04 点击【发送】，如图 **D** 所示。

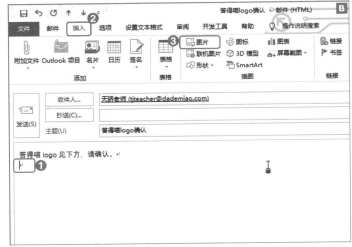

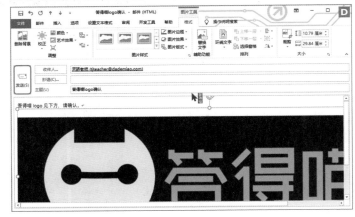

项目41：分配任务

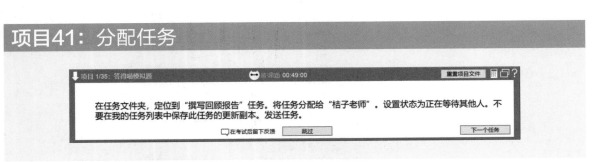

在任务文件夹，定位到"撰写回顾报告"任务。将任务分配给"桔子老师"。设置状态为正在等待其他人。不要在我的任务列表中保存此任务的更新副本。发送任务。

考点提示:【分配任务】

完成任务:

`Step 01` 在导航处选择【任务】→在【撰写回顾报告】任务上单击鼠标右键→选择【分配任务】,如图 **A** 所示。

`Step 02` 在【撰写回顾报告-任务】对话框中→【状态】处选择【正在等待其他人】→取消勾选【在我的任务列表中保存此任务的更新副本】→点击【收件人】,如图 **B** 所示。

`Step 03` 在【选择任务收件人:联系人】对话框中→双击"桔子老师"→单击【确定】,如图 **C** 所示。

`Step 04` 单击【发送】,如图 **D** 所示。

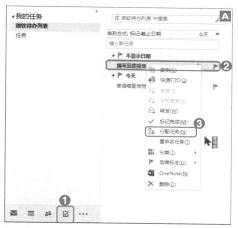

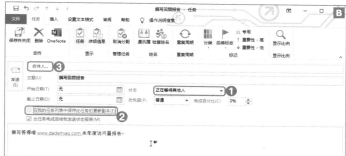

项目42：设置垃圾邮件选项

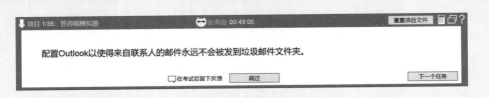

考点提示： 设置【垃圾邮件选项】

完成任务：

Step 01 在导航处选择【邮件】→【开始】选项卡→【垃圾邮件】→【垃圾邮件选项】，如图 **A** 所示。

Step 02 在弹出的【垃圾邮件选项】对话框中→选择【安全发件人】选项卡→勾选【同时信任来自我的联系人的电子邮件】（若默认勾选则无须更改）→点击【确定】，如图 **B** 所示。

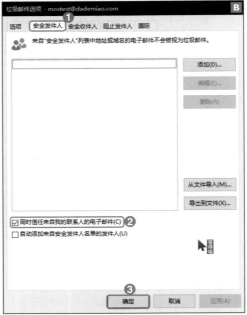

Chapter 01
Chapter 02
Chapter 03
Chapter 04
Chapter 05
Chapter 06

项目43：创建规则

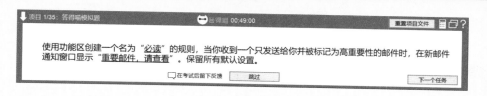

考点提示：【创建规则】

完成任务：

Step 01 选中【收件箱】的"重要"邮件→【开始】选项卡→【规则】→【创建规则】，如图 A 所示。

Step 02 在【创建规则】对话框中→勾选【在新邮件通知窗口中显示】→点击【高级选项】，如图 B 所示。

Step 03 在【规则向导】对话框中→【步骤1：选择条件】处勾选【只发送给我】和【标记为重要性–高】→点击【下一步】，如图 C 所示。

Step 04 在【步骤2：编辑规则说明】处点击【邮件到达后】，如图 D 所示。

Step 05 在弹出【通知邮件】对话框中→【指定通知消息】处输入"重要邮件，请查看"→点击【确定】，如图 E 所示。

Step 06 点击【下一步】，如图 F 所示。

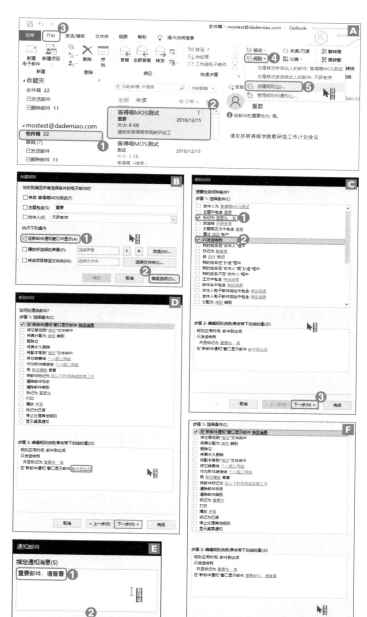

Step 07 点击【下一步】，如图 **G** 所示。

Step 08 在【步骤1：指定规则的名称】处输入"必读"→点击【完成】，如图 **H** 所示。

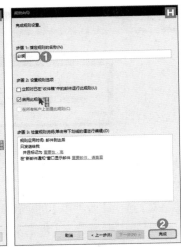

举一反三

必须说明：选择"重要"邮件不是解答此项目的必须条件。但若选择的是其他邮件，C图【步骤1：选择条件】需勾选【标记为……】处可能会显示为【标记为重要性】而不是【标记为重要性-高】，此时仍勾选【标记为……】，然后在【步骤2：编辑规则说明】处点击【重要性】链接，在弹出的对话框中将重要性选择为高即可。

项目44：创建并发送投票邮件

对"全员"联系人组发送标题为"答得喵工装尺寸调查"和投票按钮"小""虫"和"太"的邮件。

考点提示： 投票邮件

完成任务：

Step 01 【开始】选项卡→【新建电子邮件】，如图 **A** 所示。

Step 02 在弹出的【未命名-邮件】对话框中→点击【收件人】，如图 **B** 所示。

Step 03 在【选择姓名：联系人】对话框中→双击【全员】将其增加到【收件人】处→点击【确定】，如图 **C** 所示。

Step 04 在【主题】处输入"答得喵工装尺寸调查"→点击【选项】选项卡→【使用投票按钮】→【自定义】，如图 **D** 所示。

Step 05 在【属性】对话框中→【使用投票按钮】处输入"小;中;大"，注意使用英文状态下的分号→点击【关闭】，如图 **E** 所示。

Step 06 点击【发送】，如图 **F** 所示。

项目45：对收件箱邮件排序

考点提示： 邮件【排序】

完成任务：

Step 01 选中【收件箱】→【视图】选项卡→【视图设置】，如图 **A** 所示。

Step 02 在【高级视图设置：压缩】对话框中→点击【排序】，如图 **B** 所示。

Step 03 在【排序】对话框中→【排序依据】处选择【重要性】【降序】→【第二依据】处选择【接收时间】【降序】→点击【确定】，如图 **C** 所示。

Step 04 点击【确定】，如图 **D** 所示。

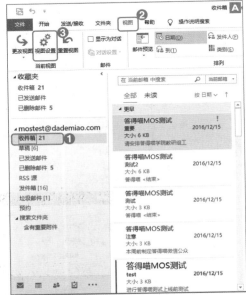

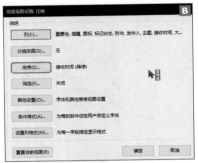

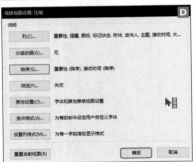

Chapter 01
Chapter 02
Chapter 03
Chapter 04
Chapter 05
Chapter 06

项目46: 对联系人增加后续标记

对"天骄老师"联系人增加安排会议的后续标志。设置开始日期是今天，截止日期是明天。设置提醒是今天 10:00 AM。

考点提示： 增加后续标记

完成任务：

Step 01 导航处选择【联系人】→在天骄老师联系人上单击鼠标右键→【后续标志】→【添加提醒】，如图 **A** 所示。

Step 02 在【自定义】对话框中→【标志】处选择【安排会议】→【开始日期】处选择【2020/4/1】【截止日期】处选择【2020/4/2】→勾选【提醒】并选择【2020/4/1】【10:00】→点击【确定】，如图 **B** 所示。（注：图片中日期仅为示例，请以操作时实际日期为准）

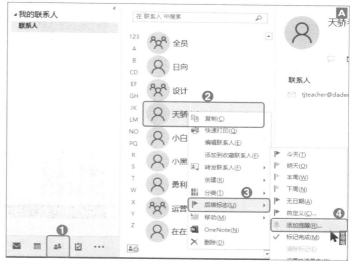

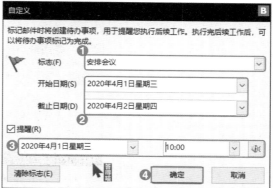

项目47: 导入联系人

从位于文档文件夹的*dademiaoCONTACT.CSV*文件导入联系人到联系人文件夹。

考点提示： 导入联系人

完成任务：

Step 01 【文件】选项卡，如图 A 所示。

Step 02 【打开和导出】→【导入/导出】，如图 B 所示。

Step 03 在【导入和导出向导】对话框中→选择【从另一程序或文件导入】→点击【下一步】，如图 C 所示。

Step 04 选择【逗号分隔值】→点击【下一步】，如图 D 所示。

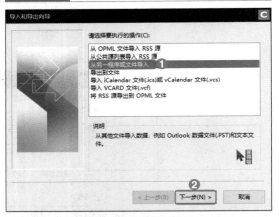

Step 05 点击【浏览】，如图 E 所示。
Step 06 选择【dademiaoCONTACT.csv】→点击【确定】，如图 F 所示。
Step 07 点击【下一步】，如图 G 所示。
Step 08 选择【联系人】→点右击【下一步】，如图 H 所示。
Step 09 点击【完成】，如图 I 所示。

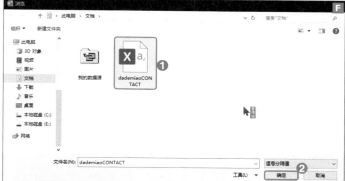

项目48：将联系人作为名片发送

将"在在"的联系人项目作为名片发送给"栗子"。

□ 在考试后留下反馈　　　跳过　　　　　下一个任务

考点提示： 发送【联系人】

完成任务：

Step 01 导航处选择【联系人】→在联系人【在在】上单击鼠标右键→选择【转发联系人】→【作为名片】，如图 A 所示。

Step 02 在【在在–邮件】对话框中→点击【收件人】，如图 B 所示。

Step 03 在【选择姓名：联系人】对话框中→双击【栗子】→点击【确定】，如图 C 所示。

Step 04 点击【发送】，如图 D 所示。

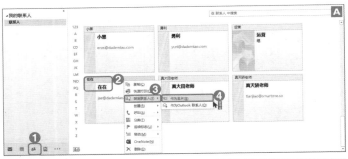

项目49：移除联系人组中的联系人

从"考试"联系人组中移除"桔子老师"和"喵老师"。保存和关闭联系人组。

□ 在考试后留下反馈　　跳过　　　　　　　　　　　下一个任务

考点提示： 移除组中【联系人】

完成任务：

Step 01 在导航处选择【联系人】→双击【考试】联系人组，如图 **A** 所示。

Step 02 在【考试–联系人组】对话框中→选中【桔子老师】→【成员】功能组→【删除成员】，如图 **B** 所示。

Step 03 在【考试–联系人组】对话框中→选中【喵老师】→【成员】功能组→【删除成员】→点击【保存并关闭】，如图 **C** 所示。

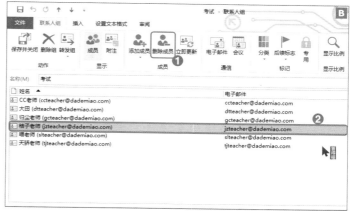

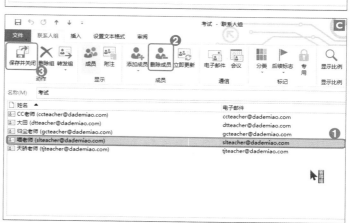

项目50：设置工作日

考点提示： 设置工作日范围

完成任务：

Step 01 【文件】选项卡，如图 **A** 所示。

Step 02 【选项】，如图 **B** 所示。

Step 03 在【Outlook选项】对话框中→
【日历】→【开始时间】选择【9:00】
【结束时间】选择【18:00】→【工作周】
处勾选【周二】【周三】【周四】【周六】
→【一周的第一天】处选择【星期二】→
点击【确定】，如图 **C** 所示。

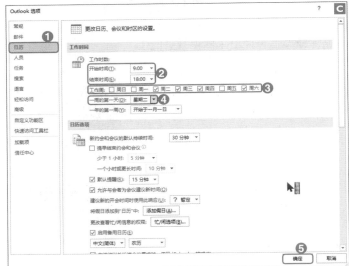

06

Chapter

MOS
Access 2019

我们将通过MOS-Access 2019的实战模拟练习，来学习
Access软件的相关考点。

MOS-Access 2019只有一个级别：Exam MO-500：
MOS：Microsoft Office Access 2019 Expert（以下简称
Access 2019 Expert）。

MOS Access 2019 Expert

MOS Access 2019 Expert 每次考试从题库中抽取若干个项目。每个项目包含若干个任务，共计**25**个任务。

为了让你感觉身临其境，本书采取和正式考试一样的方式。以项目为单位安排任务，讲解题型。每个项目处会注明对应项目文件的名字（在本书配套光盘里可找到所有项目文件），给出任务总览（便于依照任务描述作答）和各任务解题方法（以核对作答是否正确）。

软件是练会的，不是看会的。

为保证最佳的学习效果，请按下列步骤进行。

Step 01 在本书的配套光盘中找到【对应项目文件】，打开。

Step 02 依照本书【任务总览】小节列出的任务描述，操作项目文件，完成任务。

Step 03 参考本书【任务1】等各小节内容，核对自己的解题方法是否正确。

项目

01 答得喵旅社

对应项目文件（【答得喵】MOS2019-Access-E-P1-答得喵旅社.zip），进入考题界面如下图所示，系统会帮你预设一个场景。

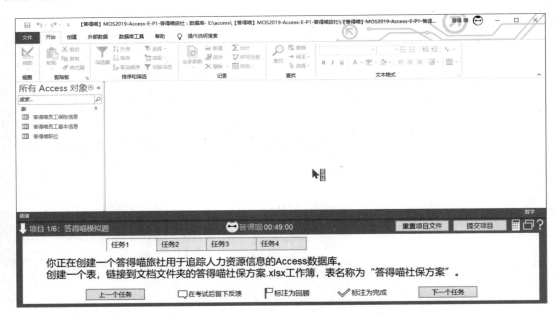

任务总览：请打开项目文件，依照任务描述，完成任务

本项目包含4个任务。

Step 01 打开项目文件，依照任务描述，完成任务。

Step 02 参考任务1—任务4的内容，核对自己的解题方法是否正确。

任务序号	任务描述
1	你正在创建一个答得喵旅社用于追踪人力资源信息的Access数据库。 创建一个表，链接到文档文件夹的答得喵社保方案.xlsx工作簿，表名称为"答得喵社保方案"。
2	修改"答得喵员工基本信息"表"入职日期"和"离职日期"的字段格式为中日期。
3	在"答得喵职位"表，将记录中的"销售顾问"替换为"顾问"。保存表变化。
4	对"答得喵员工基本信息"表的"离职日期"字段，增加验证规则。字段为空或者大于今天。保存表格变化。

任务1：创建链接表

考点提示： 创建链接表

完成任务：

Step 01【外部数据】选项卡→【导入并链接】功能组→【新数据源】→【从文件】→【Excel】，如图 **A** 所示。

Step 02【获取外部数据】对话框→【浏览】，如图 **B** 所示。

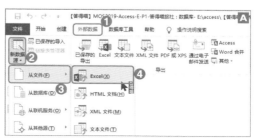

Step 03 在对话框中选中文档文件夹中的"答得喵社保方案.xlsx"→【打开】，如图 C 所示。

Step 04 勾选【通过创建链接表来链接到数据源】→【确定】，如图 D 所示。

Step 05 【下一步】，如图 E 所示。

Step 06 【连接数据表向导】对话框→输入链接表名称为"答得喵社保方案"→【完成】，如图 F 所示。

Step 07 点击【确定】，如图 G 所示。

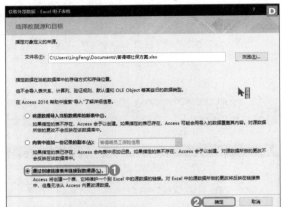

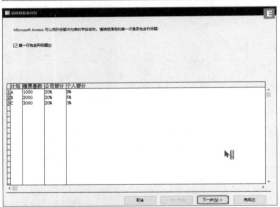

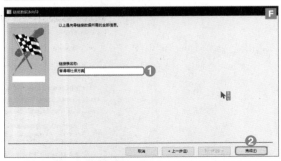

任务2: 修改表字段的数据类型

修改"答得喵员工基本信息"表"入职日期"和"离职日期"的字段格式为中日期。

考点提示: 字段设置

完成任务:

Step 01 单击鼠标右键选中表【答得喵员工基本信息】→【设计视图】,如图 **A** 所示。

Step 02 选中【入职日期】字段→【格式】→选择【中日期】,如图 **B** 所示。

Step 03 选中【离职日期】字段→【格式】→选择【中日期】,如图 **C** 所示。

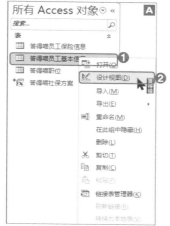

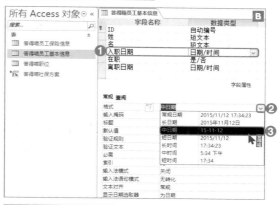

任务3：替换表中数据

考点提示：【替换】数据

完成任务：

Step 01 鼠标选择表【答得喵职位】→双击打开，如图 **A** 所示。

Step 02 【开始】选项卡→【查找】功能组→【替换】，如图 **B** 所示。

Step 03 【查找和替换】对话框→【替换】选项卡→【查找内容】输入"销售顾问"→【替换为】输入"顾问"→【查找范围】选择【当前文档】→【匹配】选择【字段任何部分】→【全部替换】，如图 **C** 所示。

Step 04 点击【是】，如图 **D** 所示。

Step 05 关闭【查找和替换】对话框，如图 **E** 所示。

Step 06 鼠标右键单击【答得喵职位】标签→【保存】，如图 **F** 所示。

Chapter 01
Chapter 02
Chapter 03
Chapter 04
Chapter 05
Chapter 06

任务4: 为表字段添加验证规则

考点提示: 设置字段验证规则

完成任务:

Step 01 鼠标右键单击【答得喵员工基本信息】表→单击【设计视图】,如图 **A** 所示。

Step 02 选择字段【离职日期】→【验证规则】→点击【…】,如图 **B** 所示。

Step 03 【表达式生成器】输入"Null or >Date()"→【确定】,如图 **C** 所示。

Step 04 鼠标右键单击【答得喵员工基本信息】标签→【保存】,如图 **D** 所示。

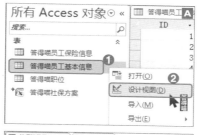

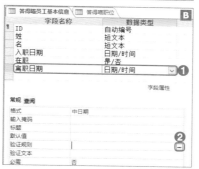

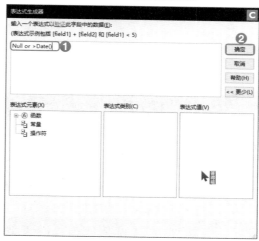

Step 05 点击【是】，如图 **E** 所示。

Step 06 点击【是】，如图 **F** 所示。

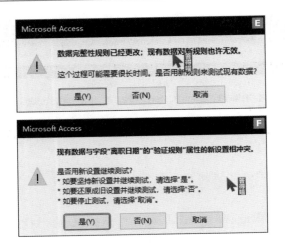

02 答得喵艺术品展览会

对应项目文件（【答得喵】MOS2019-Access-E-P2-答得喵艺术品展览会.zip），进入考题界面如下图所示，系统会帮你预设一个场景。

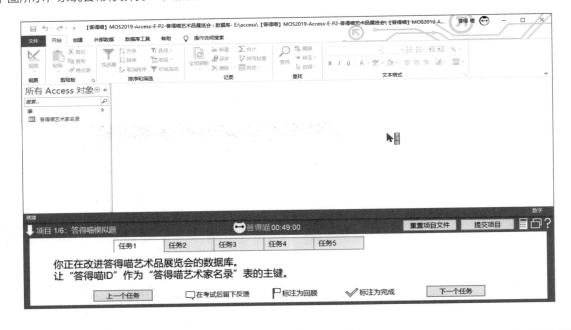

任务总览：请打开项目文件，依照任务描述，完成任务

本项目包含5个任务。

Step 01 打开项目文件，依照任务描述，完成任务。

Step 02 参考任务1—任务5的内容，核对自己的解题方法是否正确。

任务序号	任 务 描 述
1	你正在改进答得喵艺术品展览会的数据库。 让"答得喵ID"作为"答得喵艺术家名录"表的主键。
2	向"答得喵艺术家名录"表中，增加文档文件夹的答得喵艺术家NEW.csv中的数据。文件的第一行包含列标题。
3	基于批注模板创建名为"批注"的表，在"答得喵艺术家名录"表每个记录，都可以匹配有多条"批注"表的记录，"批注"表应该有一个查阅列"艺术品ID"基于"答得喵ID"字段。
4	修改"艺术家姓"字段的字段大小"70"。
5	更新"答得喵艺术家名录"表，新记录OnLoan字段默认值为否。

任务1：设置主键

考点提示： 设置主键

完成任务：

Step 01 鼠标右键点击【答得喵艺术家名录】表→【设计视图】，如图 **A** 所示。

Step 02 选择字段【答得喵ID】→【表格工具设计】选项卡→【工具】功能组→【主键】命令，如图 **B** 所示。

Step 03 表标签"答得喵艺术家名录"上点击鼠标右键→【保存】→表标签"答得喵艺术家名录"上点击鼠标右键→【关闭】，如图 **C** 所示。

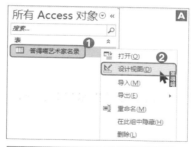

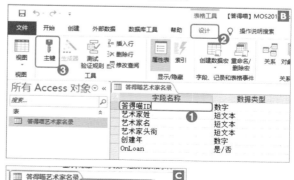

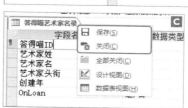

任务2: 导入外部数据

考点提示: 导入.csv数据

完成任务:

Step 01 【外部数据】选项卡→【导入并链接】功能组→【新数据源】→【从文件】→【文本文件】命令,如图**A**所示。

Step 02 【获取外部数据–文本文件】对话框→【浏览】按钮,如图**B**所示。

Step 03 【打开】对话框→选择文档文件夹的答得喵艺术家NEW.csv文件→【打开】,如图**C**所示。

Step 04 【获取外部数据–文本文件】对话框→选择【向表中追加一份记录的副本】→选择表【答得喵艺术家名录】→【确定】,如图**D**所示。

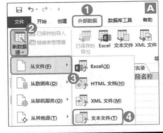

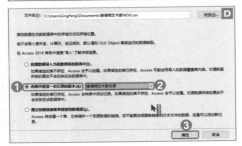

Step 05 【导入文本向导】对话框→【下一步】，如图 **E** 所示。

Step 06 【导入文本向导】对话框→勾选【第一行包含字段名称】→【下一步】,如图 **F** 所示。

Step 07 【导入文本向导】对话框→【完成】，如图 **G** 所示。

Step 08 【获取外部数据-文本文件】对话框→【关闭】，如图 **H** 所示。

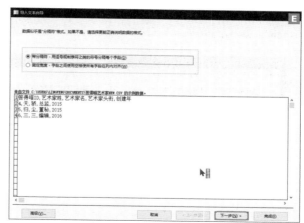

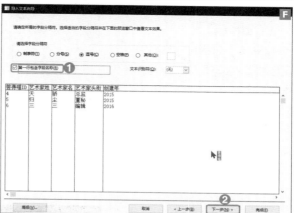

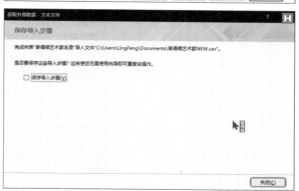

任务3: 基于批注模板创建表

基于批注模板创建名为"批注"的表，在"答得喵艺术家名录"表每个记录，都可以匹配有多条"批注"表的记录，"批注"表应该有一个查阅列"艺术品ID"基于"答得喵ID"字段。

考点提示:【应用程序部件】

完成任务:

Step 01 点击【创建】选项卡→【模板】功能组→【应用程序部件】命令→【批注】选项，如图 **A** 所示。

Step 02 【创建关系】对话框→选择第一项【"答得喵艺术家名录"至"批注"的一对多关系】→【下一步】，如图 **B** 所示。

Step 03 修改【自"答得喵艺术"的字段】为"答得喵ID"→修改【请指定查阅列的名称】为"艺术品ID"→【创建】，如图 **C** 所示。

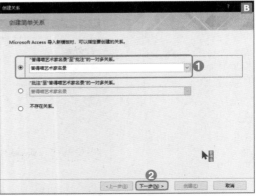

Chapter 01
Chapter 02
Chapter 03
Chapter 04
Chapter 05
Chapter 06

任务4：修改字段大小

项目 1/6：答得喵模拟题　　　　答得喵 00:49:00　　　重置项目文件　提交项目

任务1　任务2　任务3　任务4　任务5

修改"艺术家姓"字段的字段大小"70"。

上一个任务　　在考试后留下反馈　　标为回顾　　标注为完成　　下一个任务

考点提示：【字段大小】

完成任务：

Step 01 鼠标右键点击【答得喵艺术家名录】表→【设计视图】，如图 **A** 所示。

Step 02 选择"艺术家姓"字段→【字段大小】设置为70，如图 **B** 所示。

Step 03 表标签"答得喵艺术家名录"上点击鼠标右键→【保存】→表标签"答得喵艺术家名录"上点击鼠标右键→【关闭】，如图 **C** 所示。

Step 04 在出现如图 **D** 提示框的时候，点击【是】即可，因为字段改小了，有丢数据的潜在风险，但是在考试的时候，只要遵照要求做，没有提到的，都是接受默认值。

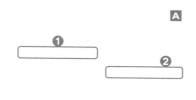

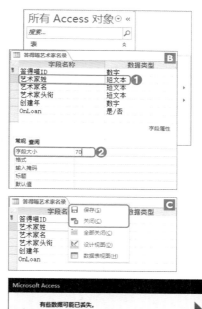

任务5：修改字段默认值

项目 1/6：答得喵模拟题　　　　答得喵 00:49:00　　　重置项目文件　提交项目

任务1　任务2　任务3　任务4　任务5

更新"答得喵艺术家名录"表，新记录OnLoan字段默认值为否。

上一个任务　　在考试后留下反馈　　标为回顾　　标注为完成　　下一个任务

考点提示： 字段默认值修改

完成任务：

Step 01 鼠标右键点击【答得喵艺术家名录】表→【设计视图】，如图 **A** 所示。

Step 02 选择"OnLoan"字段→在【默认值】处输入"=No"，如图 **B** 所示。

Step 03 表标签"答得喵艺术家名录"上点击鼠标右键→【保存】→表标签"答得喵艺术家名录"上点击鼠标右键→【关闭】，如图 **C** 所示。

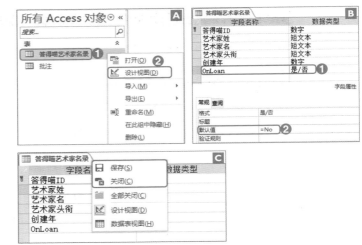

项 目

03 答得喵博客站

对应项目文件（【答得喵】MOS2019-Access-E-P3-答得喵博客站.zip），进入考题界面如下图所示，系统会帮你预设一个场景。

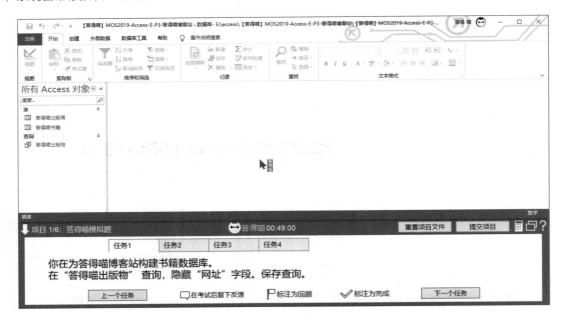

任务总览：请打开项目文件，依照任务描述，完成任务

本项目包含4个任务。

Step 01 打开项目文件，依照任务描述，完成任务。

Step 02 参考任务1—任务4的内容，核对自己的解题方法是否正确。

任务序号	任务描述
1	你在为答得喵博客站构建书籍数据库。 在"答得喵出版物"查询，隐藏"网址"字段。保存查询。
2	在"答得喵出版物"查询中，增加一个名为"综合得分"的计算字段，计算"我的评分"字段和"博客评分"字段之和。保存查询。是否运行查询无关紧要。
3	创建一个汇总查询，按照"答得喵书籍"表的"作者"字段分组，平均"我的评分"字段。把查询另存为名"各作者答得喵平均分"。是否运行查询无关紧要。
4	创建一个查询，包含字段"出版商""作者""标题"。三个字段都按照升序排列。查询要创建一个表，命名为"答得喵书籍信息顺序表"。保存查询为"书籍排序"。运行查询。

任务1：隐藏字段

考点提示： 隐藏查询字段

完成任务：

Step 01 鼠标选择"答得喵出版物"查询→双击打开，如图 **A** 所示。

Step 02 鼠标右键点击字段"网址"→【隐藏字段】，如图 **B** 所示。

Step 03 鼠标右键点击标签"答得喵出版物"→【保存】，如图 **C** 所示。

任务2：计算字段

考点提示： 增加计算字段

完成任务：

Step 01 鼠标右键点击标签"答得喵出版物"→【设计视图】，如图 **A** 所示。

Step 02 在【博客评分】右侧字段→点击鼠标右键→【生成器】，如图 **B** 所示。

Step 03 【表达式生成器】输入"综合得分:[我的评分]+[博客评分]"→【确定】，如图 **C** 所示。

Step 04 鼠标右键点击标签"答得喵出版物"→【保存】，如图 **D** 所示。

Step 05 （可选步骤）【查询工具设计】选项卡→【结果】功能组→【运行】，如图 **E** 所示。

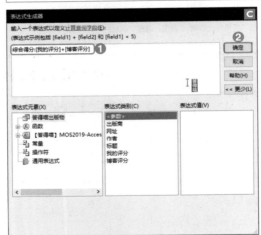

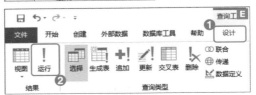

任务3：创建汇总查询

创建一个汇总查询，按照"答得喵书籍"表的"作者"字段分组，平均"我的评分"字段。把查询另存为名"各作者答得喵平均分"。是否运行查询无关紧要。

上一个任务　　□在考试后留下反馈　　⚑标注为回顾　　✓标注为完成　　下一个任务

考点提示：【查询向导】

完成任务：

Step 01 【创建】选项卡→【查询】功能组→【查询向导】，如图**A**所示。

Step 02 【新建查询】对话框→【简单查询向导】→【确定】，如图**B**所示。

Step 03 【简单查询向导】对话框→【表/查询】选择表"答得喵书籍"→把"作者"字段和"我的评分"字段从【可用字段】添加到【选定字段】（添加操作的方法是：选择相应字段后点击按钮【>】）→【下一步】，如图**C**所示。

Step 04 【简单查询向导】对话框→【汇总】→【汇总选项】，如图**D**所示。

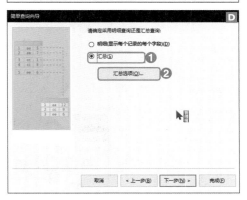

Step 05 【我的评分】→勾选【平均】→【确定】，如图 E 所示。

Step 06 【简单查询向导】对话框→【下一步】，如图 F 所示。

Step 07 在【简单查询向导】对话框→标题修改为"各作者答得喵平均分"→【修改查询设计】→【完成】，如图 G 所示。

Step 08（可选步骤）【查询工具设计】选项卡→【结果】功能组→【运行】，如图 H 所示。

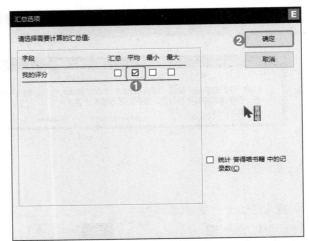

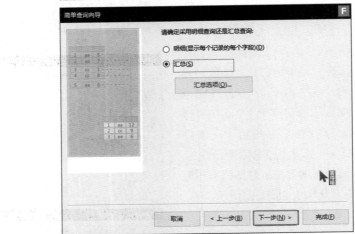

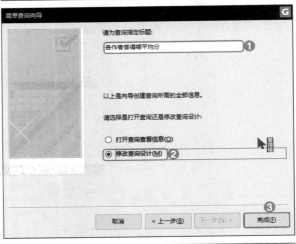

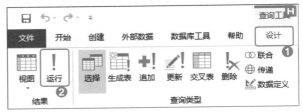

任务4：创建生成表查询

考点提示： 创建生成表查询

完成任务：

Step 01 【创建】选项卡→【查询】功能组→【查询设计】，如图 **A** 所示。

Step 02 【答得喵出版商】→【添加】，如图 **B** 所示。

Step 03 【答得喵书籍】→【添加】，如图 **C** 所示。

Step 04 关闭【显示表】窗体。

Step 05 【答得喵出版商】中双击"出版商"字段，如图 **D** 所示。

Step 06 【答得喵书籍】中双击"作者"字段，如图 **E** 所示。

Step 07 【答得喵书籍】中双击"标题"字段，如图 **F** 所示。

Step 08 三个字段【排序】选择【升序】，如图 **G** 所示。

Step 09 【查询工具设计】选项卡→【查询类型】→【生成表】，如图 **H** 所示。

Step 10 【表名称】输入"答得喵书籍信息顺序表"→【确定】，如图 **I** 所示。

Step 11 鼠标右键点击"查询1"标签→【保存】，如图 **J** 所示。

Step 12 【另存为】对话框→【查询名称】输入"书籍排序"→【确定】，如图 **K** 所示。

Step 13 【查询工具设计】选项卡→【结果】功能组→【运行】，如图 **L** 所示。

Step 14 点击【是】，如图 **M** 所示。

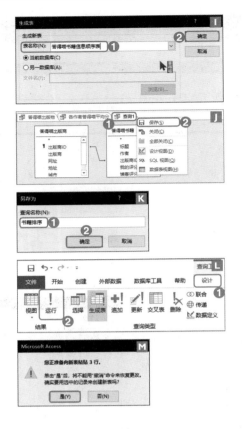

项 目

04 答得喵饮品

对应项目文件（【答得喵】MOS2019-Access-E-P4-答得喵饮品.zip），进入考题界面如下图所示，系统会帮你预设一个场景。

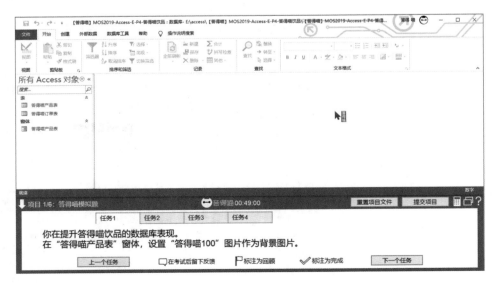

任务总览：请打开项目文件，依照任务描述，完成任务

本项目包含4个任务。

Step 01 打开项目文件，依照任务描述，完成任务。

Step 02 参考任务1—任务4的内容，核对自己的解题方法是否正确。

任务序号	任 务 描 述
1	你在提升答得喵饮品的数据库表现。 在"答得喵产品表"窗体，设置"答得喵100"图片作为背景图片。
2	在"答得喵产品表"窗体，对于"品牌"字段，设置默认值为"答得喵"。
3	对于"答得喵产品表"窗体，增加一个数据表子窗体，使用"答得喵订单表"的所有字段。命名子窗体为"订单信息"。保存所有的窗体。
4	在"答得喵产品表"窗体，设置打印窗体的行间距为"0.5in"（"1.27cm"）。保存并关闭"答得喵产品表"窗体。

任务1：为窗体添加背景

考点提示：【窗体】添加背景

完成任务：

Step 01 鼠标右键点击"答得喵产品表"窗体→【设计视图】，如图 **A** 所示。

Step 02 点击【窗体设计工具设计】选项卡→【工具】功能组→【属性表】，打开【属性表】窗格，如图 **B** 所示。

Step 03 【属性表】窗格中→【窗体】→【格式】选项卡→【图片】→点击【…】，如图 **C** 所示。

Step 04 选择图片"答得喵100"→【确定】，如图 **D** 所示。

任务2：设置窗体字段默认值

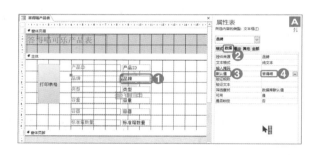

考点提示： 设置窗体字段【默认值】

完成任务：

选择"品牌"字段→【属性表】对话框→【数据】选项卡→【默认值】填写"答得喵"，如图 **A** 所示。

任务3：添加子窗体

考点提示： 添加子窗体

完成任务：

Step 01 【窗体设计工具设计】选项卡→【控件】功能组→【其他】，如图 **A** 所示。

Chapter 01
Chapter 02
Chapter 03
Chapter 04
Chapter 05
Chapter 06

Step 02 【子窗体/子报表】控件，如图 **B** 所示。

Step 03 在【窗体】的【主体】上用鼠标拖拽一个区域，如图 **C** 所示。

Step 04 【子窗体向导】对话框→选择【使用现有的表和查询】→【下一步】，如图 **D** 所示。

Step 05 【子窗体向导】对话框→【表/查询】→选择"答得喵订单表"→点击按钮【>>】，如图 **E** 所示。

Step 06 【子窗体向导】对话框→【下一步】，如图 **F** 所示。

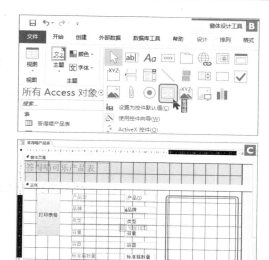

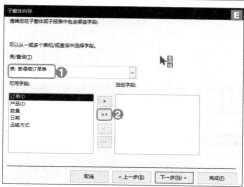

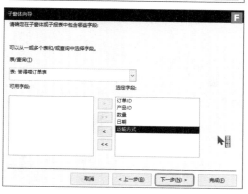

Step 07 【子窗体向导】对话框→【下一步】，如图 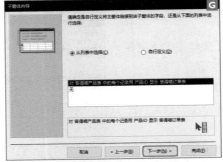 所示。

Step 08 名称修改为"订单信息"→【完成】，如图 **H** 所示。

Step 09 鼠标右键点击【答得喵产品表】标签→【保存】，如图 **I** 所示。

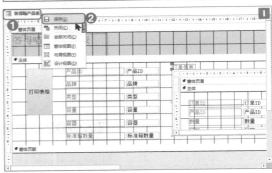

任务4：设置窗体打印选项

考点提示： 设置窗体【打印】选项

完成任务：

Step 01 【文件】选项卡，如图 **A** 所示。

Step 02 【打印】选项栏→选择【打印】功能，如图 **B** 所示。

Step 03 【打印】对话框→【设置】，如图 **C** 所示。

Step 04 【页面设置】对话框→【列】选项卡→【行间距】设置为"1.27cm"→【确定】，如图 **D** 所示。

Step 05 关闭【打印】对话框，如图 **E** 所示。

Step 06 鼠标右键单击【答得喵产品表】窗体→【保存】→鼠标右键单击【答得喵产品表】窗体→【关闭】，如图 **F** 所示。

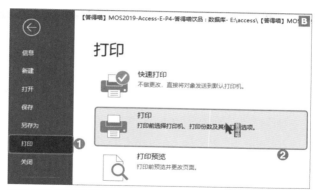

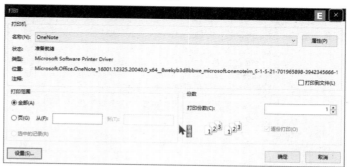

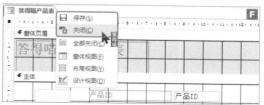

05 答得喵MOS认证报名系统

对应项目文件（【答得喵】MOS2019-Access-E-P5-答得喵MOS认证报名系统.zip），进入考题界面如下图所示，系统会帮你预设一个场景。

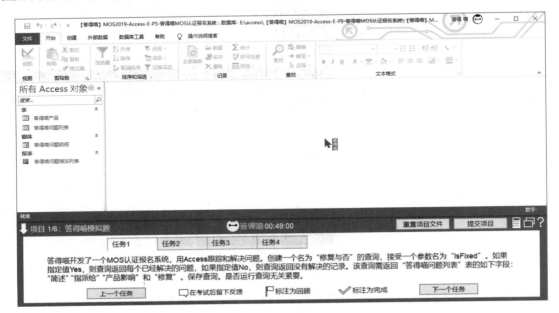

任务总览：请打开项目文件，依照任务描述，完成任务

本项目包含4个任务。

Step 01 打开项目文件，依照任务描述，完成任务。

Step 02 参考任务1—任务4的内容，核对自己的解题方法是否正确。

任务序号	任 务 描 述
1	答得喵开发了一个MOS认证报名系统，用Access跟踪和解决问题。创建一个名为"修复与否"的查询，接受一个参数名为"IsFixed"。如果指定值Yes，则查询返回每个已经解决的问题，如果指定值No，则查询返回没有解决的记录。该查询需返回"答得喵问题列表"表的如下字段："简述""指派给""产品影响"和"修复"。保存查询。是否运行查询无关紧要。
2	修改"答得喵问题明细"窗体，在"产品影响"字段下显示"答得喵产品"表里面的产品主和小版本。保存你的更改。
3	在"答得喵问题明细"窗体，按"指派给"字段的字母顺序排列显示的记录。
4	在"答得喵问题指派列表"报表里，按照"指派给"字段进行分组。

任务1：创建参数查询

考点提示： 参数查询

完成任务：

Step 01 【创建】选项卡→【查询】功能组→【查询设计】命令，如图 **A** 所示。

Step 02 选择"答得喵问题列表"→【添加】→关闭【显示表】对话框，如图 **B** 所示。

Step 03 【查询工具设计】选项卡→【显示隐藏】功能组→【参数】，如图 **C** 所示。

Step 04 【参数】输入"IsFixed"→【数据类型】选择【是/否】→点击【确定】，如图 **D** 所示。

Step 05 按住Ctrl键，配合鼠标左键单击，选中任务所要字段，如图 **E** 所示。

Step 06 按住鼠标左键拖拽字段到下方，如图 **F** 所示。

Step 07 在【修复】字段的条件处输入"[IsFixed]"，如图 **G** 所示。

Step 08 鼠标右键点击标签【查询1】→【保存】，如图 **H** 所示。

Step 09 【另存为】对话框→【查询名称】输入"修复 与否"→【确定】，如图 **I** 所示。

Step 10 （可选步骤）【查询工具设计】选项卡→【结果】功能组→【运行】，如图 **J** 所示。

Step 11 （可选步骤）【输入参数值】对话框→【IsFixed】→输入 "Yes"（你也可以尝试No）→单击【确定】，如图 **K** 所示。

任务2：修改窗体

修改 "答得喵问题明细" 窗体，在 "产品影响" 字段下显示 "答得喵产品" 表里面的产品主和小版本。保存你的更改。

考点提示： 增加字段

完成任务：

Step 01 鼠标右键选择窗体 "答得喵问题明细" →【设计视图】，如图 **A** 所示。

Step 02 选中字段【产品影响】→【窗体设计工具排列】选项卡→【行和列】功能组→【在下方插入】，如图 **B** 所示。

Step 03 【窗体设计工具设计】选项卡→【工具】功能组→【添加现有字段】，显示出【字段列表】窗格（【字段列表】窗格显示在窗口右侧，可能显示不全，此时拉宽窗格宽度即可）→【显示所有表】，如图 **C** 所示。

Chapter 01
Chapter 02
Chapter 03
Chapter 04
Chapter 05
Chapter 06

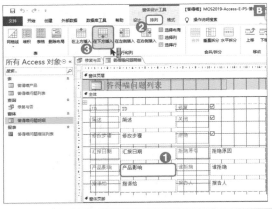

Step 04 在【答得喵产品】表→鼠标左键按住【产品主版本】拖拽到指定位置，如图 **D** 所示。

Step 05 在【答得喵产品】表→鼠标左键按住【产品小版本】拖拽到指定位置，如图 **E** 所示。

Step 06 鼠标右键点击【答得喵问题明细】标签→【保存】，如图 **F** 所示。

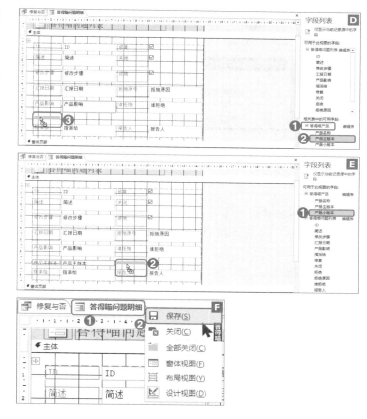

the middle image for task 3

任务3：修改窗体

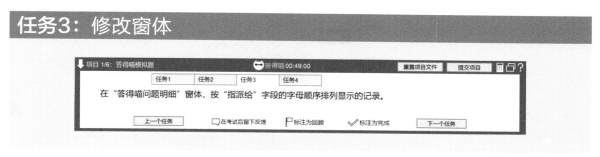

考点提示： 窗体排序

完成任务：

Step 01 【开始】选项卡→【视图】功能组→【视图】→【窗体视图】，如图 **A** 所示。

Step 02 鼠标右键选中【指派给】字段→选择【升序】（就是字母顺序），如图 **B** 所示。

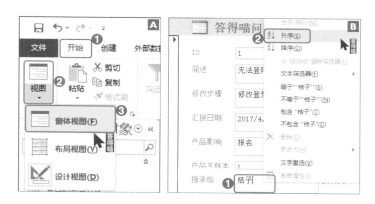

任务4：修改报表

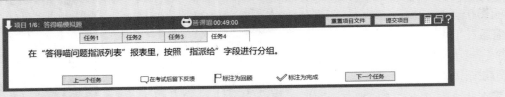

项目 1/6：答得喵模拟题　　　　⏱答得喵 00:49:00　　　　重置项目文件　提交项目

任务1　任务2　任务3　任务4

在"答得喵问题指派列表"报表里，按照"指派给"字段进行分组。

上一个任务　　☐在考试后留下反馈　⚑标注为回顾　✓标注为完成　　下一个任务

考点提示： 报表排序

完成任务：

Step 01 鼠标右键点击【答得喵问题指派列表】报表→【设计视图】，如图**A**所示。

Step 02【报表设计工具设计】选项卡→【分组和汇总】功能组→【分组和排序】命令，如图**B**所示。

Step 03【添加组】，如图**C**所示。

Step 04【选择字段】选择【指派给】，如图**D**所示。

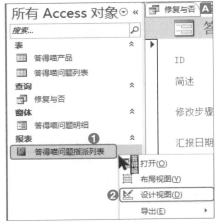

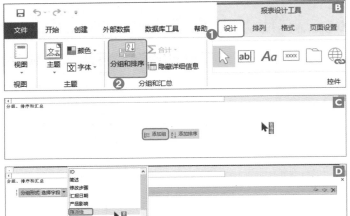

项 目
06 答得喵诊所

对应项目文件（【答得喵】MOS2019-Access-E-P6-答得喵诊所.zip），进入考题界面如下图所示，系统会帮你预设一个场景。

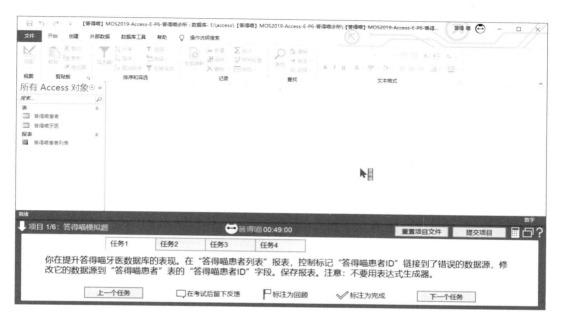

任务总览：请打开项目文件，依照任务描述，完成任务

本项目包含4个任务。

Step 01 打开项目文件，依照任务描述，完成任务。

Step 02 参考任务1—任务4小节内容，核对自己的解题方法是否正确。

任务序号	任务描述
1	你在提升答得喵牙医数据库的表现。在"答得喵患者列表"报表，控制标记"答得喵患者ID"链接到了错误的数据源，修改数据源到"答得喵患者"表的"答得喵患者ID"字段。保存报表。注意：不要用表达式生成器。
2	在"答得喵患者列表"报表，修改标签"患者姓"为"患者姓氏"。保存报表。
3	在"答得喵患者列表"报表，修改主体部分中的字段的位置控件边距为中，保存报表。
4	在"答得喵患者列表"报表，变更"医生姓"字段去显示答得喵牙医的姓名，格式是"医生姓 医生名"。保存报表。

任务1：报表修改

考点提示： 报表字段修改

完成任务：

Step 01 鼠标右键点击"答得喵患者列表"报表→【设计视图】，如图 **A** 所示。

Step 02 选中"ID"字段（"ID"字段的位置应该是"答得喵患者ID"的，也就是任务中所说的错误的数据源）→【报表设计工具设计】选项卡→【工具】功能组→【属性表】，如图 **B** 所示。

Step 03 【属性表】对话框→【数据】选项卡→【控件来源】选择"答得喵患者ID"，如图 **C** 所示。

Step 04 鼠标右键点击"答得喵患者列表"标签→【保存】，如图 **D** 所示。

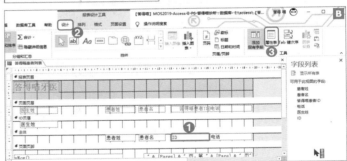

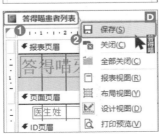

任务2： 修改标签

考点提示： 修改标签【标题】

完成任务：

Step 01 选中"患者姓"标签→【属性表】对话框→【格式】选项卡→【标题】修改成"患者姓氏"，如图 **A** 所示。

Step 02 修改后效果，如图 **B** 所示。

Step 03 鼠标右键单击【答得喵患者列表】标签→【保存】，如图 **C** 所示。

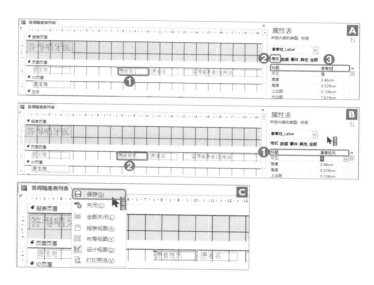

任务3： 修改控件边距

在"答得喵患者列表"报表，修改主体部分中的字段的位置控件边距为中，保存报表。

考点提示： 修改控件边距

完成任务：

Step 01 在报表"主体"部分按住鼠标左键着拽一个框，框选所有字段，如图 **A** 所示。

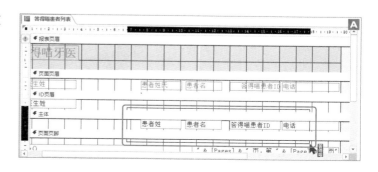

Step 02 【报表设计工具排列】选项卡→【位置】功能组→【控件边距】命令→选择【中】，如图 B 所示。

Step 03 鼠标右键点击报表标签"答得喵患者列表"→【保存】，如图 C 所示。

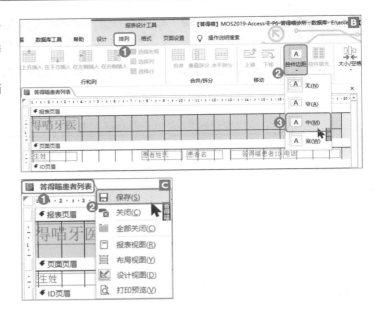

任务4：报表字段调整

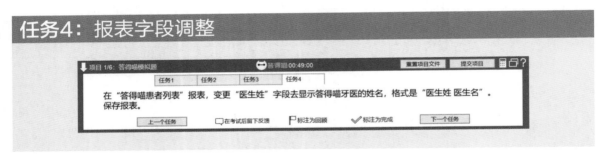

考点提示： 报表字段调整

完成任务：

Step 01 【报表设计工具】【设计】选项卡的【属性表】对话框→选择【报表】，如图 A 所示。

Step 02 【属性表】对话框→【数据】选项卡→点击【…】，如图 B 所示。

Step 03 鼠标左键点击选中"医生名"字段→拖拽到【ID】字段右侧，如图 C 所示。

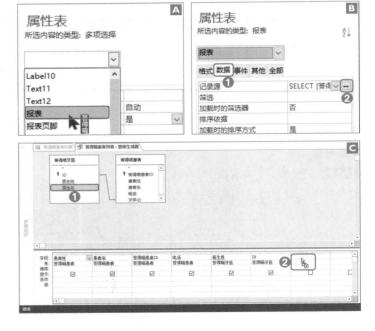

Step 04 鼠标右键点击【答得喵患者列表：查询生成器】标签→【保存】，如图**D**所示。

Step 05 鼠标右键点击【答得喵患者列表：查询生成器】标签→【关闭】，如图**E**所示。

Step 06 选择ID页眉里面的"医生姓"字段→Ctrl+C→Ctrl+V→鼠标拖动新字段到原"医生姓"字段的右侧，如图**F**所示。

Step 07 【属性表】对话框→【数据】选项卡→更换为"医生名"，如图**G**所示。

Step 08 鼠标右键点击【答得喵患者列表】标签→【保存】，如图**H**所示。

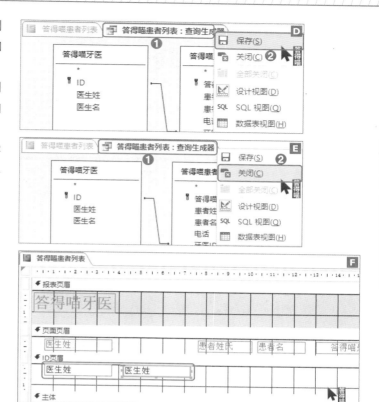

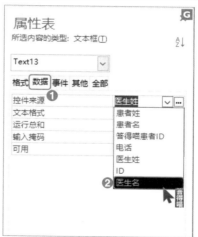

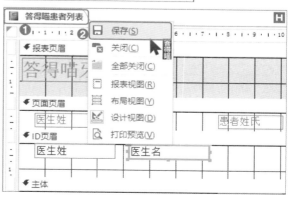

对应项目文件（【答得喵】MOS2019-Access-E-P7-答得喵编辑部.zip），进入考题界面如下图所示，系统会帮你预设一个场景。

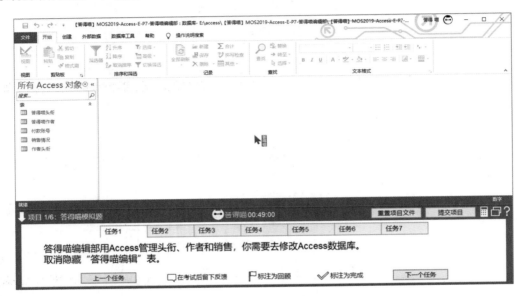

任务总览：请打开项目文件，依照任务描述，完成任务

本项目包含7个任务。

Step 01 打开项目文件，依照任务描述，完成任务。

Step 02 参考任务1—任务7的内容，核对自己的解题方法是否正确。

任务序号	任 务 描 述
1	答得喵编辑部用Access管理头衔、作者和销售，你需要去修改Access数据库。取消隐藏"答得喵编辑"表。
2	创建一个一对多的关系，"答得喵作者"表的"ID"字段和"付款账号"表的"版税收入人"字段，关系应该返回"作者"表的所有记录，哪怕"付款账号"表没有相关记录，保持其他选项为默认。
3	将"答得喵头衔"表保存为Excel工作簿。保存位置为文档文件夹，文件名为"答得喵头衔存档"。保持格式和布局。
4	给"答得喵头衔"表增加说明"书籍方面头衔"。
5	使用向导，创建一个名为"分销商季度销量量"的查询，显示每个季度经销商销售的数量。每个在"销售情况"表里的经销商是一条记录，每个季是一个字段。是否运行查询无关紧要。
6	创建一个窗体，命名为"答得喵书籍"，显示"答得喵作者"表的"姓"和命名为"头衔"的数据表子窗体。子窗体显示"答得喵头衔"表的"头衔""分类""格式"。
7	使用向导，创建一个基于"答得喵作者""答得喵头衔"和"销售情况"表的报表。报表要列出头衔、销售量，报告日期和经销商，依照作者的姓分组。结果首先按照报告日期降序排列，接着按照销售数量降序排列，报表命名为"基于作者和头衔的销售"。其余均保持默认。

任务1: 取消隐藏表

考点提示:【表属性】→【隐藏】以及【取消在此组中隐藏】

完成任务:

Step 01【导航窗格】空白处点击鼠标右键→【导航选项】,如图 **A** 所示。

Step 02【导航选项】→勾选【显示隐藏对象】→【确定】,如图 **B** 所示。

Step 03 在【答得喵编辑】表上点击鼠标右键→选择【表属性】,如图 **C** 所示。

Step 04【答得喵编辑 属性】对话框→取消勾选【隐藏】属性→【确定】,如图 **D** 所示。

Step 05 如果【答得喵编辑】表仍然是灰色显示,则需补充如下步骤:在【答得喵编辑】表上点击鼠标右键→选择【取消在此组中隐藏】,如图 **E** 所示。

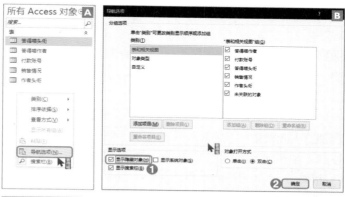

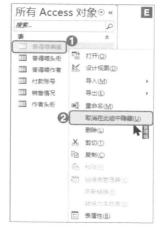

举一反三

取消隐藏表有两个地方:一个是属性,一个是组隐藏,要根据实际操作来判断,但是在【导航选项】取消【显示隐藏对象】是共同的,这样才能找到被隐藏的表。

任务2：创建关系

创建一个一对多的关系，"答得喵作者"表的"ID"字段和"付款账号"表的"版税收入人"字段，关系应该返回"作者"表的所有记录，哪怕"付款账号"表没有相关记录，保持其他选项为默认。

考点提示： 创建【一对多】的关系

完成任务：

Step 01 【数据库工具】选项卡→【关系】功能组→【关系】命令，如图 **A** 所示。

Step 02 鼠标左键点击【答得喵作者】表的【ID】字段→按住鼠标左键拖拽到【付款张号】表的【版税收入人】字段→松开鼠标左键，如图 **B** 所示。

Step 03 【编辑关系】对话框→我们可以看到【关系类型】【一对多】→点击【链接类型】，如图 **C** 所示。

Step 04 【联接属性】对话框→选择第2种→点击【确定】，如图 **D** 所示。

Step 05 【编辑关系】对话框→点击【创建】，如图 **E** 所示。

Step 06 在【关系】选项卡点击鼠标右键→选择【保存】，如图 **F** 所示。

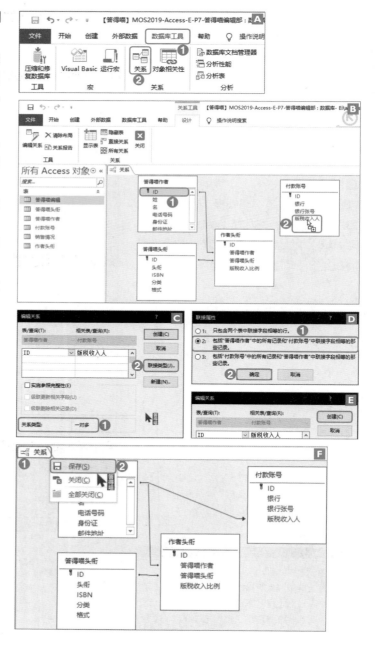

任务3：导出工作簿

考点提示：【导出】数据

完成任务：

Step 01 鼠标左键点击【答得喵头衔】表
→【外部数据】选项卡→【导出】功能
组→【Excel】命令，如图 **A** 所示。

Step 02【导出-Excel电子表格】对话框
→将文件名修改为"答得喵头衔存档.xlsx"
→勾选【导出数据时包含格式和布局】
→【确定】，如图 **B** 所示。

Step 03【导出-Excel电子表格】对话框
→【关闭】，如图 **C** 所示。

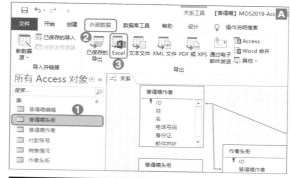

任务4：表加说明

考点提示：给表加【说明】

完成任务：

Step 01 鼠标右键点击表【答得喵头衔】
→【表属性】，如图 A 所示。

Step 02 在【答得喵头衔 属性】对话框
→【说明】内填写"书籍方面头衔"→
【确定】，如图 B 所示。

任务5：创建汇总交叉表查询

考点提示：汇总查询创建

完成任务：

Step 01 【创建】选项卡→【查询】功能
组→【查询向导】，如图 A 所示。

Step 02 【新建查询】对话框→【交叉表
查询向导】→【确定】，如图 B 所示。

Step 03 【交叉查询向导】对话框→选择表【销售情况】→【下一步】，如图 **C** 所示。

Step 04 鼠标左键依次点击【经销商】和【>】，把经销商添加到选定字段，如图 **D** 所示。

Step 05 点击下一步，如图 **E** 所示。

Step 06 鼠标左键点选【报告日期】→点击【下一步】，如图 **F** 所示。

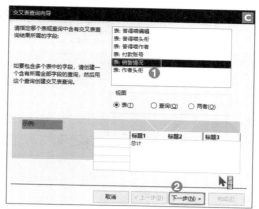

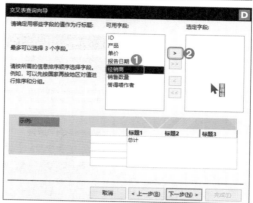

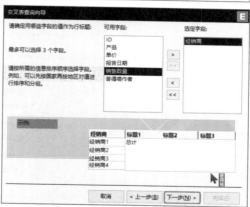

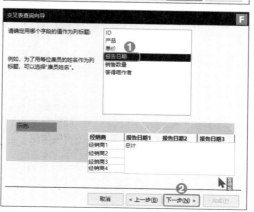

Step 07 鼠标左键点选【季度】→【下一步】，如图 G 所示。

Step 08 取消勾选【是，包括各行小计(Y)】→鼠标左键点选【销售数量】→鼠标左键点选【总数】→【下一步】，如图 H 所示。

Step 09 修改【请指定查询的名称】为"分销商季度销售量"→点击【完成】，如图 I 所示。

Step 10 结果如图 J 所示。

任务6：创建窗体

创建一个窗体，命名为"答得喵书籍"，显示"答得喵作者"表的"姓"和命名为"头衔"的数据表子窗体。子窗体显示"答得喵头衔"表的"头衔""分类"和"格式"。

考点提示： 创建【窗体】

完成任务：

Step 01 【创建】选项卡→【窗体】功能组→【窗体向导】命令，如图 **A** 所示。

Step 02 【窗体向导】对话框→选择【答得喵作者】→把字段【姓】从【可用字段】添加到【选定字段】（鼠标左键双击字段姓即可完成添加），如图 **B** 所示。

Step 03 【窗体向导】对话框→选择表【表：答得喵头衔】→把字段【头衔】【分类】【格式】从【可用字段】添加到【选定字段】（鼠标左键双击相应即可完成添加）→点击【下一步】，如图 **C** 所示。

Step 04 【窗体向导】对话框→选择【通过 答得喵作者】→选择【带有子窗体的窗体】→【下一步】，如图 **D** 所示。

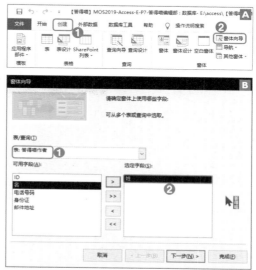

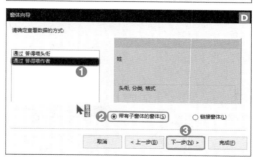

Step 05 【窗体向导】对话框→选择【数据表】→【下一步】，如图 **E** 所示。

Step 06 【窗体向导】对话框→修改【窗体】名为"答得喵书籍"→修改【子窗体】名为"头衔"→【完成】，如图 **F** 所示。

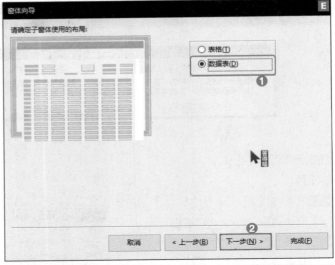

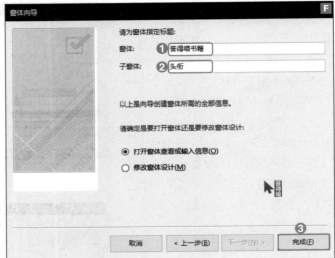

任务7： 创建报表

使用向导，创建一个基于"答得喵作者""答得喵头衔"和"销售情况"表的报表。报表要列出头衔、销售量，报告日期和经销商，依据作者的姓名分组。结果首先按照报告日期降序排列，接着按照销售数量降序排列，报表命名为"基于作者和头衔的销售"。其余均保持默认。

考点提示： 使用向导创建【报表】

完成任务：

Step 01 【创建】选项卡→【报表】功能组→【报表向导】命令，如图 **A** 所示。

Step 02 【报表向导】对话框→选择表
【答得喵作者】→把字段【姓】从【可用
字段】添加到【选定字段】(鼠标左键双
击相应字段即可添加),如图 **B** 所示。

Step 03 【报表向导】对话框→选择表
【表:答得喵头衔】→把字段【头衔】从
【可用字段】添加到【选定字段】(鼠标
左键双击相应字段即可添加),如图 **C**
所示。

Step 04 【报表向导】对话框→选择【表:
销售情况】→把字段【销售数量】【报告
日期】【经销商】从【可用字段】添加到
【选定字段】(鼠标左键双击相应字段即
可添加)→点击【下一步】,如图 **D** 所示。

Step 05 【报表向导】对话框→添加分组
级别鼠标左键点击【姓】→点击【>】,
如图 **E** 所示。

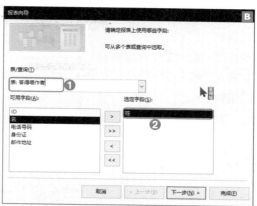

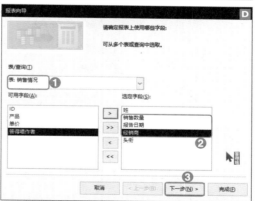

Step 06 【报表向导】对话框→【下一步】，如图 F 所示。

Step 07 【报表向导】对话框→【报告日期】【降序】→【销售数量】【降序】→【下一步】，如图 G 所示。

Step 08 【报表向导】对话框→【下一步】，如图 H 所示。

Step 09 【报表向导】对话框→修改报表指定标题为"基于作者和头衔的销售"→【完成】，如图 I 所示。

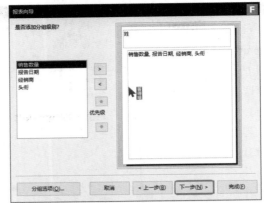

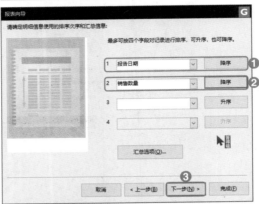

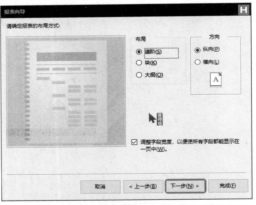

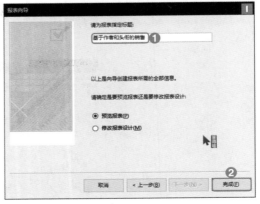

Chapter 01

Chapter 02

Chapter 03

Chapter 04

Chapter 05

Chapter 06

项目

08 答得喵学院

对应项目文件（【答得喵】MOS2019-Access-E-P8-答得喵学院.zip），进入考题界面如下图所示，系统会帮你预设一个场景。

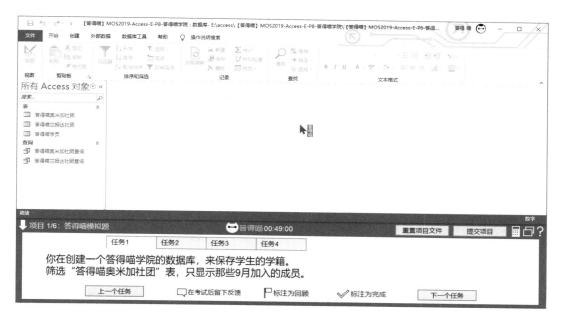

任务总览：请打开项目文件，依照任务描述，完成任务

本项目包含4个任务。

Step 01 打开项目文件，依照任务描述，完成任务。

Step 02 参考任务1—任务4的内容，核对自己的解题方法是否正确。

任务序号	任务描述
1	你在创建一个答得喵学院的数据库，来保存学生的学籍。 筛选"答得喵奥米加社团"表，只显示那些9月加入的成员。
2	对"答得喵学员"表的"密码"字段，应用密码输入掩码。接受所有默认值。
3	修改"答得喵奥米加社团查询"查询，修改为包含"Email"字段。是否运行查询无关紧要。
4	修改"答得喵兰姆达社团查询"查询，只返回当前在社团的成员。是否运行查询无关紧要。

任务1：修改表

考点提示： 筛选数据

完成任务：

Step 01 鼠标右键点击【答得喵奥米加社团】→【打开】，如图 A 所示。

Step 02 筛选【加入时间】→【日期筛选器】→【期间的所有日期】→【九月】，如图 B 所示。

Step 03 设置好的效果如图 C 所示。

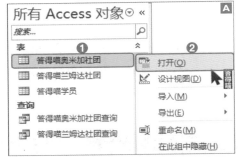

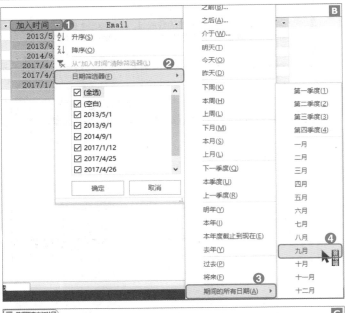

任务2：修改表

考点提示： 修改字段掩码

完成任务：

Step 01 鼠标右键点击表【答得喵学员】→【设计视图】，如图 **A** 所示。

Step 02 选中【密码】字段→【输入掩码】→【…】，如图 **B** 所示。

Step 03 【输入掩码向导】对话框→【密码】→【完成】，如图 **C** 所示。

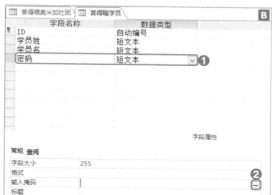

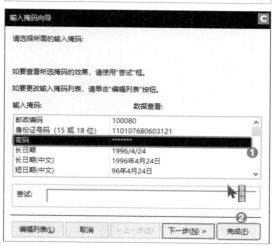

任务3：修改查询

修改"答得喵奥米加社团查询"查询，修改为包含"Email"字段。是否运行查询无关紧要。

上一个任务　　☐在考试后留下反馈　　⚑标注为回顾　　✓标注为完成　　下一个任务

考点提示： 增加字段

完成任务：

Step 01 鼠标右键点击查询【答得喵奥米加社团查询】→【设计视图】，如图 **A** 所示。

Step 02 鼠标左键拖拽字段【Email】到字段【加入时间】右侧，如图 **B** 所示。

Step 03（可选步骤）【查询工具设计】选项卡→【结果】功能组→【运行】，如图 **C** 所示。

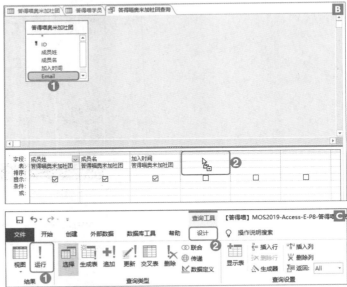

Chapter 01

Chapter 02

Chapter 03

Chapter 04

Chapter 05

Chapter 06

- 444 -

任务4：修改查询

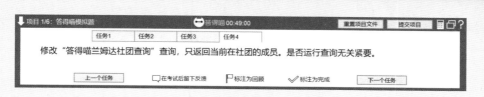

项目 1/6：答得喵模拟题　　　　　答得喵 00:49:00　　　重置项目文件　提交项目

| 任务1 | 任务2 | 任务3 | 任务4 |

修改"答得喵兰姆达社团查询"查询，只返回当前在社团的成员。是否运行查询无关紧要。

上一个任务　　　□在考试后留下反馈　　　▷标注为回顾　　　✓标注为完成　　　下一个任务

考点提示： 修改查询返回指定数据

完成任务：

Step 01 鼠标右键点击查询【答得喵兰姆达社团查询】→【设计视图】，如图 **A** 所示。

Step 02 为字段【当前在社团】增加条件 "Yes"，如图 **B** 所示。

Step 03（可选步骤）【查询工具设计】选项卡→【结果】功能组→【运行】，如图 **C** 所示。

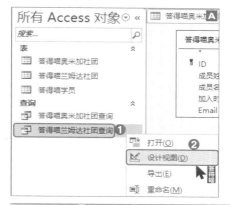

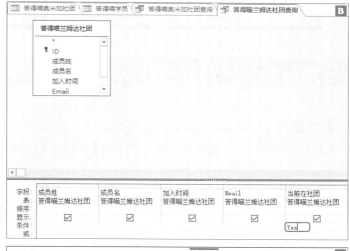

09 答得喵产品

对应项目文件（【答得喵】MOS2019-Access-E-P9-答得喵产品.zip），进入考题界面如下图所示，系统会帮你预设一个场景。

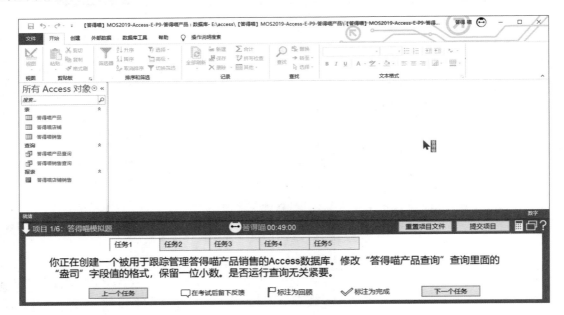

任务总览：请打开项目文件，依照任务描述，完成任务

本项目包含5个任务。

Step 01 打开项目文件，依照任务描述，完成任务。

Step 02 参考任务1—任务5的内容，核对自己的解题方法是否正确。

任务序号	任 务 描 述
1	你正在创建一个被用于跟踪管理答得喵产品销售的Access数据库。修改"答得喵产品查询"查询里面的"盎司"字段值的格式，保留一位小数。是否运行查询无关紧要。
2	修改"答得喵销售查询"只返回那些平均销售量大于400的产品。是否运行查询无关紧要。
3	增加"答得喵产品"表的"盎司"字段以及标签，到"答得喵店铺销售"报表的产品右侧。
4	在"答得喵店铺销售"报表中增加一个字段，显示每个店铺的总销售收入。字段应该打上标签"销售收入"并放在"价格"字段的右侧。你不需要将字段格式规范为货币。
5	修改"答得喵店铺销售"报表格式，让产品字段，加粗，绿色，个性色6，深色25%。

任务1：修改查询

考点提示： 查询字段格式设置

完成任务：

Step 01 鼠标右键点击【答得喵产品查询】查询→【设计视图】，如图 **A** 所示。

Step 02 鼠标左键点击字段【盎司】→【查询工具设计】选项卡→【显示/隐藏】功能组→【属性表】→【常规】选项卡→【小数位数】选择1→【格式】选择【标准】，如图 **B** 所示。

Step 03（可选步骤）【查询工具设计】选项卡→【结果】功能组→【运行】，如图 **C** 所示。

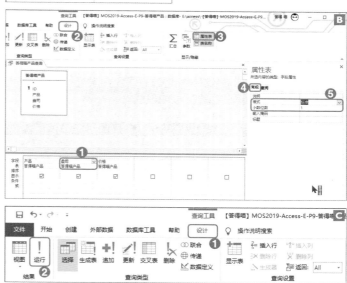

任务2：修改查询

考点提示： 修改查询增加条件

完成任务：

`Step 01` 鼠标右键点击【答得喵销售查询】查询→【设计视图】，如图 **A** 所示。

`Step 02` 给数量字段增加条件 ">400"，如图 **B** 所示。

`Step 03`（可选步骤）【查询工具设计】选项卡→【结果】功能组→【运行】，如图 **C** 所示。

任务3：修改报表

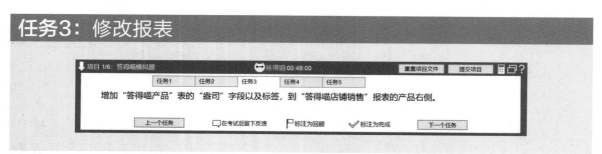

增加"答得喵产品"表的"盎司"字段以及标签，到"答得喵店铺销售"报表的产品右侧。

考点提示： 为报表增加字段

完成任务：

`Step 01` 鼠标右键点击报表【答得喵店铺销售】→【设计视图】，如图 **A** 所示。

Step 02 【报表设计工具设计】选项卡→【工具】功能组→【添加现有字段】，如图 **B** 所示。

Step 03 【字段列表】对话框→选择【显示所有表】，如图 **C** 所示。

Step 04 鼠标左键拖拽【盎司】字段到【产品】字段右侧，如图 **D** 所示。

Step 05 按Ctrl+鼠标左键，同时选中【盎司】标签【盎司】字段和【产品】字段→【报表设计工具排列】选项卡→【调整大小和排序】→【对齐】→【靠上】，如图 **E** 所示。

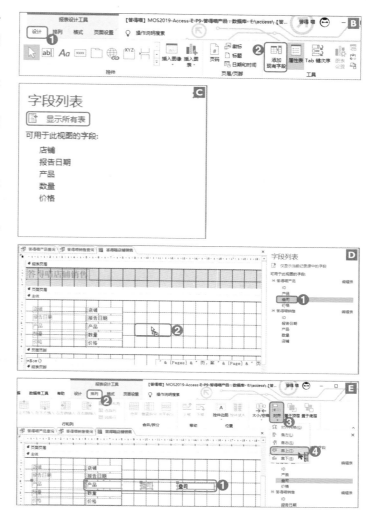

任务4：修改报表

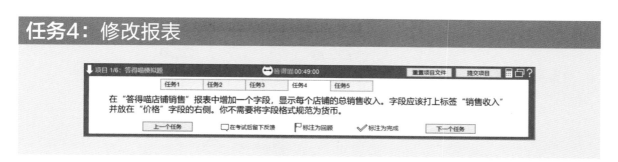

在"答得喵店铺销售"报表中增加一个字段，显示每个店铺的总销售收入。字段应该打上标签"销售收入"并放在【价格】字段的右侧。你不需要将字段格式规范为货币。

考点提示： 增加【控件】

完成任务：

Step 01 【报表设计工具设计】选项卡→【分组和汇总】功能组→确保选定了【分组和排序】→【控件】功能组→在【文本框】控件上点击鼠标左键，如图 **A** 所示。

Step 02 在【价格】字段右侧→用鼠标画好位置，如图 **B** 所示。

Step 03 【报表设计工具设计】选项卡→【工具】功能组→选中【属性表】功能，如图 **C** 所示。

Step 04 【属性表】对话框→【数据】选项卡→【控件来源】→【…】，如图 **D** 所示。

Step 05 【表达式生成器】→鼠标左键双击【表达式类别】里面的【数量】字段】，如图 **E** 所示。

Step 06 在【数量】字段右侧输入"*"→鼠标左键双击【表达式类别】里面的【价格】字段，如图 **F** 所示。

Step 07 表达式显示为"[数量]*[价格]"→【确定】，如图 **G** 所示。

Step 08 选择新增【文本框】控件左侧随着【文本框】控件新增的标签控件【属性表】对话框→【格式】选项卡→【标题】输入"销售收入"，如图 **H** 所示。

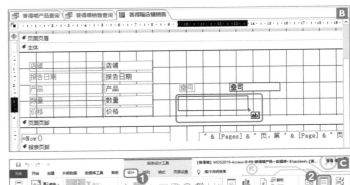

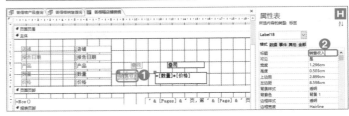

Chapter 01

Chapter 02

Chapter 03

Chapter 04

Chapter 05

Chapter 06

任务5：修改报表

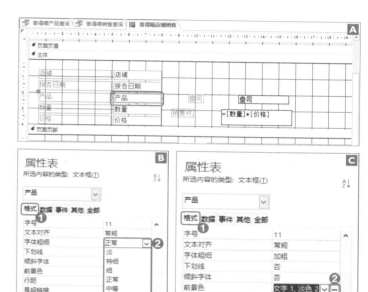

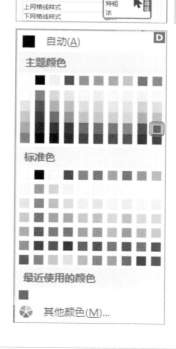

考点提示： 修改字段格式

完成任务：

Step 01 选择【产品】字段，如图 **A** 所示。

Step 02 【属性表】对话框→【格式】选项卡→【字体粗细】选择【加粗】，如图 **B** 所示。

Step 03 【属性表】对话框→【前景色】→【…】，如图 **C** 所示。

Step 04 选择【绿色，个性色6，深色25%】，如图 **D** 所示。

項 目

10 答得喵注册用户

对应项目文件（【答得喵】MOS2019-Access-E-P10-答得喵注册用户.zip），进入考题界面如下图所示，系统会帮你预设一个场景。

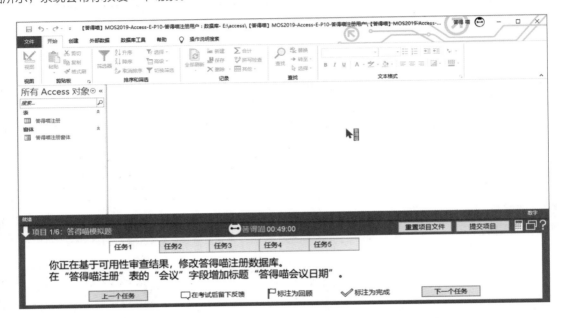

任务总览：请打开项目文件，依照任务描述，完成任务

本项目包含5个任务。

Step 01 打开项目文件，依照任务描述，完成任务。

Step 02 参考任务1—任务5的内容，核对自己的解题方法是否正确。

任务序号	任 务 描 述
1	你正在基于可用性审查结果，修改答得喵注册数据库。 在"答得喵注册"表的"会议"字段增加标题"答得喵会议日期"。
2	在"答得喵注册"表做基于多个字段的排序，"雇员"字段按照升序排列，"姓"字段按字母排列。
3	为"答得喵注册"表增加合计行。
4	配置"【答得喵】MOS2019-Access-E-P10-答得喵注册用户"数据库，在关闭时自动压缩。不要关闭数据库。
5	配置"【答得喵】MOS2019-Access-E-P10-答得喵注册用户"数据库，默认打开"答得喵注册窗体"。不要关闭数据库。

任务1: 字段增加标题

考点提示: 字段增加标题

完成任务:

Step 01 鼠标右键点击表【答得喵注册】→【设计视图】,如图 **A** 所示。

Step 02 选中【会议】字段→【标题】更改为"答得喵会议日期",如图 **B** 所示。

Step 03 鼠标右键点击表标签→【保存】,如图 **C** 所示。

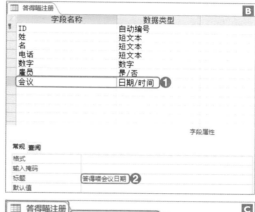

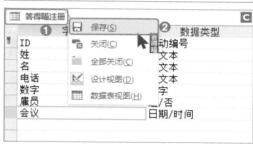

任务2: 排序

考点提示：【高级筛选/排序】

完成任务：

Step 01 鼠标右键点击【答得喵注册】表标签→【数据表视图】，如图 **A** 所示。

Step 02 【开始】选项卡→【排序和筛选】功能组→【高级】命令→【高级筛选/排序】命令，如图 **B** 所示。

Step 03 鼠标左键双击【雇员】字段添加到下方，如图 **C** 所示。

Step 04 鼠标左键双击【姓】字段添加到下方，如图 **D** 所示。

Step 05 【雇员】下【排序】选择【升序】，如图 **E** 所示。

Step 06 【姓】下【排序】选择【升序】（升序就是按照字母排序），如图 **F** 所示。

Step 07 【开始】选项卡→【排序和筛选】功能组→【高级】命令→【应用筛选/排序】命令，如图 **G** 所示。

Step 08 设置好的效果如图 **H** 所示。

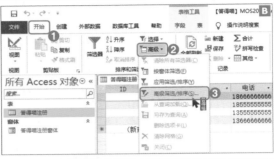

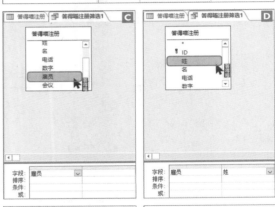

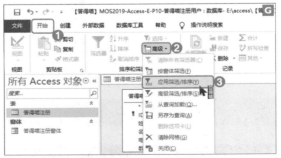

任务3： 合计

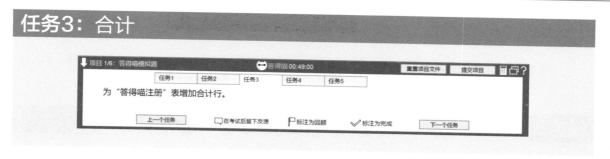

考点提示： 增加【合计】行

完成任务：

Step 01 【开始】选项卡→【记录】功能
组→【合计】命令，如图 **A** 所示。

Step 02 设置好的效果，如图 **B** 所示。

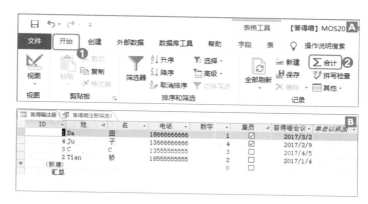

任务4： 配置数据库

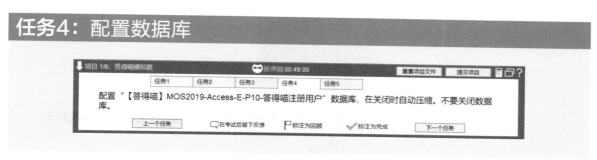

考点提示： 配置数据库

完成任务：

Step 01 【文件】选项卡→【选项】命
令，如图 **A** 所示。

Step 02 【Access选项】对话框→【当
前数据库】→勾选【关闭时压缩】→
【确定】，如图 **B** 所示。

Step 03 点击【确定】，如图 **C** 所示。

任务5：配置默认显示窗体

配置"【答得喵】MOS2019-Access-E-P10-答得喵注册用户"数据库，默认打开"答得喵注册窗体"。
不要关闭数据库。

考点提示： 数据库默认打开窗体设置

完成任务：

Step 01 【文件】选项卡→【选项】命
令，如图 **A** 所示。

Step 02 【Access选项】对话框→【当
前数据库】→【显示窗体】选择【答得
喵注册窗体】→【确定】，如图 **B** 所示。

Step 03 点击【确定】，如图 **C** 所示。
（考试时不要真的关闭数据库）

Chapter 01
Chapter 02
Chapter 03
Chapter 04
Chapter 05
Chapter 06

项 目

11 答得喵注册顾问

对应项目文件（【答得喵】MOS2019-Access-E-P11-答得喵注册顾问.zip），进入考题界面如下图所示，系统会帮你预设一个场景。

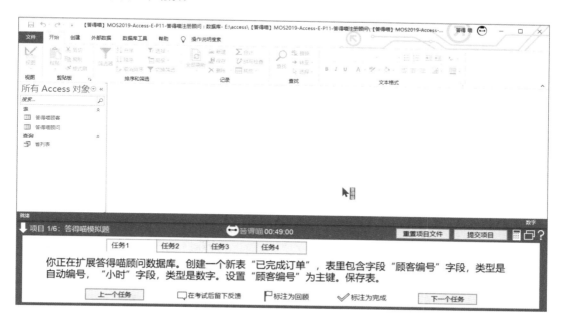

任务总览：请打开项目文件，依照任务描述，完成任务

本项目包含4个任务。

Step 01 打开项目文件，依照任务描述，完成任务。

Step 02 参考任务1—任务4的内容，核对自己的解题方法是否正确。

任务序号	任 务 描 述
1	你正在扩展答得喵顾问数据库。创建一个新表"已完成订单"，表里包含字段"顾客编号"字段，类型是自动编号，"小时"字段，类型是数字。设置"顾客编号"为主键。保存表。
2	给"省列表"查询排序，首先根据字段"省"降序，然后是"顾客姓"字段升序。保存变化。是否运行查询无关紧要。
3	创建一个查询"顾客列表"显示"答得喵顾客"表的"顾客姓"和"顾客名"字段，并且显示"答得喵顾问"表的"顾问姓"和"顾问名"字段。是否运行查询无关紧要。
4	用默认的名字，备份"【答得喵】MOS2019-Access-E-P11-答得喵注册顾问"数据库。

任务1：创建表

考点提示： 创建表以及相关字段

完成任务：

Step 01 【创建】选项卡→【表格】功能组→【表设计】命令，如图**A**所示。

Step 02 第一个【字段名称】按照任务要求，输入"顾客编号"→【数据类型】选择【自动编号】，如图**B**所示。

Step 03 第二个【字段名称】按照任务要求，输入"小时"→【数据类型】选择【数字】，如图**C**所示。

Step 04 选择字段"顾客编号"→【表工具设计】选项卡→【工具】功能组→【主键】命令，如图**D**所示。

Step 05 表标签上点击鼠标右键→【保存】，如图**E**所示。

Step 06 【另存为】对话框→【表名称】输入"已完成订单"→【确定】，如图**F**所示。

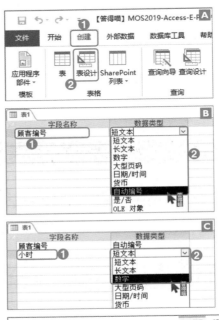

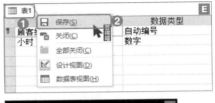

任务2：查询排序

考点提示： 查询设置【排序】

完成任务：

Step 01 鼠标右键点击"省列表"→选择"设计视图"点鼠标左键，如图 **A** 所示。

Step 02 字段"省"→【排序】→选择【降序】，如图 **B** 所示。

Step 03 字段"顾客姓"→【排序】→选择【升序】，如图 **C** 所示。

Step 04 鼠标右键点击"省列表"标签→【保存】，如图 **D** 所示。

Step 05 （可选步骤）【查询工具设计】选项卡→【结果】功能组→【运行】，如图 **E** 所示。

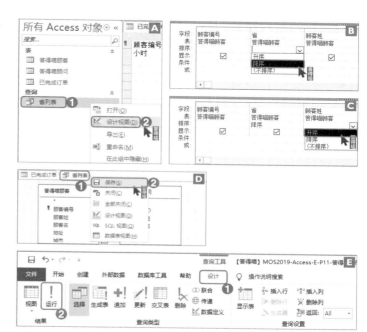

任务3：新建查询

考点提示： 新建查询

完成任务：

Step 01 【创建】选项卡→【查询】功能组→【查询设计】，如图 **A** 所示。

Step 02 【显示表】对话框→选择"答得喵顾客"表→【添加】,如图 **B** 所示。

Step 03 【显示表】对话框→选择"答得喵顾问"表→【添加】→关闭【显示表】对话框,如图 **C** 所示。

Step 04 分别鼠标左键分别双击"顾客姓""顾客名""顾问姓""顾问名"字段,添加到下方,如图 **D** 所示。

Step 05 鼠标右键点击"查询1"标签→【保存】,如图 **E** 所示。

Step 06 【另存为】对话框→【查询名称】输入"顾客列表"→【确定】,如图 **F** 所示。

Step 07 (可选步骤)【查询工具设计】选项卡→【结果】功能组→【运行】,如图 **G** 所示。

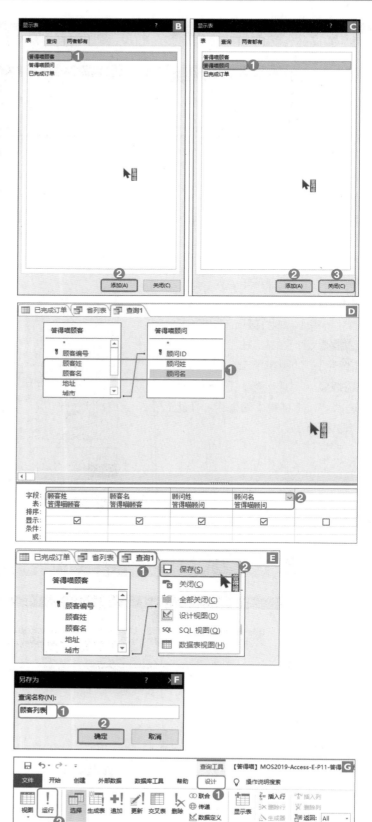

任务4：数据库备份

考点提示： 数据库备份

完成任务：

Step 01 【文件】选项卡，如图**A**所示。

Step 02 【另存为】→【数据库另存为】
→选择【备份数据库】→点击【另存
为】，如图**B**所示。

Step 03 【保存】，如图**C**所示。

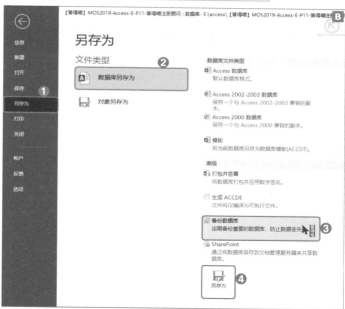

12 答得喵产品调查

对应项目文件（【答得喵】MOS2019-Access-E-P12-答得喵产品调查.zip），进入考题界面如下图所示，系统会帮你预设一个场景。

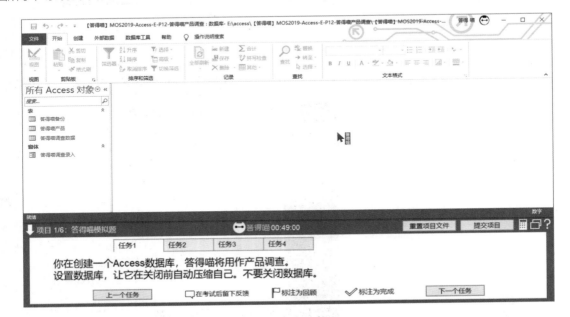

任务总览：请打开项目文件，依照任务描述，完成任务

本项目包含4个任务。

Step 01 打开项目文件，依照任务描述，完成任务。

Step 02 参考任务1—任务4的内容，核对自己的解题方法是否正确。

任务序号	任 务 描 述
1	你在创建一个Access数据库，答得喵将用作产品调查。 设置数据库，让它在关闭前自动压缩自己。不要关闭数据库。
2	创建一个查询，命名为"备份答得喵"，把"答得喵产品"表的记录追加到"答得喵备份"表。不要包含"ID"字段。是否运行查询无关紧要。
3	增加控件提示文本，到"教育水平"字段，到"答得喵调查录入"窗体。控件提示文本应该显示，"输入学位"。
4	对"答得喵调查录入"窗体，应用回顾主题。

Chapter 01
Chapter 02
Chapter 03
Chapter 04
Chapter 05
Chapter 06

任务1: 数据库选项

考点提示: 数据库【选项】设定

完成任务:

Step 01 【文件】选项卡→【选项】,如图 **A** 所示。

Step 02 【Access选项】对话框→【当前数据库】选项→勾选【关闭时压缩】→【确定】,如图 **B** 所示。

Step 03 【确定】,如图 **C** 所示。

任务2: 创建查询

考点提示: 追加【查询】

完成任务:

Step 01 【创建】选项卡→【查询】功能组→【查询设计】,如图 **A** 所示。

Step 02 选择"答得喵产品"表→【添加】→关闭【显示表】窗体，如图 **B** 所示。

Step 03 【查询工具设计】选项卡→【查询类型】功能组→【追加】，如图 **C** 所示。

Step 04 【表名称】选择"答得喵备份"表→【确定】，如图 **D** 所示。

Step 05 按住Shift用鼠标左键点击选中"答得喵产品"的除ID外的字段，如图 **E** 所示。

Step 06 按住鼠标左键，拖拽到下方，如图 **F** 所示。

Step 07 鼠标右键点击"查询1"标签→【保存】，如图 **G** 所示。

Step 08 【另存为】对话框→【查询名称】输入"备份答得喵"→【确定】，如图 **H** 所示。

Step 09 （可选步骤）【查询工具设计】选项卡→【结果】功能组→【运行】，如图 **I** 所示。

Step 10 （可选步骤）点击【是】，如图 **J** 所示。

Chapter 01

Chapter 02

Chapter 03

Chapter 04

Chapter 05

Chapter 06

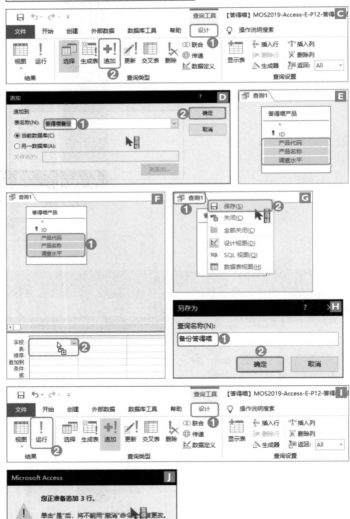

任务3：控件属性

考点提示：设置控件提示文本

完成任务：

Step 01 鼠标右键单击窗体"答得喵调查录入"→【设计视图】，如图 **A** 所示。

Step 02 选中字段【教育水平】→【属性表】对话框→【其他】选项卡→【控件提示文本】输入"输入学位"，如图 **B** 所示。

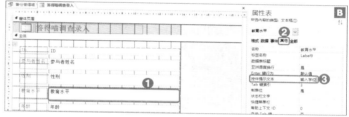

任务4：窗体格式

考点提示：对窗体应用【主题】

完成任务：

Step 01 【窗体设计工具设计】选项卡→【主题】功能组→【主题】→【回顾】主题，如图 **A** 所示。

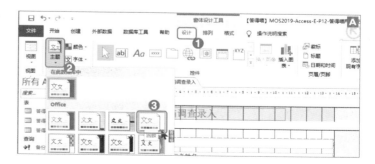

Step 02 设置好的效果如图 **B** 所示。

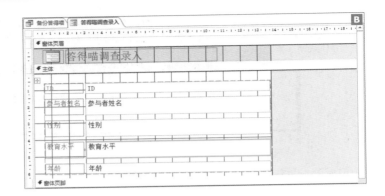

项目

13 答得喵玩具

对应项目文件（【答得喵】MOS2019-Access-E-P13-答得喵玩具.zip），进入考题界面如下图所示，系统会帮你预设一个场景。

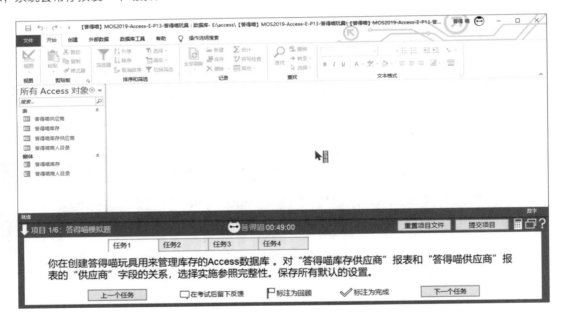

任务总览：请打开项目文件，依照任务描述，完成任务

本项目包含4个任务。

Step 01 打开项目文件，依照任务描述，完成任务。

Step 02 参考任务1—任务4的内容，核对自己的解题方法是否正确。

任务序号	任 务 描 述
1	你在创建答得喵玩具用来管理库存的Access数据库。对"答得喵库存供应商"报表和"答得喵供应商"报表的"供应商"字段的关系，选择实施参照完整性。保存所有默认的设置。
2	创建一个导航窗体，命名为"答得喵库存记录"。在最左侧水平选项卡显示"答得喵库存"窗体，在最右侧水平选项卡显示"答得喵商人目录"窗体。
3	导入文档文件夹答得喵玩具提示数据库文件中的"答得喵玩具产品目录"表，用默认的名称保存你的步骤。
4	隐藏"答得喵供应商"表的"自动编号"字段。

任务1：编辑关系

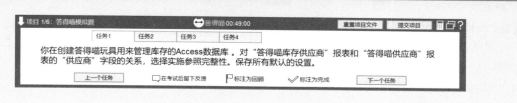

考点提示：【编辑关系】-【实施参照完整性】

完成任务：

Step 01 【数据库工具】选项卡→【关系】功能组→【关系】，如图 **A** 所示。

Step 02 鼠标右键点击两者之间的关系线（注意是线！）→左键点击【编辑关系】，如图 **B** 所示。

Step 03 勾选【实施参照完整性】→【确定】，如图 **C** 所示。

Step 04 设置好的效果如图 **D** 所示。

任务2: 创建窗体

考点提示: 创建【导航窗体】

完成任务:

Step 01 【创建】选项卡→【窗体】→【导航】→【水平标签】,如图 **A** 所示。

Step 02 鼠标左键拖拽窗体【答得喵商人目录】到【新增】左侧,如图 **B** 所示。

Step 03 鼠标左键拖拽窗体【答得喵库存】到【答得喵商人目录】左侧,如图 **C** 所示。

Step 04 鼠标右键点击标签【导航窗体】→【保存】,如图 **D** 所示。

Step 05 【另存为】对话框→【窗体名称】输入"答得喵库存记录",如图 **E** 所示。

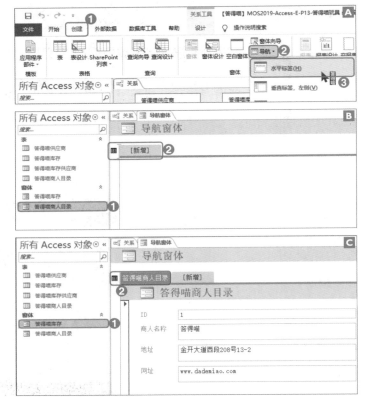

任务3：导入外部数据

考点提示： 导入Access中的表

完成任务：

Step 01 【外部数据】选项卡→【新数据源】下拉菜单→选择【从数据库】→点击【Access】，如图 **A** 所示。

Step 02 【浏览】，如图 **B** 所示。

Step 03 选中Access文件答得喵玩具提示→【打开】，如图 **C** 所示。

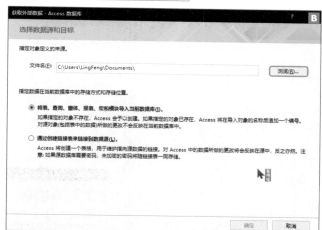

Step 04 【确定】，如图 D 所示。

Step 05 选择表【答得喵玩具产品目录】
→【确定】，如图 E 所示。

Step 06 勾选【保存导入步骤】→【保存
导入】，如图 F 所示。

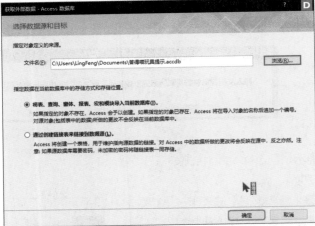

任务4：修改表

考点提示：【隐藏字段】

完成任务：

Step 01 鼠标右键点击表【答得喵供应商】→【打开】，如图 **A** 所示。

Step 02 鼠标左键点击【ID】字段名选中整列→点击鼠标右键→点击【隐藏字段】，如图 **B** 所示。

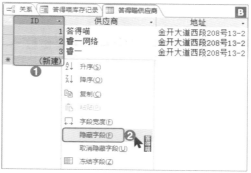

由于篇幅有限且MOS2019题库具有更新性，本书将采用"互联网+"的方式来为你带来增补内容（增补内容中包含的模拟题和书上的不同，两者同等重要，都需要学习）。

增补内容领取方法：扫描本书封底涂层下二维码领取。

如操作中遇到困难，可访问https://dademiao.cn/doc/30，或者手机扫描**此二维码**查看图文。

手机扫一扫，
获取更新内容

侵权举报电话

全国"扫黄打非"工作小组办公室
010-65233456 65212870
http://www.shdf.gov.cn

中国青年出版社
010-59231565
Email: editor@cypmedia.com

图书在版编目（CIP）数据

微软办公软件国际认证 MOS Office 2019 七合一高分必看：办公软件完全实战案例 400+：Word、Excel、PPT、Access、Outlook / 答得喵微软 MOS 认证授权考试中心编著 . -- 北京：中国青年出版社，2021.3
ISBN 978-7-5153-6293-9

I. ① 微... II. ① 答... III. ① 办公自动化 – 应用软件 – 题解 IV.①TP317.1-44

中国版本图书馆CIP数据核字（2021）第012706号

微软办公软件国际认证MOS Office 2019七合一高分必看
办公软件完全实战案例400+（Word、Excel、PPT、Access、Outlook）

答得喵微软MOS认证授权考试中心 / 编著

出版发行：中国青年出版社
地　　址：北京市东四十二条21号
邮政编码：100708
电　　话：（010）59231565
传　　真：（010）59231381
企　　划：北京中青雄狮数码传媒科技有限公司
策划编辑：张　鹏
责任编辑：刘稚清

印　　刷：北京瑞禾彩色印刷有限公司
开　　本：787×1092　1/16
印　　张：29.5
版　　次：2021年7月北京第1版
印　　次：2021年7月第1次印刷
书　　号：ISBN 978-7-5153-6293-9
定　　价：129.00元（附赠独家秘料,含独家认证模拟考试系统）

本书如有印装质量等问题，请与本社联系　　电话：（010）59231565
读者来信：reader@cypmedia.com　　投稿邮箱：author@cypmedia.com
如有其他问题请访问我们的网站：http://www.cypmedia.com